螺栓连接钢梁 - 钢管柱节点
力学性能与设计方法

孙乐乐　王培军　刘　梅◎著

中国建筑工业出版社

图书在版编目（CIP）数据

螺栓连接钢梁-钢管柱节点力学性能与设计方法 / 孙乐乐，王培军，刘梅著. — 北京：中国建筑工业出版社，2024.6
ISBN 978-7-112-22593-4

Ⅰ . ①螺… Ⅱ . ①孙… ②王… ③刘… Ⅲ . ①螺栓联接 - 钢结构 - 结构设计 Ⅳ . ①TU391.04

中国国家版本馆 CIP 数据核字（2024）第 074489 号

责任编辑：刘瑞霞
文字编辑：冯天任
责任校对：赵 力

螺栓连接钢梁-钢管柱节点力学性能与设计方法

孙乐乐 王培军 刘 梅 著

*

中国建筑工业出版社出版、发行（北京海淀三里河路 9 号）
各地新华书店、建筑书店经销
国排高科（北京）信息技术有限公司制版
建工社（河北）印刷有限公司印刷

*

开本：787 毫米 ×1092 毫米 1/16 印张：13¾ 字数：323 千字
2024 年 5 月第一版 2024 年 5 月第一次印刷
定价：**58.00** 元
ISBN 978-7-112-22593-4
（42827）

前　言

为了应对全球气候变化带来的一系列挑战，各国纷纷出台减排降碳政策。国家主席习近平于 2020 年 9 月在联合国大会上庄严承诺，中国将争取在 2030 年碳排放达峰，并在 2060 年实现碳中和目标，简称"双碳"目标。近几年来，装配式建筑作为建筑业减排降碳的典型代表，受到国内外同行的广泛关注。由于装配式建筑的大部分构件是在工厂内完成生产，不仅可以做到成本、质量、进度的高效管理，更是直接减少了建筑施工阶段的碳排放和对环境造成的污染。此外，随着中国社会人口老龄化的加重，劳动力成本逐年攀升，建筑产业也由劳动密集型向技术密集型转变。

在主流的装配式建筑体系中，高度工业化的构件生产和机械化的现场拼装使钢结构相较于混凝土结构具备更高的装配率和更优的施工质量。栓接是钢结构连接形式之一，是指通过螺栓紧固件连接钢构件的施工技术或工艺。与焊接相比，栓接不受现场环境影响，施工进度可控，不需要专业的焊接设备和技术工人，降低了对施工现场的技术要求。此外，栓接可以实现半刚性连接，提高节点变形能力，赋予结构更优的抗震性能。T 形方颈单边螺栓是一类新型的单侧安装紧固件，可用于闭口截面钢构件连接，其构造简单、安装便利、无需额外的安装辅助工具，能适应现场粗放的施工方式，具有较大的应用潜力。在钢结构中，框架体系最为常见，其中梁柱节点至关重要，决定着结构的整体安全。虽然 T 形方颈单边螺栓在紧固件层面拥有众多优势，但是，目前并无连接层面的结构试验和设计标准用以研究其力学性能并指导实际工程。因此，开展 T 形方颈单边螺栓连接钢管柱-钢梁节点力学性能与设计方法研究具有重大的理论意义和工程应用价值。

本书以 T 形方颈单边螺栓连接钢梁-方钢管柱节点为研究对象，采用试验研究、数值模拟和理论分析等方法对此类连接的静力性能和抗震性能进行了系统完整的研究，主要研究内容和结论如下：

（1）对 8 个 T 形方颈单边螺栓连接钢梁-钢管柱节点和 2 个传统螺栓连接节点开展了单调荷载下的静力性能试验和低周往复荷载下的抗震性能试验，探讨了长圆形螺栓孔布置方案以及端板加劲肋和钢管柱内灌注混凝土两种加强措施对节点结构响应的影响。研究了 T 形方颈单边螺栓连接节点的破坏模式、转角-弯矩关系、耗能能力、关键部位转角-应变关系、各部位屈服顺序等，揭示了此类节点的工作及破坏机理。结果表明，此类连接具有与传统螺栓连接节点相似的破坏模式、相近的初始刚度和强度刚度退化规律、不低于 85% 的全生命周期承载力、超过 130% 的抗震延性和 150% 的耗能能力。

（2）提出了双槽钢组件和 H 型钢组件加强节点，并对 2 个双槽钢组件加强节点和 8 个 H 型钢组件加强节点进行了单调荷载试验和低周往复荷载试验研究，探讨了加强组件类型、组件长度和连接面厚度对节点结构响应的影响。研究结果表明，通过设置加强组件，T 形方颈单边螺栓连接钢梁-钢管柱节点由半刚性部分强度连接转为半刚性全强度连接，耗能能力最高提升 102.3%，且成功避免栓孔冲切破坏；建议 T 形方颈单边螺栓连接钢梁-钢管柱加强节点采用外伸 H 型钢组件，并且其截面应具备足够的受弯和受剪承载力以承担节点域的弯矩和水平剪力。

（3）通过 ABAQUS 有限元分析软件进一步评估了 T 形方颈单边螺栓连接钢梁-钢管柱节点性能，包括建立此类节点有限元模型；利用有限元模型分析结果揭示此类连接的关键结构响应机理；开展 T 形方颈单边螺栓连接节点的参数分析研究，包含此类连接特有的螺栓和栓孔参数、与传统螺栓连接通用的构件参数以及加强节点的相关参数；通过大量的数值模拟完成对 T 形方颈单边螺栓连接钢梁-钢管柱节点和节点加强方式的最终评估。

（4）应用组件分析法和薄板塑性铰线理论建立了 T 形方颈单边螺栓连接钢梁-钢管柱节点初始转动刚度计算模型、受弯承载力计算模型和单调荷载及低周往复荷载下的转角-弯矩关系模型。

本书中的研究工作先后得到"山东省重点研发计划项目（2019GSF110011）""国家自然科学基金面上项目（52078280）""国家自然科学基金重大科研仪器研制项目（52127814）"的支持，特此致谢！并感谢山东大学土建与水利学院实验中心于孝清、李景龙和张文超老师提供的支持与帮助！感谢蔡敏、张伯勋、杨晓霞、武磊、李超、梁泽祺、王祈帅和朱浩对本书试验顺利进行所付出的努力和汗水！感谢硕士研究生尚云涛为本书文献检索、插图制作和图文排版所做工作！本书成稿后，中国建筑工业出版社编辑刘瑞霞和冯天任高效且专业地为本书正式出版做了细致的校审工作，在此一并表示感谢！

本书可供科研教学人员、工程技术人员和相关专业在读研究生阅读参考。

由于作者水平有限，书中必定存在不足之处，敬请读者批评指正。

孙乐乐

2024 年 1 月

主要符号对照表

A_{be}	螺栓杆有效截面积
$A_{b,f}$	钢梁翼缘截面积
$A_{b,w}$	钢梁腹板截面积
$A_{ev,bh}$	长圆形螺栓孔在 T 形螺栓头作用下的有效冲切面积
$A_{h,f}$	加强组件翼缘截面积
$A_{h,w}$	加强组件腹板截面积
A_p	试验装置单根高强度预应力杆有效截面积
$A_{v,bh}$	长圆形螺栓孔在 T 形螺栓头作用下的理论冲切面积
A_{vs}	加强组件腹板剪切面积
$C_1 \sim C_6$	式(7-45)中的无量纲系数, 取值分别为 1.710、0.167、0.006、−0.134、−0.007 和−0.053
C_d	延性系数
C_r	单向加载刚度退化系数
C_s	强屈比系数
d_b	螺栓直径
d_n	六角螺母等效直径
E	弹性模量
E_b	钢梁弹性模量
E_h	钢材应变硬化模量
E_p	试验装置高强度预应力杆弹性模量
E_s	钢材弹性模量
$f_{u,b}$	螺栓抗拉极限强度
$f_{u,c}$	钢管柱极限强度
f_y	钢材屈服强度
$f_{y,c}$	钢管柱屈服强度

$f_{y,e}$	端板屈服强度
$f_{y,f}$	钢梁翼缘屈服强度
$f_{y,sf}$	加强组件翼缘屈服强度
$f_{y,sw}$	加强组件腹板屈服强度
$f_{y,w}$	钢梁腹板屈服强度
F	节点钢梁端部施加荷载值
F_s	螺栓拉力
F_T	等效 T 形件拉力
$F_{T1} \sim F_{T3}$	等效 T 形件在 3 种破坏模式下的拉力
$F_{T,bo}$	等效 T 形件在螺栓断裂破坏模式下的拉力
$F_{T,co}$	等效 T 形件在栓孔冲切破坏模式下的拉力
$F_{T,ep}$	等效 T 形件在端板屈服破坏模式下的拉力
$F_{T,scf}$	加强组件翼缘屈服破坏模式下等效 T 形件的拉力
$F_{T,scf1}$	加强节点中加强组件翼缘对$F_{T,scf}$的贡献
$F_{T,scf2}$	加强节点中钢管柱连接面对$F_{T,scf}$的贡献
$F_{T,scw}$	加强组件腹板屈服破坏模式下等效 T 形件的拉力
$F_{T,scw1}$	加强组件腹板受剪屈服状态下等效 T 形件的拉力
$F_{T,scw2}$	加强组件腹板受弯屈服状态下等效 T 形件的拉力
g_b	螺栓列距
g_{be}	柱壁螺栓群内刚性区域宽度
$h_1 \sim h_4$	图 7-12(a)中所标注节点几何尺寸
h_c	钢管柱截面外包高度
h_f	角焊缝焊脚高度
h_h	H 型钢组件截面高度
$h_{h,w}$	H 型钢组件腹板高度
h_w	钢梁腹板高度
H_b	钢梁截面高度，等于$h_w + 2t_{b,f}$
I_b	钢梁截面惯性矩
I_{cw}	单位宽度钢管柱壁截面惯性矩

I_{hf}	单位宽度 H 型钢组件翼缘截面惯性矩
k_b	节点刚度分类边界系数，有侧移框架取 25，无侧移框架取 8
k_{bt}	T 形方颈单边螺栓抗拉刚度
$k_{bt,i}$	第 i 排螺栓处 T 形方颈单边螺栓抗拉刚度
k_{ccb}	无加劲端板连接下受压柱壁抗弯刚度
$k_{ccb,s}$	加劲端板连接下受压柱壁抗弯刚度
k_{ceb}	受压端板抗弯刚度
$k_{ceb,s}$	受压加劲端板抗弯刚度
k_{eq}	各组件等效抗拉刚度
$k_{eq,i}$	第 i 排螺栓处各组件等效抗拉刚度
k_r	钢管柱侧壁的平面外转动刚度
k_{sfb}	加强组件受拉翼缘抗弯刚度
k_{sws}	加强组件腹板抗剪刚度
k_t	钢管柱侧壁的平面内拉压刚度
k_{tcb}	受拉柱壁抗弯刚度
$k_{tcb,i}$	第 i 排螺栓处受拉柱壁抗弯刚度
$k_{tcb,s}$	受拉加强柱壁抗弯刚度
$k_{tcb,s,i}$	第 i 排螺栓处受拉加强柱壁抗弯刚度
k_{teb}	受拉端板抗弯刚度
$k_{teb,i}$	第 i 排螺栓处受拉端板抗弯刚度
$k_{teb,s}$	受拉加劲端板抗弯刚度
$k_{teb,s,i}$	第 i 排螺栓处受拉加劲端板抗弯刚度
K_j	第 j 级荷载刚度退化系数
l_a	T 形方颈单边螺栓 T 形头长轴长度
l_b	T 形方颈单边螺栓 T 形头短轴长度
l_{ec}	受压无肋端板等效悬臂梁长度
l_{eff}	T 形件翼缘塑性铰线有效长度
l_i	钢管柱连接面第 i 条塑性铰线的有效长度
L_{bc}	钢梁计算长度

L_{be}	螺栓有效长度	
L_{bs}	钢梁计算跨度	
L_v	钢梁塑性铰与零弯矩点之间的距离	
m	等效 T 形件腹板边缘至栓孔中心距离	
m_e	等效 T 形件单侧翼缘塑性铰线间有效距离	
M	节点弯矩	
M_1^i	低周往复荷载下，节点在第 1 级荷载下第 i 个滞回环中的峰值弯矩	
M_{bp}	钢梁塑性受弯承载力	
M_{FE}	有限元得到的节点受弯承载力	
M_j^i	低周往复荷载下，节点在第 j 级荷载第 i 个滞回环中的峰值弯矩	
M_j^{i-1}	低周往复荷载下，节点在第 j 级荷载第 $i-1$ 个滞回环中的峰值弯矩	
M_p	峰值弯矩	
$M_{p,B}$	断柱加强措施下节点的峰值弯矩	
M_{pc}	峰值弯矩计算值	
$M_{pc,be}$	钢梁强度控制下节点的峰值弯矩	
$M_{pc,bo}$	单边螺栓强度控制下节点的峰值弯矩	
$M_{pc,co}$	钢管柱强度控制下节点的峰值弯矩	
$M_{p,FE}$	有限元得到的节点峰值弯矩	
$M_{p,I}$	钢管柱无损加强措施下节点的峰值弯矩	
$M_{p,S}$	传统螺栓连接节点峰值弯矩	
$M_{p,test}$	试验得到的节点峰值弯矩	
$M_{p,theory}$	理论计算得到的节点峰值弯矩	
$M_{p,T}$	T 形方颈单边螺栓连接节点峰值弯矩	
M_{test}	试验得到的节点受弯承载力	
M_{theory}	理论计算得到的节点受弯承载力	
M_u	极限弯矩	
M_y	屈服弯矩	
$M_{y,B}$	断柱加强措施下节点的屈服弯矩	
M_{yc}	屈服弯矩计算值	

$M_{yc,be}$	钢梁强度控制下节点的屈服弯矩
$M_{yc,co}$	钢管柱强度控制下节点的屈服弯矩
$M_{yc,co1}$	钢管柱强度控制下无肋端板连接的屈服弯矩
$M_{yc,co2}$	钢管柱强度控制下带肋端板连接的屈服弯矩
$M_{yc,ep}$	端板强度控制下节点的屈服弯矩
$M_{yc,sc}$	加强组件强度控制下节点的屈服弯矩
$M_{yc,scf}$	加强组件翼缘强度控制下节点的屈服弯矩
$M_{yc,scw}$	加强组件腹板强度控制下节点的屈服弯矩
$M_{y,FE}$	有限元模拟得到的节点屈服弯矩
$M_{y,I}$	钢管柱无损加强措施下节点的屈服弯矩
$M_{y,S}$	传统螺栓连接节点屈服弯矩
$M_{y,test}$	试验得到的节点屈服弯矩
$M_{y,theory}$	理论计算得到的节点屈服弯矩
$M_{y,T}$	T形方颈单边螺栓连接节点屈服弯矩
n_c	钢管柱轴压比
n_j	低周往复荷载加载中第j级荷载的循环次数
n_p	试验装置高强度预应力杆数量
n_t	节点受拉区等效T形件模型中螺栓数目
N_c	钢管柱轴心受压荷载
N_{cu}	钢管柱轴心受压承载力
O_b	T形方颈单边螺栓在长圆形栓孔内偏离中心位置的距离
P	集中荷载
p	端板边缘至钢管柱侧壁内表面的距离
p_b	螺栓行距
q	边列螺栓至钢管柱侧壁内表面的距离
q_{ec}	等效分布荷载
q_c	钢管柱受压区所受分布力
r_b	螺栓栓杆半径
R_{cf}	钢管柱截面外倒角半径

s	钢梁屈服后强度系数
S_{FE}	有限元计算得到的节点初始刚度
$S_{j,har}$	硬化刚度
$S_{j,ini}$	初始刚度
$S_{j,ini,B}$	断柱加强措施下节点的初始刚度
$S_{j,ini,I}$	钢管柱无损加强措施下节点的初始刚度
S_{test}	试验得到的节点初始刚度
S_{theory}	理论计算得到的节点初始刚度
$S_{(ABD+CBD)}$	图 3-18 所示滞回环 ABCD 所围成图形的面积
$S_{(AOE+COF)}$	图 3-18 所示三角形 AOE 和 COF 的面积之和
$t_{b,f}$	钢梁翼缘厚度
$t_{b,w}$	钢梁腹板厚度
t_c	钢管柱壁厚度
t_e	端板厚度
t_{es}	端板加劲肋厚度
t_h	T 形方颈单边螺栓螺栓头厚度
$t_{h,f}$	H 型钢组件翼缘厚度
$t_{h,w}$	H 型钢组件腹板厚度
t_n	螺母厚度
t_w	垫圈厚度
U_L	单位长度塑性铰线转动单位角度所消耗的能量
U_i'	无肋端板连接下钢管柱壁 12 类直线型屈服线各自所消耗的能量
U_i''	带肋端板连接下钢管柱壁 9 类直线型屈服线各自所消耗的能量
U_i'''	加强节点钢管柱受拉区 5 类直线型屈服线各自所消耗的能量
$w_{b,f}$	钢梁翼缘宽度
w_c	钢管柱截面外包宽度
w_{c0}	钢管柱计算宽度，等于 $w_c - 2t_c$
w_{ce}	钢管柱壁受弯有效宽度
w_e	端板宽度

$w_{h,f}$	H 型钢组件翼缘宽度
w_n	六角螺母对边宽度
w_s	上下层钢管柱拼缝错位宽度
W_{acc}	累积能量耗散值
$W_{acc,j}$	第 j 级荷载累积能量耗散值
$x_1 \sim x_5$	无肋端板连接下钢管柱壁屈服线分布在柱高方向上的尺寸
$y_1 \sim y_4$	带肋端板连接下钢管柱壁屈服线分布在柱高方向上的尺寸
$z_1 \sim z_2$	加强节点钢管柱连接面屈服线分布在柱高方向上的尺寸
z_{eq}	节点受拉中心至节点旋转中心的距离
z_i	第 i 排螺栓至节点旋转中心的距离
Z	节点受拉中心和受压中心的间距
α_b	T 形方颈单边螺栓旋转偏差角
α'	图 7-14 中 3 号和 5 号屈服线的夹角
α''	图 7-15 中 2 号和 4 号屈服线的夹角
β_j	节点域剪切刚度计算转换系数
β'	图 7-14 中 10 号和 12 号屈服线的夹角
β''	图 7-15 中 7 号和 8 号屈服线的夹角
$\gamma_{L,My}$	节点在低周往复荷载和单调荷载下的屈服弯矩比
$\gamma_{L,Mp}$	节点在低周往复荷载和单调荷载下的峰值弯矩比
$\gamma_{L,S}$	节点在低周往复荷载和单调荷载下的初始刚度比
$\gamma_{L,\theta u}$	节点在低周往复荷载和单调荷载下的极限转角比
γ_{M0}	分项系数，根据欧洲规范 Eurocode 3: Part 1-1 取值 1.0
$\gamma_{S,Cd}$	加强节点与无加强节点的延性系数比
$\gamma_{S,Cs}$	加强节点与无加强节点的强屈比系数比
$\gamma_{S,Mp}$	加强节点与无加强节点的峰值弯矩比
$\gamma_{S,My}$	加强节点与无加强节点的屈服弯矩比
$\gamma_{S,Mu}$	加强节点与无加强节点的极限弯矩比
$\gamma_{S,S}$	加强节点与无加强节点的初始刚度比
$\gamma_{S,\theta p}$	加强节点与无加强节点的峰值转角比

$\gamma_{S,\theta u}$	加强节点与无加强节点的极限转角比
$\gamma_{S,\theta y}$	加强节点与无加强节点的屈服转角比
η	钢管柱屈服线计算参数，等于$2w_{co} + w_e$
η_s	抗剪面积放大系数，欧洲规范 Eurocode 3: Part 1-5 建议钢材牌号超过 Q460 时取 1.0，否则取 1.2
θ	节点转角
θ_1^i	M_1^i所对应节点转角
θ_b	钢梁转角
θ_c	钢管柱转角
θ_j^i	M_j^i所对应节点转角
θ_p	峰值转角
θ_u	极限转角
θ_y	屈服转角
θ'	无肋端板连接下节点发生的转角
θ''	带肋端板连接下节点发生的转角
κ	钢管柱屈服线计算参数，等于$2w_{co}$
σ	应力
σ_{nom}	名义应力
σ_{true}	真实应力
ε	应变
ε_e	钢材应力-应变本构五段线模型应变参数
$\varepsilon_{e1} \sim \varepsilon_{e3}$	钢材应力-应变本构五段线模型应变参数
ε_h	钢材硬化段初始应变
ε_{nom}	名义应变
ε_{pc}	试验装置高强度预应力杆控制应变
ε_{pl}	塑性应变
ε_{true}	真实应变
ε_y	屈服应变
λ_b	T 形方颈单边螺栓螺栓头长宽比
$\lambda_{b,f}$	钢梁翼缘宽厚比系数

$\lambda_{b,w}$	钢梁腹板宽厚比系数
λ_j	第 j 级荷载强度退化系数
μ	钢材摩擦面的抗滑移系数
ξ_e	等效黏滞阻尼系数
$\xi_{e,j}$	第 j 级荷载等效黏滞阻尼系数
δ_b	钢结构高强度螺栓安装间隙
δ_c	加强组件与钢管柱之间的安装间隙
Δ	梁端施加线位移
Δ_c	在外力 M 作用下节点区域的受压变形
Δ_{c1}	无肋端板连接下钢管柱受压区的内凹变形
Δ_{c2}	带肋端板连接下钢管柱受压区的内凹变形
Δ_t	在外力 M 作用下节点区域的受拉变形
Δ_{t1}	无肋端板连接下钢管柱受拉区的外凸变形
Δ_{t2}	带肋端板连接下钢管柱受拉区的外凸变形
Δ_{t3}	加强节点钢管柱受拉区的外凸变形
Δ_y	梁端施加屈服位移
φ_i	钢管柱连接面第 i 条塑性铰线的转角
χ	螺栓孔有效冲切面积折减系数
χ_H	H 型布置下螺栓孔有效冲切面积折减系数
χ_V	V 型布置下螺栓孔有效冲切面积折减系数

目　录

第 1 章

绪 论

1.1 引 言

气候变化可能是人类有史以来所面对的最为严峻的挑战之一。世界气象组织于 2022 年 5 月在日内瓦发布的《2021 年全球气候状况》表明，最近七年为有记录以来最热的七年，而且温室气体浓度于当年再创新高[1-2]。解决温室气体引起的全球环境变化问题已经刻不容缓。二氧化碳作为温室气体的典型代表，对全球温室效应贡献的占比可达 55%以上[3]。为了应对全球气候变化带来的一系列挑战，各国纷纷出台减排降碳政策。国家主席习近平于 2020 年 9 月在联合国大会上庄严承诺，中国将争取在 2030 年碳排放达峰，并在 2060 年实现碳中和目标，简称"双碳"目标[4]。

建筑业作为中国的经济支柱之一，其碳排放量在所有行业中占 39%，是当之无愧的碳排放大户[5]。因此，在"双碳"目标实现的过程中，建筑业责无旁贷，理应挑起大旗，为中国的减排降碳贡献力量。在传统建筑业中，建材生产、建筑施工以及运营维护会排放大量二氧化碳，其中建筑施工阶段还会产生大量浪费和污染。因此，人们一直在寻求绿色、环保、低能耗的建筑类型及施工方式。

近几年来，装配式建筑作为建筑业减排降碳技术的典型代表，受到国内外同行的广泛关注。装配式建筑是指在工厂内完成建筑构件生产，并运输至施工现场进行拼装的建筑类型和施工技术。由于装配式建筑的大部分构件是在工厂内完成生产，不仅可以做到成本、质量、进度的高效管理，更是直接减少了建筑施工阶段的碳排放和对环境造成的污染。此外，随着中国社会人口老龄化的加重，劳动力成本逐年攀升，建筑产业也由劳动密集型向技术密集型转变[6]。早在 20 世纪 50 年代，我国就曾借鉴苏联和东欧各国经验积极引进装配式建筑，大力推广建筑构件产业化、机械化、标准化生产。其中，建成于 1959 年的北京民族饭店是预制装配框架-剪力墙结构在我国的首次应用，为新中国成立十周年的纪念建筑之一[7]。20 世纪下半叶，装配式建筑在我国经历了初始起步、高速发展以及唐山大地震之后的低迷阶段。直至 21 世纪，在环境保护和劳动力市场转型的压力下，装配式建筑终于进入了新的发展阶段[8]。

2001 年，建设部印发《钢结构住宅建筑产业化技术导则》（建科〔2001〕254 号），为民用和工业用途的钢结构设计、施工和开发建设提供指导，旨在推动新一轮的建筑产业化革命[9]。经过十多年的市场发展，国务院办公厅在 2016 年正式发布《国务院办公厅关于大力发展装配式建筑的指导意见》（国办发〔2016〕71 号），正式将提高建筑装配化作为一项

1

国家战略推进[10]。意见指出，全国各省市要因地制宜，积极推进装配式混凝土结构、钢结构和木结构发展，力争在 10 年内使装配式建筑占新建建筑面积比例达到 30%。此后，住房和城乡建设部又相继出台《"十三五"装配式建筑行动方案》（建科〔2017〕77 号）和《"十四五"建筑业发展规划》（建市〔2022〕11 号），大力推广应用装配式建筑，积极推进高质量钢结构住宅建设，培育一批装配式建筑产业基地[11-12]。

在主流的装配式建筑体系中，高度工业化的构件生产和机械化的现场拼装使钢结构相较于混凝土结构具备更高的装配率和更优的施工质量。除此之外，钢结构相比混凝土结构还具备许多优势：钢结构自重轻，在相同的设计要求下仅为混凝土结构自重的二分之一，大幅度降低了结构对于地基和基础的承载力要求，可减小基础造价[13]；较轻的自重使得钢结构可以在展览馆、体育馆、影剧院、航站楼等大跨度、超大跨度结构中成功应用，这是混凝土结构无法实现的；钢结构体系延性好，建筑用低碳结构钢的伸长率可达 20% 以上，这使得钢结构在地震中不易损坏和坍塌，可在地震中最大程度保证受灾群众的人身安全；钢结构工业化生产程度高，构件精度可控制在 1mm 以内，大幅度提高建筑物的施工质量；自重轻的优势还为钢结构带来布局灵活、空间利用率高的特点，在寸土寸金的城市中，钢结构住宅的有效使用面积可提高 6%[13]；钢结构在服役期结束后可以拆除回收，并且回收率远超混凝土结构和木结构。绿色、环保、可回收的特性进一步推动了钢结构在现代建筑中的应用，尤其是在"双碳"目标提出之后[14]。

装配式建筑由预制构件和节点组成，其中预制构件在工厂内生产，节点在现场完成连接。对于钢结构而言，闭口截面构件具有免装饰的特点，且较开口截面构件具有更优的结构性能，是预制构件的理想形式。闭口截面构件具有较小的比表面积，可以减少构件表面防腐、防火涂料的用量[15]；在用钢量相同的前提下，闭口截面构件的抗弯截面模量一般大于开口截面，可以大幅度提高结构的刚度和承载力[16]；相较于开口截面，闭口截面的板件为四边支撑，不易发生局部屈曲，因此宽厚比限值得以提高[17]；此外，在闭口截面构件内部填充混凝土形成钢管混凝土结构，可以大幅度提升结构的力学性能[17]。

除预制构件外，节点是装配式建筑的另一关键。钢结构的节点连接方式有焊接和栓接两种。焊接也叫熔接，是指通过高温或高压的方式结合金属材料的一种制造工艺或技术。焊接作为一项高度成熟的技术，可以做到预制构件之间等强连接，不必开孔削弱连接构件净截面，因此具有较高的静力强度；此外，焊接拥有较大的容错范围，可以满足低精度预制构件拼装。然而，焊接并不是没有缺陷，其对结构最大的影响是引入了焊接残余应力，并增大了焊缝热影响区的脆性[18]。发生于 1994 年的美国洛杉矶北岭大地震和 1995 年的日本阪神大地震令学者们意识到，拥有较高静力强度的焊缝在地震作用下极易发生脆性断裂，进而造成结构的坍塌[19-20]。除了抗震性能差之外，焊接对于现场环境和技术工人也有较高的要求。稳定的供电、较低的湿度、适宜的温度，以及不受雨、雪、风影响是对施焊环境的基本要求[21]。而且，焊接工人的技术水平参差不齐，难以保证焊缝质量的标准统一。基于以上原因，在许多场合，焊接不再是钢结构构件连接的首选方式。

栓接是钢结构连接的另一种形式，是指通过螺栓紧固件连接钢构件的施工技术或工艺。与焊接相比，栓接不受现场环境影响，施工进度可控；此外，栓接不需要专业的焊接设备和技术工人，降低了对施工现场的技术要求，尤其符合共建"一带一路"国家的基建现状；而且大部分螺栓连接均为可拆卸连接，结构回收率更高，符合当下的低碳环保理念；最重要的是，螺栓连接可以实现半刚性连接，提高节点变形能力，赋予结构更优的抗震性能。

　　然而，螺栓连接却难以在闭口截面钢构件中应用。以框架结构中的梁柱节点为例，由于施工人员难以进入狭长的钢管柱内安装螺栓，因此必须在柱壁上开设临时手孔（图 1-1），待螺栓安装完毕后对临时手孔进行补焊，整个过程中存在大量的现场切割和焊接作业。开设临时手孔并补焊的工艺不仅影响施工进度、引入焊接残余应力，还削弱了节点的抗震性能[22]。为解决闭口截面构件螺栓连接的困难，人们提出了一种可以在闭口截面外侧完成安装的螺栓概念，称之为单边螺栓（One-side Bolt）或盲孔螺栓（Blind Bolt，也称盲栓）。目前为止，被报道的单边螺栓数量已有十数种，但是实际投入商业化应用的却寥寥无几，且多为国外企业产品[23]。这些单边螺栓普遍存在价格昂贵、安装烦琐、力学性能差的问题，难以被大规模应用。因此，国内的装配式建筑市场急需一种经济实惠、安装高效、力学性能达标的新型单边螺栓。

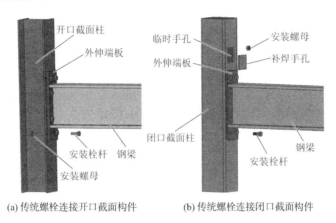

(a) 传统螺栓连接开口截面构件　　　　(b) 传统螺栓连接闭口截面构件

图 1-1　传统螺栓连接梁柱节点

　　针对以上问题，作者提出 T 形方颈单边螺栓连接技术，包括螺栓连接副及其安装方法，如图 1-2 所示。T 形方颈单边螺栓系列包含两个类别，分别是用于中空截面钢构件连接的 T 形方颈单边螺栓连接副和用于内填混凝土钢构件连接的多级 T 形方颈单边螺栓连接副，如图 1-2（a）和（b）所示。T 形方颈单边螺栓连接副由栓杆、螺母和垫圈组成。其中栓杆可以依序划分为 T 形头、方颈和螺纹段三部分，螺母和垫圈则为标准件。多级 T 形方颈单边螺栓连接副同样由栓杆、螺母和垫圈组成，区别在于其栓杆末端设置有锚固段和锚固头。在钢管混凝土结构中，锚固段和锚固头埋设于混凝土中，以增强螺栓的抗拔承载力。T 形方颈单边螺栓系列构造简单、工艺成熟、造价低廉，且没有对螺栓有效截面进行削弱，符合国内新型单边螺栓开发的要求。

　　T 形方颈单边螺栓的安装流程共有 4 步，如图 1-2（c）所示，分别为：①将 T 形头一端完全插入与其截面形状相似的长圆形螺栓孔内；②手握栓杆绕杆轴旋转 90°；③外拔栓杆直至 T 形头与栓孔顶紧；④拧紧螺母并施加预紧力完成螺栓安装。在螺栓施拧过程中，栓杆方颈与长圆形螺栓孔壁顶紧，进而限制栓杆旋转，如图 1-2（c）步骤 4 连接左视图所示。因此，仅用一个电动扳手即可完成 T 形方颈单边螺栓的安装与紧固，无需额外的辅助工具。

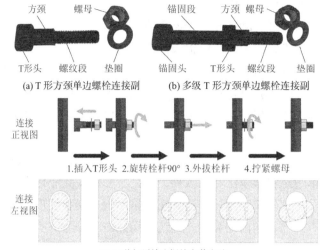

(a) T 形方颈单边螺栓连接副　　　　(b) 多级 T 形方颈单边螺栓连接副

1.插入T形头　2.旋转栓杆90°　3.外拔栓杆　4.拧紧螺母

(c) T 形方颈单边螺栓安装方法

图 1-2　T 形方颈单边螺栓系列及其安装方法

在装配式钢结构中，框架体系最为常见，其中的梁柱节点至关重要，决定着结构的整体安全。虽然 T 形方颈单边螺栓在紧固件层面拥有构造简单、造价低廉且无需额外安装辅助工具的优势，但目前并没有连接层面的结构试验和设计标准用以研究其力学性能并指导实际工程。因此，开展 T 形方颈单边螺栓连接钢管柱-钢梁节点力学性能与设计方法研究具有重大的理论意义和工程应用价值。

1.2　课题研究现状

1.2.1　单边螺栓连接节点研究现状

目前，国内外学者已经提出数十种单边螺栓并对其进行了系列的理论分析和试验研究工作。徐婷等[23]在 2015 年回溯了国外单边螺栓 20 年的发展，详细介绍其构造组成、安装方法和锚固机理，促进了单边螺栓在国内的研究和应用。2016 年，陈珂璠等[24]收集了国内外结构工程和机械工程领域内的单边螺栓研究成果，分析了不同种类单边螺栓的优势和劣势，最后预言了将会有更多的新型单边螺栓随着装配式建筑的推广而问世。梁晓婕和王燕[25]于 2022 年发表综述文章指出，虽然目前市面上已有多种单边螺栓，但是针对单边螺栓连接的研究尚不成熟，仍缺乏相关的设计规范以指导工程实践。

本节基于单边螺栓的锚固机理，将目前已报道的单边螺栓划分为套管变形锚固式、垫圈变形锚固式、栓杆变形锚固式、螺纹栓孔锚固式和异形栓孔锚固式五个类别，并回顾各类单边螺栓及其连接节点的研究现状。

1）套管变形锚固式单边螺栓及其连接节点相关研究

套管变形锚固式单边螺栓种类丰富，是最为成熟的类型。市面上常见的有英国 Lindapter International 公司开发的 Hollo-bolt、Extended Hollo-bolt 和 Reverse Mechanism Hollo-bolt，

美国 Huck International 公司开发的 Blind Oversized Mechanically Locked Bolt、High Strength Blind Bolt 和 Ultra-Twist[23]。其中，英国 Lindapter International 公司开发的 Hollo-bolt 系列是套管变形锚固式单边螺栓的典型代表，也是应用最为广泛的套管变形锚固式单边螺栓，其产品构造如图 1-3（a）所示[26]。

Hollo-bolt 由螺栓杆、钢垫圈、橡胶垫圈、变形套管、锥形螺母组成，其中变形套管靠近锥形螺母一端开有数个槽口。Extended Hollo-bolt 是在 Hollo-bolt 的基础上通过延长螺栓杆并增设锚固螺母演化得来，常用于内部填充混凝土的闭口截面构件连接，具有较高的抗拔刚度和强度。Reverse Mechanism Hollo-bolt 则是通过反向设置变形套管并设置内螺纹替代螺母，将决定螺栓抗拔承载力的关键由套管材料抗剪强度转为套管分肢的抗弯强度，并且增大了螺栓的夹紧半径。此类单边螺栓的安装方法（以 Hollo-bolt 为例）如图 1-3（c）所示。首先将未使用的 Hollo-bolt 插入对应螺栓孔内；接着通过开口扳手夹持钢垫圈；最后使用标定后的扭矩扳手对螺栓头施加建议的扭矩。施拧期间，需要保持开口扳手对钢垫圈的持续夹持。

国内外学者对套管变形锚固式单边螺栓及其连接节点的研究颇为丰富。Pitrakkos 等[28-29]、Olivier 等[30]和 Tizani 等[31]分别对 Hollo-bolt 系列单边螺栓的受拉、受剪、拉剪组合以及疲劳性能进行了系统的试验研究和理论分析。研究表明，Hollo-bolt 在受拉作用下可能出现套管破坏先于栓杆断裂而导致螺栓拔出的现象，而且由于夹紧半径的减小，Hollo-bolt 的抗剪性能和疲劳性能弱于传统摩擦型连接螺栓，不建议在组合作用或者动力荷载下应用。

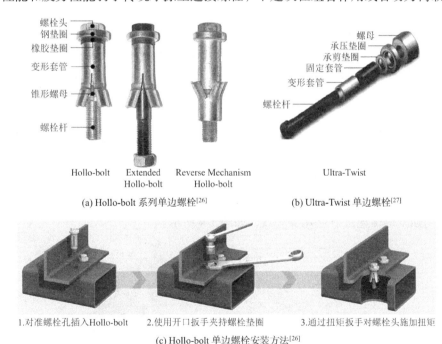

(a) Hollo-bolt 系列单边螺栓[26]   (b) Ultra-Twist 单边螺栓[27]

1.对准螺栓孔插入Hollo-bolt   2.使用开口扳手夹持螺栓垫圈   3.通过扭矩扳手对螺栓头施加扭矩

(c) Hollo-bolt 单边螺栓安装方法[26]

图 1-3 套管变形锚固式单边螺栓典型代表及其安装方法

除螺栓层面的研究外，许多专家学者还展开了套管变形锚固式单边螺栓连接中空钢管或钢管混凝土的研究工作。Mourad 等[32]应用美国 Huck International 公司开发的 High Strength Blind Bolt 实现了方钢管柱-钢梁端板连接，并通过试验研究和理论分析提出了基于屈服线理论的四栓连接方钢管壁受拉承载力分析模型，为类似连接的设计提供了借鉴。

Wang 等[33-34]对 Hollo-bolt 连接 T 形件方钢管节点在单调受拉和低周疲劳荷载下的结构响应进行了系统的试验研究和理论分析，揭示了 Hollo-bolt 变形套管的锚固机理，提出了此类连接的承载力分析模型，为 Hollo-bolt 连接方钢管柱的设计工作提供了理论依据。Debnath 等[35]和 Cabrera 等[36]通过试验研究和数值模拟对 Extended Hollo-bolt 在钢管混凝土连接中的锚固机理进行了探究。研究发现螺栓末端的锚固螺母可以显著提高连接的抗拔刚度和承载力，并详细讨论分析了连接的各类破坏模式，总结了各参数的影响。

针对套管变形锚固式单边螺栓连接足尺梁柱节点，国内学者的研究工作更为全面。

王静峰等[37-41]对 Hollo-bolt 端板连接钢梁-钢管混凝土柱节点在单向荷载和低周往复荷载下的结构性能进行了试验研究，探索了 Hollo-bolt 在圆形钢管混凝土柱和矩形钢管混凝土柱中的锚固性能，建立了两类节点在两种荷载工况下的有限元模型。系列研究结果表明，Hollo-bolt 连接钢梁-钢管混凝土柱节点属于半刚性部分强度连接，拥有较好的延性和抗震性能。

李国强等[15,42,43]发明了一种新型套管变形锚固式自锁单边螺栓，并对此类螺栓连接的钢梁-方钢管柱外伸端板节点和平齐端板节点进行了拟静力单向加载试验研究，提出了基于屈服线理论的矩形钢管壁受弯承载力分析模型，完善了套管变形锚固式单边螺栓端板连接钢梁-钢管柱节点分析理论。

范书刚等[44]和索雅琪等[45]研发了新型套管变形锚固式单边螺栓（Self-tightening High Strength One-side Bolt，简称 SHSOB），并通过试验对 SHSOB 端板连接钢梁-方钢管柱节点分别进行了单向和低周往复荷载下的结构性能研究。结果表明，SHSOB 连接节点的初始刚度和承载力均低于传统螺栓连接节点，最终发生螺栓套管冲剪破坏。

刘仲洋等[46-47]和董新元等[48]通过试验和有限元数值模拟研究了 Hollo-bolt 连接 T 形件钢梁-钢管柱节点的抗震性能，分析了梁翼缘厚度、柱壁厚度和梁腹板削弱程度对此类节点耗能能力的影响。结果表明，单边螺栓和 T 形件依然是节点失效的控制因素，在此类连接中应重点关注。

郏书朔等[49]和张经纬[27]分别对国产单边高强度螺栓 STUCK-BOM 端板连接钢梁-钢管柱节点和钢梁-钢管混凝土柱节点进行了低周往复荷载试验，并与传统高强度螺栓连接节点进行了对比研究。研究表明，STUCK-BOM 连接梁柱节点在低周往复荷载下的初始刚度比传统高强度螺栓连接节点低 30%、易产生较大滑移且可能发生螺栓套管破坏，但是其承载力与传统高强度螺栓连接节点几乎一致，如图 1-4 所示。

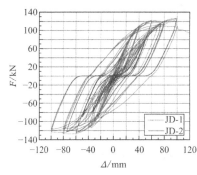

(a) 单边螺栓（JD-1）与传统高强度螺栓（JD-2）连接节点荷载位移曲线对比　　(b) 单边螺栓套管破坏（JD-3）

图 1-4　国产单边高强度螺栓 STUCK-BOM 端板连接钢梁-钢管柱节点试验结果[49]

范圣刚等[44]、索雅琪等[45]、刘仲洋等[46-47]、董新元等[48]、郏书朔等[49]和张经纬[27]针对套管变形锚固式单边螺栓连接钢梁-钢管柱节点的试验结果均表明，此类单边螺栓的变形套管强度直接决定螺栓的抗拔承载力，并影响节点的破坏模式。因此李国强等[50-51]和蒋蕴涵等[52-54]改进了此类螺栓变形套管和锥形螺母的材料，并对其表面进行了处理，研发了 Nonstandard Blind Bolt（非标准盲栓）和 Standard Blind Bolt（标准盲栓），如图 1-5 所示。

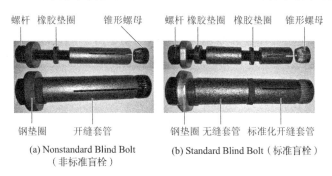

(a) Nonstandard Blind Bolt　　　　(b) Standard Blind Bolt（标准盲栓）
　　　（非标准盲栓）

图 1-5　国产套管变形锚固式单边螺栓典型代表[54]

总而言之，套管变形锚固式单边螺栓技术成熟、研究全面，这也是其拥有较大市场占有率的原因。但是，套管变形锚固式单边螺栓的使用成本较高。这类螺栓的锚固机理在于，变形后的套管在连接的盲端形成膨胀段阻碍螺栓拔出，且变形套管的材料强度决定着螺栓的锚固强度。这要求变形套管采用弹性模量低、强度高的金属材料制作，直接增加了此类螺栓的造价。此外，套管变形锚固式单边螺栓均为一次性使用，不可拆卸，即使拆卸后也不能再次使用。因此，这类单边螺栓的回收价值较低。

2）垫圈变形锚固式单边螺栓及其连接节点相关研究

垫圈变形锚固式单边螺栓通过改变安装前后垫圈的形状实现单侧安装锚固。由澳大利亚 Ajax Engineered Fasteners 公司研发的 Ajax-Oneside 单边螺栓是垫圈变形锚固式的典型代表[23]。Ajax-Oneside 单边螺栓由螺栓杆、折叠垫圈、抗剪套管、标准垫圈和螺母 5 个部件组成，其安装方法如图 1-6 所示[55]。首先依次将螺母、标准垫圈、抗剪套管和折叠垫圈串入特制安装工具的安装端，并将安装端与螺栓杆相连。接着调整折叠垫圈，使之能与螺栓杆一同穿入螺栓孔；穿入后外拔安装工具，使得折叠垫圈恢复平面形状，达到锚固螺栓头的目的。最后将抗剪套管推入螺栓孔再拧紧螺母，完成 Ajax-Oneside 单边螺栓的安装。从图 1-6 可以看出，Ajax-Oneside 单边螺栓的安装不仅需要扭矩扳手，还需要特制的安装工具。

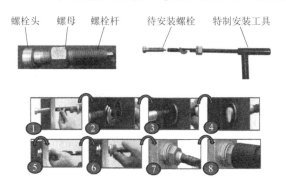

图 1-6　Ajax-Oneside 单边螺栓及其安装方法[55]

目前针对 Ajax-Oneside 单边螺栓连接的研究工作较少，且多为国外学者主持。就螺栓性能层面而言，Hosseini 等[56-57]对 Ajax-Oneside 在静力和疲劳荷载下的受剪性能进行了试验研究，发现了该类螺栓的典型破坏模式并确定了分类标准，建立了其刚度、强度、延性分析模型，以及S-N曲线，为 Ajax-Oneside 连接的设计工作奠定了基础。

Lee 等[58-60]首次开展了 Ajax-Oneside 在梁柱节点中的应用，对使用 Ajax-Oneside 连接的三种钢梁-矩形钢管柱节点形式进行了试验研究和理论分析。研究结果表明，Ajax-Oneside 连接的受拉和受剪性能均与传统螺栓相当，可以应用于低层钢管柱框架结构的连接中。

Waqas 等[55]对采用 Ajax-Oneside 的钢梁-钢管柱平齐端板组合节点进行了单向和往复荷载下的多尺度试验研究，并建立了相关数值分析模型。研究改进了此类连接的刚度和强度分析模型，建立了新的荷载-位移关系。

除 Ajax-Oneside 外，由 Wang（王伟）等[61]研发的 Slip-Critical Blind Bolt 是国产垫圈变形锚固式单边螺栓的代表。Slip-Critical Blind Bolt 同样由 5 个部件组成，分别是扭剪型螺栓杆、分体式垫圈、抗剪套管、标准垫圈和螺母，如图 1-7 所示。Slip-Critical Blind Bolt 与 Ajax-Oneside 的最大区别在于垫圈的变形方式不同，前者的分体式垫圈为平面内变形，而后者的折叠垫圈为平面外变形。Slip-Critical Blind Bolt 的安装方式与 Ajax-Oneside 类似，首先依次将螺母、标准垫圈、抗剪套管和分体式垫圈串入特制安装工具的安装端并连接扭剪型螺栓杆末端，如图 1-7 所示。将扭剪型螺栓杆和压扁的分体式垫圈完全插入螺栓孔后，外拔安装工具使分体式垫圈恢复圆形。最后将抗剪套管推入螺栓孔，再通过电动扳手对扭剪型螺栓杆施加扭矩，完成螺栓安装。

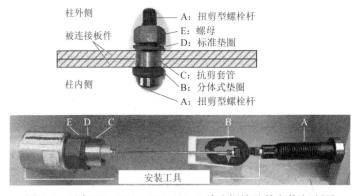

图 1-7　国产 Slip-Critical Blind Bolt 单边螺栓及其安装方法[61]

针对 Slip-Critical Blind Bolt 连接的研究主要集中于同济大学。Gao 等[62]对 Slip-Critical Blind Bolt 摩擦型连接在拉伸、剪切和拉剪组合作用下的力学性能进行了系统的试验研究和数值模拟。研究结果表明这类单边螺栓的极限抗拉强度由螺栓杆决定，不会出现其余部件的破坏，而且螺栓的极限剪切强度为栓杆名义剪切强度的 3 倍。这表明 Slip-Critical Blind Bolt 在螺栓承载力方面可以替代传统螺栓。

在足尺梁柱节点层面，Wang 等[61,63]对钢梁-钢管柱十字形节点进行了低周往复荷载和连续性倒塌试验研究，考虑了端板加劲肋、柱内横隔板和内填混凝土对节点抗震性能和抗倒塌性能的影响。除此之外，Jiao 等[64]还对 Slip-Critical Blind Bolt 连接钢梁-钢管混凝土柱组合节点的抗震性能进行了试验研究和理论分析。系列足尺节点的试验结果进一步表明，Slip-Critical Blind Bolt 具有与传统高强度螺栓几乎相同的性能，并在抗震应用方面表现出巨大的潜力。

综上，虽然垫圈变形锚固式单边螺栓的组成部件较多，但是不存在明显的薄弱部件，且其连接的力学性能可以与传统螺栓连接相媲美，具有很大的潜在应用价值。从施工角度来看，这类单边螺栓均需要特制的安装工具，在一定程度上可能会增加安装难度，影响安装效率。

3）栓杆变形锚固式单边螺栓及其连接节点相关研究

栓杆变形锚固式单边螺栓通过改变安装前后螺栓杆的形状达到锚固的目的，英国 Blind Bolt 公司研发的 Blind Bolt 是其中的典型代表。Blind Bolt 由 3 个部件组成，分别是带有贯通槽口的螺栓杆、安装在螺栓杆贯通槽口内可旋转的 L 形挡块和法兰螺母，如图 1-8 所示[65]。Blind Bolt 的安装分为 4 步，第 1 步：将挡块收入螺栓杆贯通槽口内，并完全插入螺栓孔；第 2 步：手握螺栓杆末端绕栓轴旋转 180°，此时挡块在重力作用下滑出螺栓杆贯通槽口；第 3 步：手持限位工具夹持螺栓杆；第 4 步：通过开口扳手紧固螺母，此时因挡块已经滑出螺栓实现锚固。

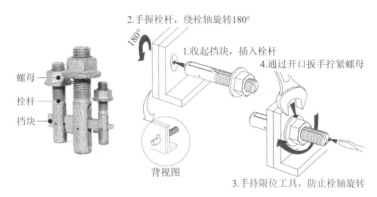

图 1-8   Blind Bolt 单边螺栓及其安装方法[65]

Tahir 等[66]针对 Blind Bolt 端板连接钢梁-钢管柱节点进行了单向拟静力荷载试验以及数值模拟分析，研究了端板类型（外伸端板和平齐端板）、端板厚度、螺栓布置和钢梁截面尺寸的影响。研究结果表明，Blind Bolt 破坏是节点失效的主要原因；除此之外，螺栓孔冲切破坏也会导致螺栓拔出，如图 1-9 所示。

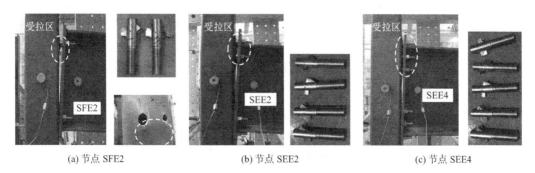

(a) 节点 SFE2   (b) 节点 SEE2   (c) 节点 SEE4

图 1-9   Blind Bolt 端板连接钢梁-钢管柱节点试验结果[66]

Molabolt 是由英国 Advanced Bolting Solutions 公司研发的另外一种栓杆变形锚固式单边螺栓，同样由 3 个部件组成，分别是一端开槽的中空螺栓杆、可插入螺栓杆内的销杆以及法兰螺母,如图 1-10 所示。Molabolt 的安装同样由 4 步完成,第 1 步:将法兰螺母旋至栓杆非开槽一端;第 2 步:将栓杆开槽端插入螺栓孔内;第 3 步:锤击销杆使之完全没入螺栓杆内;第 4 步:紧固法兰螺母完成安装。

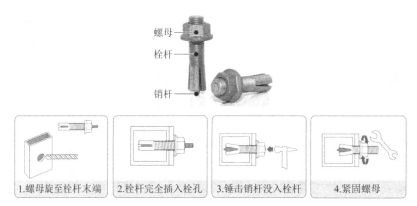

图 1-10　Molabolt 单边螺栓及其安装方法[67]

Li 等[68-69]对使用 Molabolt 和 Blind Bolt 连接的 T 形件-钢管节点和 T 形件-灌混凝土钢管节点进行了系统的抗拉性能试验研究,并与套管变形锚固式单边螺栓的典型代表 Hollo-bolt 进行对比。结果表明,Hollo-bolt 连接节点的抗拉性能明显优于 Blind Bolt 和 Molabolt 连接的节点,而且 Blind Bolt 和 Molabolt 连接节点均发生了螺栓拔出破坏,表现为螺栓锚固力不足。

总之,栓杆变形锚固式单边螺栓均对螺栓杆进行了不同程度的截面削弱,这导致螺栓本身的承载力降低。此外,无论是 Blind Bolt 还是 Molabolt,连接后无法在栓孔周围形成较大范围的夹紧区域,易造成螺栓拔出破坏。

4)螺纹栓孔锚固式单边螺栓及其连接节点相关研究

螺纹栓孔锚固式单边螺栓是指通过带有内螺纹的螺栓孔替代传统螺栓连接副中的螺母,实现对带丝螺栓杆的锚固。目前,螺纹栓孔的成孔工艺有两种,分别是热熔-切削成型工艺和切削成型工艺。

荷兰学者 Hoogenboom[70]通过特制的耐高温合金钻头对薄钢板进行局部加热钻孔,之后使用丝锥切削,形成螺纹栓孔,如图 1-11 所示。这项技术是典型的热熔-切削成孔工艺,被命名为 Flowdrill 技术。此后,Flowdrill 公司[71]将此项技术推广应用到闭口截面钢构件的连接中。Flowdrill 技术通过热熔钻开设螺纹底孔,将栓孔处钢材均匀挤压至孔周,达到加长螺纹段的目的,如图 1-11 所示。然而,此项技术仅限于钢板厚度不超过 12.5mm 时使用,无法应用于更厚的钢板成孔中。

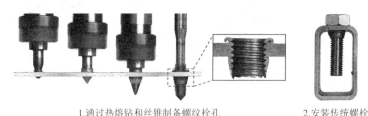

图 1-11　Flowdrill 技术及其应用[71]

关于 Flowdrill 连接的研究工作较少，其中 France 等[72-74]开展了 Flowdrill 端板连接钢梁-钢管柱和钢梁-钢管混凝土柱节点在单向拟静力荷载下的试验研究，初步探索了 Flowdrill 连接技术在梁柱节点中的应用。研究结果表明，Flowdrill 外伸端板连接梁柱节点易发生螺栓拔出破坏，而平齐端板连接则更易引起柱壁鼓曲变形。

受限于螺纹栓孔所在钢板的厚度，Flowdrill 连接节点很难完全发挥螺栓的强度，往往发生螺栓拔出破坏。为了提高螺纹栓孔锚固式单边螺栓的承载力，将其应用于厚板件的连接中，学者们使用切削成型工艺制作此类连接所需的螺纹栓孔，如图 1-12 所示。螺纹栓孔切削成型工艺理论上适用于任何厚度的钢板，而且钻孔攻螺纹一体刀具可以使螺纹栓孔一次成型，减少了工艺流程，提高了加工效率。

图 1-12　螺纹栓孔一次成型技术[75]

与热熔-切削成孔工艺不同，切削成孔工艺在螺纹栓孔锚固式单边螺栓连接中的研究主要由国内学者完成。

郭琨等[76]和李望芝等[77]分别对螺纹栓孔钢板-单栓连接和螺纹栓孔钢板-螺栓群连接的抗拉性能进行了试验研究，考虑了螺栓直径、螺栓强度、钢板厚度等参数对连接强度和破坏模式的影响，最终建议此类连接应采用"机械零件强度计算"相关公式进行设计。程佳佳等[78]对螺纹栓孔锚固式单边螺栓连接钢梁-钢管柱节点的抗震性能进行了试验研究，分析了节点尺寸的影响，而刘礼等[79]则着重研究了端板厚度的影响。试验结果表明，钢管柱尺寸和端板厚度均会影响节点的破坏模式和承载性能；随着端板的增厚，螺栓更易发生拔出破坏；并且焊接于钢管柱外周用于局部加厚柱壁的贴板易在往复荷载下发生焊缝脆性破坏。何明胜等[80]对 1 榀螺纹栓孔锚固式单边螺栓连接单层单跨缩尺钢梁-钢管柱框架进行了抗震试验研究，同时与传统栓焊连接钢框架进行了对比。研究结果表明，采用螺纹栓孔锚固式单边螺栓连接的钢框架具有更优的承载力、延性和耗能能力。这是因为传统栓焊连接钢框架在低周往复荷载下发生了焊缝脆性断裂，如图 1-13 所示。

对于螺纹栓孔锚固式单边螺栓连接，钢板螺纹栓孔对螺栓杆的锚固作用直接决定此类连接的承载力，影响结构的安全性和可靠度。钢板材料强度、钢板厚度（即螺纹深度）和钢板的平面外刚度是影响此类连接强度的关键因素。

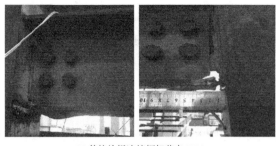
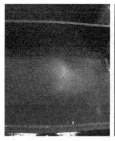

(a) 传统栓焊连接框架节点 KJ-1　　　　　　(b) 螺纹栓孔锚固式单边螺栓连接框架节点 KJ-2

图 1-13　螺纹栓孔锚固式单边螺栓连接钢梁-钢管柱框架试验结果[80]

段留省等[81-82]采用高强度钢板作为螺纹栓孔开孔板件，提出了高强度钢板-螺栓连接副，并通过对此类连接的抗拉性能试验和有限元数值分析，研究了 Q460C、Q345B 和 45 号钢三种材料对不同直径 10.9 级高强度螺栓杆的锚固性能。研究结果表明，Q460C 和 Q345B 的钢板厚度需要分别不小于螺栓直径和螺栓直径＋（1～2mm）方可避免栓孔内螺纹剪切破坏；而且叠加钢板对螺栓杆的锚固作用不及单块板，不建议使用。除此之外，段留省等[83-84]还对高强度芯筒-螺栓端板连接钢梁-钢管柱框架节点（图 1-14）分别进行了单向荷载和低周往复荷载试验研究，综合考虑了芯筒类型、筒壁厚度、螺栓直径和端板厚度的影响。研究发现所有试件均为半刚性连接，闭口截面芯筒对节点结构性能的贡献优于开口截面，芯筒壁厚直接决定此类连接的强度。

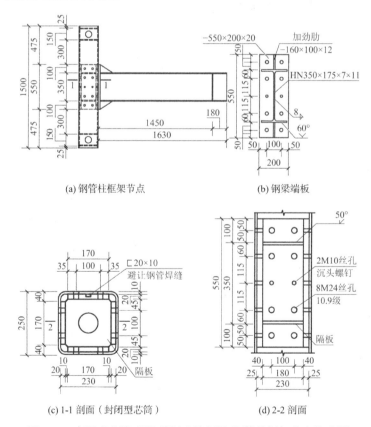

(a) 钢管柱框架节点　　　　　　　　　(b) 钢梁端板

(c) 1-1 剖面（封闭型芯筒）　　　　　　(d) 2-2 剖面

图 1-14　高强度芯筒-螺栓端板连接钢梁-钢管柱框架节点构造[84]

除了采用高强度钢板来提高螺纹栓孔锚固式单边螺栓连接的强度外，王培军团队从局部增加钢板厚度入手展开了一系列的研究工作。朱绪林等[85-86]和 Liu 等[87]通过试验分别研究了螺纹栓孔锚固式单边螺栓连接 T 形件节点和垫板加强 T 形件节点的受拉性能，提出了 5 种破坏模式，并给出相应破坏模式下节点承载力的分析模型和计算公式。Wulan 等[88]和 Zhang 等[89-90]采用数值模拟方法扩大了螺纹栓孔锚固式单边螺栓连接 T 形件节点的参数范围，并对朱绪林等[85-86]和 Liu 等[87]给出的理论模型进行了验证。结果表明，此类 T 形件节点在往复荷载下的承载力依然可以通过该模型分析计算。除了抗拉性能外，Wang 等[91]还对螺纹栓孔锚固式单边螺栓连接的抗剪性能进行了试验和数值模拟研究。结果表明在抗剪连接中，螺纹栓孔锚固式单边螺栓在力学性能方面可以完全替代传统螺栓。

在针对 T 形件节点的研究之后，张越等[92-93]和 Liu 等[94]分别通过有限元分析和模型试验研究了螺纹栓孔锚固式单边螺栓连接钢管节点的受拉性能，并利用屈服线理论修正了此类连接下钢管受拉承载力的分析模型。基于 Liu 等[94]的试验结果，刘闯等[95-96]对钢管壁屈服线分布模式进行了改进，提出一种新型哑铃形屈服线，提高了节点的承载力计算精度。乌兰托亚等[97-98]针对 Liu 等[94]试验结果中出现的栓孔螺纹剪切破坏现象，提出钢管内置 H 型钢加强件、内焊横隔板和外焊双槽钢等钢管加强措施，并对螺纹栓孔锚固式单边螺栓连接加强钢管节点进行了抗拉性能试验。结果表明，内焊横隔板加强方式可为螺栓杆提供足够的锚固力，充分发挥其材料强度，如图 1-15 所示。在螺纹栓孔锚固式单边螺栓连接钢管节点层面，张曼[99]和周生展等[100]还分别通过试验和数值模拟开展了此类连接在弯剪荷载下的力学性能研究。

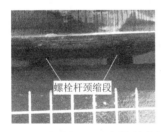

图 1-15 螺纹栓孔锚固式单边螺栓连接横隔板加强钢管节点试验结果[97]

螺纹栓孔锚固式单边螺栓连接足尺钢梁-钢管柱节点的研究工作由 Wang 等[101]和 Zhang 等[102]展开，研究参数包含端板厚度和节点加强方式。结果表明，钢管柱壁未加强节点的承载力和刚度明显低于传统高强度螺栓连接节点，而小贴板加强节点的性能几乎与之相同。虽然小贴板加强节点和内置 H 型钢加强节点最终均因螺栓拔出破坏，但是其承载力和延性已经远超未加强节点。基于 Wang 等[101]和 Zhang 等[102]的试验结果，Liu 等[103]、Liu 等[104]和 Cai 等[105]提出了十字形截面、八边形截面和加劲八边形截面三种新型加强组件及配套组装工艺，并对采用这三种加强组件的节点分别进行了单向荷载和低周往复荷载下的试验研究。研究表明，在同一钢板厚度下，十字形截面和加劲八边形截面的加强组件具有更大的刚度和对螺栓杆的锚固力，并且当钢管柱壁与加强组件翼缘厚度之和达到 1.2 倍螺栓直径即可避免栓孔螺纹剪切破坏引起的螺栓拔出[106]。

综上，螺纹栓孔锚固式单边螺栓成本较低、安装便利，具有较大的应用价值。但是，开设螺纹栓孔的钢板往往需要加强处理，或使用高强度材料，或对钢板进行局部加厚处理，或增加钢板的平面外刚度。

5）异形栓孔锚固式单边螺栓及其连接节点相关研究

异形栓孔锚固式单边螺栓的螺栓头截面非圆形且非正多边形，一般具有正交的长轴和短轴，与之配套的栓孔形状与螺栓头截面相似。椭圆头单边螺栓是由 Wan 等[107]提出的一类异形栓孔锚固式单边螺栓，其构造及安装方法如图 1-16 所示。椭圆头单边螺栓一般由三个部件组成，分别是末端带有凹槽的螺栓杆、标准垫圈和标准螺母。椭圆头单边螺栓安装时首先将螺栓头对齐椭圆形螺栓孔，螺栓头插入后绕栓轴旋转螺栓杆 90°，最后通过图 1-8 所示限位工具和开口扳手拧紧螺母完成螺栓安装。

Wan 等[107]对椭圆头单边螺栓板叠连接的抗剪性能进行了试验研究和有限元参数分析，探索了椭圆头截面长短轴之比和栓孔布置的影响。研究结果表明，长短轴之比为 1.7，且栓孔正交布置可以使板叠连接获得最优的抗剪性能。在 Wan 等[107]的研究基础上，Ng 等[108]提出椭圆头单边螺栓连接灌混凝土钢管的 5 种锚固形式，并开展了针对其抗拉性能的试验研究和有限元模拟。结果表明，混凝土等级、螺栓埋置深度、螺栓强度等级和钢管径厚比均明显影响连接的抗拉性能。而且，试验中出现了螺栓拔出和栓杆拉断破坏模式（图 1-17），这意味着在合理的锚固构造下，椭圆头单边螺栓可以充分发挥其材料性能。

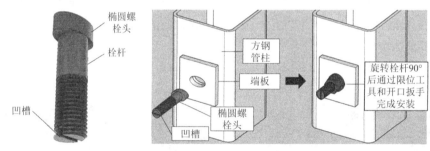

图 1-16　椭圆头单边螺栓及其安装方法[107,108]

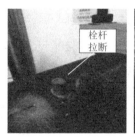

(a) 螺栓拔出破坏　　　　　　　　　　　(b) 栓杆拉断破坏

图 1-17　椭圆头单边螺栓连接灌混凝土钢管节点试验结果[108]

除椭圆头单边螺栓外，由 Sun 等[109]提出的 T 形单边螺栓及其安装方法如图 1-18 所示。T 形单边螺栓由 T 形螺栓杆、挡块、标准垫圈和标准螺母 4 个部件组成，其中 T 形螺栓杆沿栓轴开有通长凹槽，挡块内侧带有与栓杆凹槽匹配的凸肋。安装时首先将螺栓头插入长圆形螺栓孔；其次绕栓轴旋转栓杆 90°；再将栓杆滑至栓孔一侧；然后将挡块推入螺栓孔；

最后使用扭矩扳手完成螺栓安装。在 T 形单边螺栓拧紧时，栓杆绕轴旋转带动挡块并使之
与栓孔壁相抵达到自锁状态，因此 T 形单边螺栓的安装不需要图 1-8 所示的限位工具，这
与椭圆头单边螺栓不同。

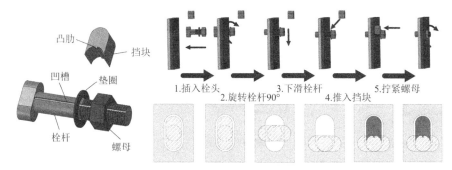

凸肋
挡块
凹槽
垫圈
栓杆
螺母

1.插入栓头   3.下滑栓杆   5.拧紧螺母
　　2.旋转栓杆90°　　4.推入挡块

图 1-18　T 形单边螺栓及其安装方法[109]

　　Sun 等[109]通过有限元分析研究了 T 形单边螺栓连接钢梁-钢管柱节点在拟静力荷载下
的受弯性能，讨论了长圆形栓孔方向、挡块装配精度、螺栓安装角度偏差，以及一孔多栓
等 T 形单边螺栓所特有的几何构造参数对节点性能的影响，随后对比了 T 形单边螺栓连接
梁柱节点与传统螺栓连接节点的结构性能差异。研究结果表明，T 形单边螺栓连接梁柱节
点拥有与传统螺栓连接节点相同的破坏模式和结构性能，并且 30°以内的螺栓安装角度偏
差不会影响节点力学性能。

　　针对椭圆头单边螺栓和 T 形单边螺栓连接的相关研究均表明异形栓孔锚固式单边螺栓
连接具有较好的力学性能，在合理设计的前提下可以代替传统螺栓连接节点。然而，椭圆
头单边螺栓的安装需要除扭矩扳手之外的限位工具，增加了操作难度，降低了安装效率；
T 形单边螺栓虽不需额外的辅助安装工具，但是挡块的安装要求较高的装配精度，否则无
法有效限制栓杆的旋转。

　　鉴于异形栓孔锚固式单边螺栓连接优异的力学性能，作者与课题组在 T 形单边螺栓的
基础上进行改进，并提出本书的研究对象——T 形方颈单边螺栓，其构造及安装方法见
图 1-2。与 T 形单边螺栓相比，T 形方颈单边螺栓舍弃了挡块部件，将安装过程中限制栓杆
旋转的任务交给螺栓杆中部的方形截面，这种设计简化了螺栓的组成构造，提高了安装
效率。

1.2.2　钢梁-钢管柱节点加强方式研究现状

　　在钢梁-钢管柱节点端面连接中，连接面柱壁往往会在钢梁翼缘或螺栓的作用下发生较
大的平面外变形，导致梁柱节点的刚度和承载力降低，并影响钢管柱的竖向承载性能[110-111]。
因此，无论是栓接还是焊接，钢梁-钢管柱节点一般都会有节点域加强措施或特殊的构造，
以免钢管柱壁发生较大的平面外变形。常见的钢梁-钢管柱节点域加强措施有钢管柱内焊隔
板、钢管柱外焊环板、钢管柱侧壁连接、钢管柱外焊槽钢、钢管柱内置夹层钢管、钢管柱
内置套管、钢管柱外置套管等，如图 1-19 所示。

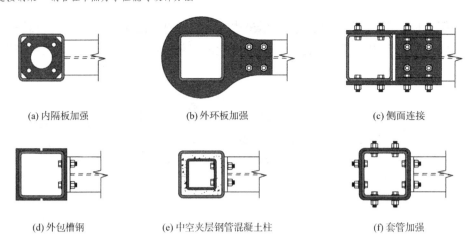

(a) 内隔板加强　　　　(b) 外环板加强　　　　(c) 侧面连接

(d) 外包槽钢　　　(e) 中空夹层钢管混凝土柱　　　(f) 套管加强

图 1-19　常见钢梁-钢管柱节点加强措施

其中，钢管柱内隔板加强［图 1-19（a）］较为常见。钢管柱内隔板加强一般是指在柱内梁翼缘对应位置焊接开孔横板，传递梁翼缘的拉力和压力至钢管柱侧壁和背壁，大幅度增加节点的刚度和承载力。Li 等[112]和 Wang 等[113]对内焊横隔板的钢梁-钢管柱节点的力学性能进行了试验研究和数值模拟。结果表明，内焊横隔板可以避免钢管柱壁的平面外变形，使节点塑性铰转移至钢梁。陈辉[114]、郭征明[115]和史艳莉等[116]通过有限元数值模拟系统研究了内隔板形状、板厚、开孔位置和开孔直径等几何参数对节点受弯性能和抗震性能的影响。结果表明横隔板的设置可以实现"强柱弱梁"连接。

尽管钢管柱内焊横隔板可以大幅度提高节点力学性能，避免柱壁面外变形，横隔板的设置还是给钢管柱内灌注混凝土带来了挑战[117]。在钢管柱内浇筑混凝土有高抛浇筑和顶升浇筑两种方案，前者会因横隔板的存在造成隔板下浇筑脱空，后者则会导致施工期间钢管柱内顶升压力陡增，影响施工质量和结构安全。

为减小内隔板设置对混凝土浇筑的影响，部分学者提出将隔板竖向布置，增大灌注通道，减小顶升阻力。Hassan 等[118]对设置竖向内隔板的钢梁-钢管柱节点进行了试验研究和数值模拟，证明了竖隔板可以限制钢管柱壁变形，且节点属于半刚性连接。Jiang 等[119]通过试验研究对竖隔板的布置方案进行了优化，提出了双板连接构造。Ahmadi 等[120]增大了竖隔板宽度，使之穿透钢管柱壁直接与钢梁相连，这种连接方式避免了钢管壁直接受弯，进一步提高了节点域的刚度和强度。

以上对于钢管柱内焊隔板加强方式的研究均表明，此类加强措施可以避免柱壁连接面发生较大面外变形，符合"强节点弱构件"的设计理念。然而，内焊隔板的施工要求较高，需要使用电渣焊技术，增加了钢构件的加工成本[115]。

钢管柱外焊环板［图 1-19（b）］是指在钢管柱壁外侧钢梁翼缘对应位置焊接完整的环向钢板，起到增加柱壁面外刚度的目的，避免了管内焊接。Vulcu 等[121]对外焊环板的钢梁-钢管柱节点进行了单向和低周往复荷载试验研究，证明了此类加强措施对节点刚度和承载性能的提升优于内焊隔板。李启明[122]和石若利等[123]通过有限元分析分别研究了外环板沿梁外伸长度、外环板柱壁外伸宽度、外环板厚度等几何参数对外环板加强钢梁-钢管柱节点在静力和低周往复荷载下的破坏模式和力学性能的影响。王修军[124]和吴海亮等[125]对外环板加强钢梁-钢管柱节点进行了优化设计和系列抗震和抗剪性能试验，并根据试验结果推导了此类节点初始转动刚度计算公式，提出了节点弯矩-转角曲线计算方法。

虽然一系列关于外环板加强钢梁-钢管柱节点的研究均表明此类加强措施同样可以避免钢管柱壁大变形，实现钢管柱全截面受弯；但是外焊环板节点的尺寸往往较大，降低了预制构件的运输效率。对于施工空间狭小的城市工程建设，堆放外环板加强的预制钢构件势必占用大量的空间，这对施工现场平面布置和钢构件运输都有较高的要求。

为了提高梁柱节点中钢管柱壁面外刚度，在不采用内焊隔板和外焊环板的前提下，Lee 等[59]另辟蹊径，提出钢管柱侧壁连接方案，如图 1-19（c）所示。Lee 等[59]通过槽钢连接板连接钢管柱侧壁与钢梁翼缘，将柱壁连接面所承受的平面外拉力转换为柱壁侧面承受的平面内剪力，避免了柱壁大变形。对槽钢连接板连接钢梁-钢管柱节点的静力受弯试验和数值模拟分析表明，此类连接可保证钢管柱不变形，在低层框架结构中具有较大的应用潜力。然而此类侧壁连接仅适用于平面节点，不能用于框架角节点、边节点和中节点。

除上述节点加强措施外，董丽娟[126]和陈丽华等[127]采取了钢管柱壁加厚策略，即将钢管柱分为上柱段、下柱段及节点区柱段，其中节点区柱段的壁厚大于上、下柱段，三段钢管通过焊缝拼接形成完整钢管柱。董丽娟[126]和陈丽华等[127]对钢梁-加厚钢管柱栓焊连接节点进行了低周往复荷载试验研究，着重考虑了节点区柱段宽厚比对结构响应的影响。

与董丽娟[126]和陈丽华等[127]的三段柱拼接不同，Wang 等[128]则是通过在钢管柱节点域外焊槽钢实现柱壁加厚目的，如图 1-19（d）所示。李德山等[129-131]和 Wang 等[132-133]对钢梁-外焊槽钢钢管柱节点力学性能进行了全面的试验研究和数值模拟，详细给出此类加强方式的构造措施和设计建议。相关试验结果表明，槽钢顶端与钢管柱之间的角焊缝是节点的薄弱部位，易在往复荷载下破坏。总体而言，三段柱拼接和外焊槽钢均是对节点域钢管柱壁的加厚措施，但是依然无法改变柱壁连接面在梁翼缘拉力和压力作用下独自受弯的状态，因此对钢管柱壁面外变形的限制十分有限。

中空夹层钢管混凝土柱是由在钢管柱内部布置小截面等长钢管，并在两层钢管之间灌注混凝土形成，如图 1-19（e）所示。与单层钢管相比，双层钢管和夹层混凝土叠合层的平面外刚度和承载力获得显著提升。王静峰等[134-135]和 Guo 等[136]对单边螺栓端板连接钢梁-圆套圆中空夹层钢管混凝土柱节点和钢梁-方套方中空夹层钢管混凝土柱节点分别进行了抗震性能试验研究和理论分析。结果表明，较小的空心率可以保证钢管柱壁不发生平面外变形。此外，Zhang 等[137]对单边螺栓 T 形件连接钢梁-方套方中空夹层钢管混凝土柱节点进行的试验研究表明，T 形件连接具有更高的延性，且与端板连接相比对钢管柱壁平面外刚度的要求更低。

钢管柱套管加强是指在钢管柱节点域外套或内置短钢管，通过焊接或栓接与钢管柱相连，本质上属于钢管壁加厚策略，如图 1-19（f）所示。杨松森[138]和冷乐[139]对钢梁-外套管加强钢管柱节点进行了抗震性能试验研究，马强强[140]、孙风彬[141]、鲁秀秀[142]和王燕等[143]则对钢梁-内套管加强钢管柱节点的静力抗弯性能和抗震性能进行了系统的试验和数值模拟研究。研究结果表明，与三段柱拼接和外焊槽钢措施相似，外套管和内套管对钢管柱壁平面外变形的限制十分有限。而且，为安装内套管而设置的钢管柱拼接缝会在剪力作用下发生较大的错位，影响结构的正常使用极限状态。

综上所述，现有的钢梁-钢管柱节点域加强措施在应用范围、施工难度、成本控制、力学性能等方面存在一定程度的不足，例如：钢管柱内焊隔板施工要求较高；外焊环板降低运输效率；侧壁连接仅适用于平面节点；三段柱拼接、外焊槽钢、外置套管、内置套管对钢管柱壁平面外变形的限制均十分有限；虽然中空夹层钢管混凝土柱可以限制柱壁的平面外变形，但是通长布置的内钢管将导致钢材用量增加。因此，提出一种应用范围广、施工难度低、经济效益高、力学性能优异的装配式钢梁-钢管柱加强节点，是钢结构全螺栓连接实现的基础。

1.2.3　研究现状总结

目前为止，国内外学者和企业已经开发了多种类别和型号的单边螺栓，并对单边螺栓连接钢梁-钢管柱节点进行了大量的试验研究、数值模拟和理论分析工作，相应的研究成果为工程实践和相关规范标准的制定提供了参考依据，也为单边螺栓连接领域的进一步研究奠定了基础。

在现有单边螺栓产品中，套管变形锚固式单边螺栓技术成熟、研究全面，在节点连接中具有良好的力学性能，拥有较大的市场占有率；但是，这类单边螺栓的应用成本较高，表现在较高的螺栓造价和较低的回收价值。垫圈变形锚固式单边螺栓的组成部件较多，但是不存在明显的薄弱部件，且其连接的力学性能与传统螺栓连接接近，具有很大的潜在应用价值；从施工角度来看，这类单边螺栓均需要特制的安装工具，在一定程度上可能会增加安装难度，影响安装效率。栓杆变形锚固式单边螺栓均对螺栓杆进行了不同程度的截面削弱，导致螺栓本身的承载力降低；而且，这类单边螺栓连接后无法在栓孔周围形成较大范围的夹紧区域，易造成螺栓拔出破坏。螺纹栓孔锚固式单边螺栓成本较低、安装便利，具有较大的应用价值；但是，开设螺纹栓孔的钢板往往需要加强处理、使用高强度材料、对钢板进行局部加厚处理，或增加钢板的平面外刚度。异形栓孔锚固式单边螺栓连接具有较好的力学性能，在合理设计的前提下可以与传统螺栓连接节点相媲美；然而，现有的异形栓孔锚固式单边螺栓，或是需要除扭矩扳手之外的限位工具，或是需要较高的装配精度，否则无法有效限制栓杆的旋转。

鉴于异形栓孔锚固式单边螺栓连接优异的力学性能，本书在 T 形单边螺栓的基础上进行改进，并提出 T 形方颈单边螺栓。与 T 形单边螺栓相比，T 形方颈单边螺栓舍弃了挡块部件，将安装过程中限制栓杆旋转的任务交给螺栓杆中部的方形截面，这种设计简化了螺栓的组成构造、提高了安装效率。

T 形方颈单边螺栓作为一种新型的螺栓紧固件，目前尚无相关研究报道。为评估此类单边螺栓在钢梁-钢管柱节点中应用的可行性，有以下几点问题需要解决：

（1）T 形方颈单边螺栓连接钢梁-钢管柱节点在单调和低周往复荷载下的基本结构响应和破坏机理尚不清楚，需要相关的试验研究；缺乏 T 形方颈单边螺栓连接钢梁-钢管柱节点与传统螺栓连接节点在力学性能方面的试验对比，尚无法对其应用价值进行准确直观的评估。

（2）在钢梁-钢管柱节点端面连接中，连接面柱壁往往会在钢梁翼缘或螺栓的作用下发生较大的平面外变形，导致梁柱节点的刚度和承载力降低，并影响钢管柱的竖向承载性能。因此，研究力学性能良好且施工便捷的钢梁-钢管柱节点域加强措施，是此类连接推广应用的必经之路，需开展钢梁-钢管柱加强节点在单调和低周往复荷载下的试验研究工作。

（3）现有单边螺栓大多构造复杂，部件较多，导致有限元数值模型增加了大量的非线性接触，收敛效果不佳。因此，有必要在相关试验研究的基础上建立可靠的 T 形颈单边螺栓连接钢梁-钢管柱节点有限元分析模型，开展系统、全面的参数分析，进一步揭示节点的工作机理。

（4）作为一种新型的连接方式，T 形方颈单边螺栓连接钢梁-钢管柱节点的设计方法尚属空白，制约着此类连接在工程项目中的设计和应用。因此，结合相关试验研究和数值模拟结果，提出系统、完整的节点设计理论和方法，对推动 T 形方颈单边螺栓工程应用意义重大。

1.3　本书研究内容

1.3.1　研究内容

本书以 T 形方颈单边螺栓连接钢梁-方钢管柱节点为研究对象，采用试验研究、数值模拟和理论分析等方法对此类连接的静力性能和抗震性能进行了系统、完整的研究，具体研究内容如下：

1）T 形方颈单边螺栓连接钢梁-方钢管柱节点单调荷载试验研究

通过试验对 4 个 T 形方颈单边螺栓连接钢梁-钢管柱足尺节点和 1 个传统螺栓连接节点的静力抗弯性能进行了研究，探讨了长圆形螺栓孔布置方案以及端板加劲肋和钢管柱内混凝土两种加强措施对节点结构响应的影响。研究了 T 形方颈单边螺栓连接节点的破坏模式、转角-弯矩关系、关键部位转角-应变关系、各部位屈服顺序等，揭示了此类节点的工作及破坏机理。与传统螺栓连接节点的破坏模式和各项静力性能参数进行对比，对 T 形方颈单边螺栓连接钢梁-方钢管柱节点进行了较为全面的评估。

2）T 形方颈单边螺栓连接钢梁-方钢管柱节点低周往复荷载试验研究

通过试验对 4 个 T 形方颈单边螺栓连接钢梁-钢管柱足尺节点和 1 个传统螺栓连接节点的抗震性能进行了研究，探讨了长圆形螺栓孔布置方案以及端板加劲肋和钢管柱内灌注混凝土两种加强措施对节点抗震性能的影响。研究了 T 形方颈单边螺栓连接节点的破坏模式、转角-弯矩滞回关系、转角-弯矩骨架曲线、转动能力与延性、强度退化、刚度退化、耗能能力、关键部位转角-应变关系、各部位屈服顺序等，重点与传统螺栓连接节点的各项性能参数进行了对比。通过对比节点在单调和低周往复荷载下的结构响应特征值，归纳总结得到荷载类型影响系数，为节点的抗震设计提供参考。

3）T 形方颈单边螺栓连接钢梁-方钢管柱加强节点单调荷载试验研究

对 6 个采用柱内加强组件的 T 形方颈单边螺栓连接钢梁-方钢管柱节点进行了单调荷载试验，研究了加强组件截面形状、长度和壁厚对节点静力抗弯性能的影响。钢管柱内加强组件截面形状包括双槽钢和 H 型钢。试验研究了钢管柱内加强组件对节点破坏模式、转角-弯矩关系、关键部位转角-应变关系、各部位屈服顺序等的影响，揭示了钢管柱内加强组件与钢管柱共同工作机理。与无加强节点的破坏模式和各项静力性能参数进行对比，评估两类钢管柱内加强组件的加强效率。

4）T 形方颈单边螺栓连接钢梁-方钢管柱加强节点低周往复荷载试验研究

对 4 个采用 H 型钢组件的 T 形方颈单边螺栓连接钢梁-方钢管柱节点进行了低周往复

荷载试验，研究了 H 型钢组件长度和翼缘厚度对节点抗震性能的影响，包括破坏模式、转角-弯矩滞回关系、转角-弯矩骨架曲线、转动能力与延性、强度退化、刚度退化、耗能能力、关键部位转角-应变关系、各部位屈服顺序等。深入讨论了 H 型钢组件对节点荷载类型影响系数的影响和在单调及低周往复两类荷载下的加强效率。

5）T 形方颈单边螺栓连接钢梁-方钢管柱节点数值模拟研究

采用 ABAQUS 有限元分析软件建立 T 形方颈单边螺栓连接钢梁-方钢管柱节点三维有限元模型，综合考虑几何非线性、材料非线性和接触非线性，分别对单调荷载和低周往复荷载下节点的结构响应进行模拟，深层次揭示长圆形螺栓孔的承载和破坏机理、耗能机理以及加强组件与钢管柱之间的协同工作机理等试验难以获得的结果。通过参数分析，总结归纳了 T 形方颈单边螺栓连接特有的螺栓和栓孔参数、与传统螺栓连接通用的构件参数，以及加强节点的相关参数等对节点力学性能的影响规律，为下一步设计方法的提出和验证提供了大量的数据支撑。

6）T 形方颈单边螺栓连接钢梁-方钢管柱节点设计方法研究

基于对 T 形方颈单边螺栓连接钢梁-方钢管柱节点进行的大量试验研究和数值模拟，结合节点在不同工况下各部件的屈服顺序以及单一和耦合的破坏模式，应用薄板塑性铰线理论和组件分析法提出 T 形方颈单边螺栓连接钢梁-钢管柱节点初始转动刚度计算模型、受弯承载力计算模型和单调荷载及低周往复荷载下的转角-弯矩关系模型，并与试验和有限元结果进行对比。

1.3.2 研究方法

1）模型试验法

足尺模型可以充分考虑节点的尺寸效应，最大程度还原节点真实受力状态，深入揭示节点各部件之间的协同受力机理。本书采用足尺模型研究 T 形方颈单边螺栓连接钢梁-钢管柱节点在单调和低周往复荷载下的结构响应，研究节点在不同工况下的破坏模式、工作机理、弯矩-转角关系、滞回曲线、各组件的屈服顺序和耗能能力贡献比例等。

2）有限元分析法

与模型试验法相比，有限元分析法具有经济成本和时间成本优势。本书利用有限元分析法充分考虑节点的几何非线性、材料非线性和接触非线性，可真实模拟节点的受力全过程。通过对 T 形方颈单边螺栓连接特有的螺栓和栓孔参数、与传统螺栓连接通用的构件参数，以及加强节点的相关参数等进行参数分析，深入揭示各参数影响规律，补充试验中无法测得的节点内部力学响应等。

3）薄板塑性铰线理论

薄板塑性铰线理论的基本原理是利用虚功原理和平衡方程确定承载力，通过试验和理论分析假设出与边界条件相协调的屈服线分布模式[144]。本书借鉴薄板塑性铰线理论，提出 3 种全新的钢管柱壁塑性铰线分布模式，计算钢管柱壁和加强组件组合体的塑性承载力。

4）组件分析法

组件分析法是指将节点拆分为多个基本组件，再对各组件的力学响应进行串联或并联后得到节点整体结构响应的方法[145]。本书采用组件分析法对节点端板承载力进行计算分析，并据此提出钢管柱内两类加强组件的设计方法。

1.3.3　技术路线

本书以 T 形方颈单边螺栓连接钢梁-钢管柱节点和采用钢管柱内加强组件的节点为研究对象，通过模型试验、数值模拟和理论分析的方法对节点的抗弯性能和抗震性能进行了系统全面的研究，详细技术路线如图 1-20 所示。针对系列模型试验得到节点的破坏模式、转角-弯矩关系、关键部位转角-应变关系、各部位屈服顺序等结构性能关键参数，与传统螺栓连接节点进行了横向对比，完成 T 形方颈单边螺栓在力学性能方面的评估。此外，本书通过验证的有限元数值模型，对 T 形方颈单边螺栓连接钢梁-钢管柱节点的关键参数开展了全面的参数分析，得到节点受荷阶段各组件的接触-分离状态、协同受力机理、破坏机理等试验难以获得的结果。最后针对 T 形方颈单边螺栓连接钢梁-方钢管柱节点，提出完整、系统的分析模型和设计方法，其中包括节点初始转动刚度计算模型、抗弯承载力计算模型和单调荷载及低周往复荷载下的转角-弯矩关系模型。

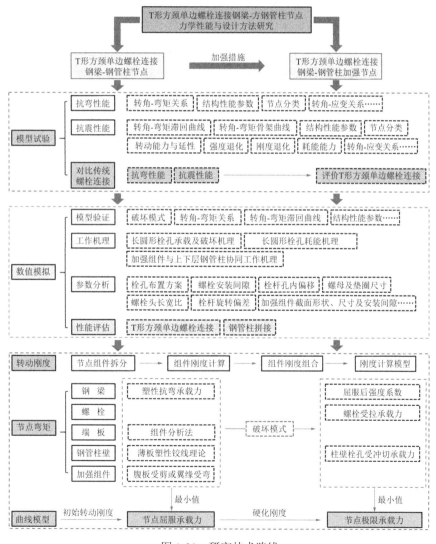

图 1-20　研究技术路线

1.3.4 创新之处

本书具有以下几点创新之处：

（1）首次提出 T 形方颈单边螺栓和多级 T 形方颈单边螺栓连接技术。与现有单边螺栓相比，T 形方颈单边螺栓系列构造简单、工艺成熟、造价低廉，无需额外的安装辅助工具，且没有对螺栓有效截面进行削弱，符合国内新型单边螺栓开发的要求。

（2）首次开展 T 形方颈单边螺栓连接钢梁-钢管柱节点静力性能及抗震性能试验研究，探究了长圆形螺栓孔布置方案、端板加劲肋、柱内混凝土以及柱内加强组件截面形状、长度和壁厚等关键参数对节点结构响应的影响。研究了 T 形方颈单边螺栓连接节点的破坏模式、转角-弯矩关系、滞回曲线、强度刚度退化、耗能能力、关键部位转角-应变关系、各部位屈服顺序等，揭示了此类节点的工作及破坏机理。首次将 T 形方颈单边螺栓连接钢梁-方钢管柱节点与传统螺栓连接节点的破坏模式和各项静力性能参数进行对比，对其进行了较为全面的评估。深入讨论了加强组件对节点荷载类型影响系数的影响和在单调及低周往复两类荷载下的加强效率。

（3）首次建立 T 形方颈单边螺栓连接钢梁-钢管柱节点有限元三维模型，综合考虑几何非线性、材料非线性和接触非线性，分别对单调荷载和低周往复荷载下节点的结构响应进行模拟，深层次揭示节点受荷阶段各组件的接触-分离状态、协同受力机理、破坏机理等试验难以获得的结果。通过参数分析总结归纳了此类连接特有的螺栓和栓孔参数、与传统螺栓连接通用的构件参数，以及加强节点的相关参数等对 T 形方颈单边螺栓连接钢梁-钢管柱节点力学性能的影响规律。

（4）首次提出 T 形方颈单边螺栓连接钢梁-钢管柱节点设计方法。基于对此类节点进行的大量试验研究和数值模拟，结合节点在不同工况下各部件的屈服顺序以及单一和耦合的破坏模式，应用薄板塑性铰线理论和组件分析法，提出 T 形方颈单边螺栓连接钢梁-钢管柱节点初始转动刚度计算模型、受弯承载力计算模型和单调荷载及低周往复荷载下的转角-弯矩关系模型。

T形方颈单边螺栓连接钢梁-方钢管柱
节点单调荷载试验研究

2.1 概述

虽然 T 形方颈单边螺栓在紧固件层面拥有前文所述的诸多优势，但是缺乏连接层面的结构试验作为佐证。为了探究 T 形方颈单边螺栓系列在闭口截面钢构件连接中的可行性，并对其连接的力学性能进行准确、全面、客观的评估，有必要开展 T 形方颈单边螺栓连接梁柱节点的足尺模型试验。

本章对 4 个 T 形方颈单边螺栓连接钢梁-钢管柱节点和 1 个传统螺栓连接节点开展了单调荷载下的静力性能试验，探讨了长圆形螺栓孔布置方案以及端板加劲肋和钢管柱内混凝土两种加强措施对节点结构响应的影响。研究了 T 形方颈单边螺栓连接节点的破坏模式、转角-弯矩关系、关键部位转角-应变关系、各部位屈服顺序等，揭示了此类节点的工作及破坏机理。与传统螺栓连接节点的破坏模式和各项静力性能参数进行对比，对 T 形方颈单边螺栓连接钢梁-方钢管柱节点进行了较为全面的评估。

本章共包含 3 个部分：（1）从钢构件设计、T 形方颈单边螺栓设计、材料性能试验、加载装置、加载制度以及测量方案等方面进行 T 形方颈单边螺栓连接钢梁-方钢管柱节点单调荷载试验设计介绍；（2）阐述各试件的试验现象和破坏模式，着重讨论试验过程中 T 形方颈单边螺栓连接节点与传统螺栓连接节点的差异；（3）基于试验得到的各节点转角-弯矩关系和转角-应变关系，通过与传统螺栓连接节点的对比，对 T 形方颈单边螺栓连接钢梁-方钢管柱节点进行量化评估，为后续研究工作提供基础。

2.2 试验概况

2.2.1 试件设计

本章共设计 4 个 T 形方颈单边螺栓连接钢梁-钢管柱足尺节点和 1 个作为参照试件的传统螺栓连接节点，用以研究此类连接在单调荷载下的静力性能。T 形方颈单边螺栓连接节点的主要影响因素包括与 T 形方颈单边螺栓匹配的长圆形螺栓孔布置方案和节点加强方式。

与传统螺栓的标准圆孔不同，长圆形螺栓孔由于不是中心对称，所以具有方向性。根据长圆形螺栓孔长轴与钢管柱轴线的位置关系，本章采用了螺栓孔竖向布置和横向布置两种方案，分别指长圆形螺栓孔长轴与钢管柱轴线平行和垂直布置，如图 2-1 所示。此外，本章针对 T 形方颈单边螺栓连接钢梁-钢管柱节点采取了端板加劲肋和钢管柱内灌混凝土两种加强方式。

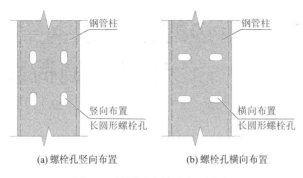

(a) 螺栓孔竖向布置　　　　　(b) 螺栓孔横向布置

图 2-1　长圆形螺栓孔布置方案

在综合考虑试验场地、加载设备条件及试验目的后，对 T 形方颈单边螺栓连接钢梁-钢管柱节点试件进行了设计。由于 T 形方颈单边螺栓连接节点与传统螺栓连接节点最大的区别在于长圆形截面螺栓头和长圆形螺栓孔的受力性能，因此在节点试件设计中将开设有长圆形螺栓孔的柱壁连接面和端板作为控制破坏部件，以最大程度体现两类连接的差异。

本章所有试件的钢梁、钢管柱、端板的几何尺寸和材料性能均一致。钢梁采用截面为 300mm × 150mm × 6.5mm × 9mm 的热轧窄翼缘 H 型钢，长度为 1590mm。钢管柱采用截面为 200mm × 200mm × 10mm 的冷拔方钢管，长度为 1200mm，柱壁倒角外半径为 20mm。端板类型为外伸端板，截面为 480mm × 150mm，厚度为 14mm。除此之外，各试件详细参数均列于表 2-1 中，其中试件编号命名规则为"螺栓类型-栓孔类型-加强措施"。"S"和"T"分别表示传统螺栓和 T 形方颈单边螺栓；"C""V"和"H"分别表示标准圆孔、长圆形螺栓孔竖向布置和横向布置；"N""S"和"C"分别表示无加强措施、设置端板加劲肋和钢管柱内灌注混凝土。

试件信息汇总　　　　　　　　　　　　　　表 2-1

试件编号	柱类型	螺栓类型	栓孔类型	节点加强措施
S-C-N	钢管柱	传统高强度螺栓	圆孔	无
T-V-N	钢管柱	T 形方颈单边螺栓	长圆竖孔	无
T-H-N	钢管柱	T 形方颈单边螺栓	长圆横孔	无
T-V-S	钢管柱	T 形方颈单边螺栓	长圆竖孔	端板加劲肋
T-V-C	钢管混凝土柱	多级 T 形方颈单边螺栓	长圆竖孔	端板加劲肋 + 内灌混凝土

试件 S-C-N 作为对照试件，其编号表示节点采用传统螺栓连接（S），螺栓孔为标准圆孔（C），且钢管柱内没有加强措施（N），节点详图和柱内照片如图 2-2 所示。在试件 S-C-N 的组装过程中，试验人员将手臂伸入钢管柱内穿入传统螺栓并完成安装紧固，这种组装方式是为了控制变量，与 T 形螺栓连接节点形成严格对照。需强调的是，本书中试件 S-C-N 的组装方式仅为试验严谨性服务，无法在实际工程中应用，这也是单边螺栓研发的初衷。

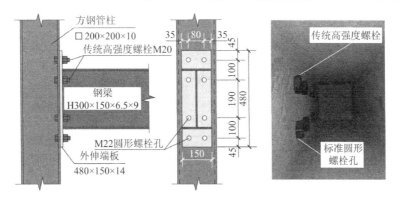

图 2-2　试件 S-C-N 的构造和尺寸（单位：mm）

试件 T-V-N 和 T-H-N 为采用 T 形方颈单边螺栓连接的节点，且钢管柱内没有加强措施，区别在于前者的长圆形螺栓孔采取竖向布置方案，而后者则采取横向布置方案，且节点组装完成后单边螺栓 T 形头分别为横向和竖向状态，钢管柱内照片如图 2-3 和图 2-4 所示。

试件 T-V-S 在试件 T-V-N 的基础上增设端板加劲肋加强措施，如图 2-5 所示。试件 T-V-C 则是在试件 T-V-S 的基础上于钢管柱内灌注混凝土，作为进一步的加强措施。而且为增大钢管柱内混凝土对螺栓的锚固作用，试件 T-V-C 采用多级 T 形方颈单边螺栓，这与试件 T-V-N、T-H-N 和 T-V-S 采取的 T 形方颈单边螺栓不同。组装完成后尚未浇筑混凝土的试件 T-V-C 钢管柱内照片如图 2-6 所示。

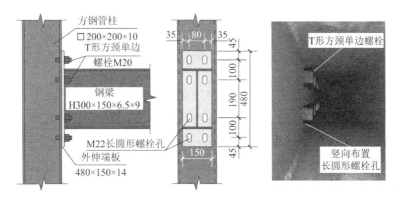

图 2-3　试件 T-V-N 的构造和尺寸（单位：mm）

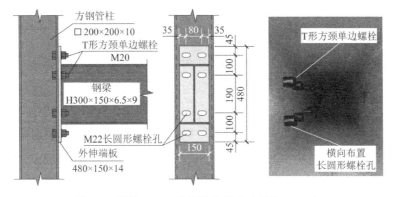

图 2-4　试件 T-H-N 的构造和尺寸（单位：mm）

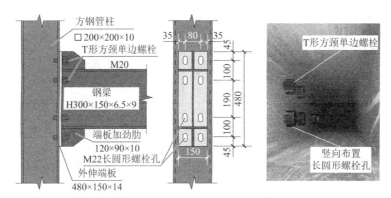

图 2-5　试件 T-V-S 的构造和尺寸（单位：mm）

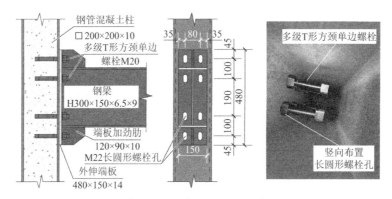

图 2-6　试件 T-V-C 的构造和尺寸（单位：mm）

2.2.2　T 形方颈单边螺栓

试验中，试件 S-C-N 采用公称直径为 M20 的 8.8 级高强度螺栓连接副连接，且符合国家标准《钢结构用高强度大六角头螺栓》GB/T 1228—2006[146]和行业标准《钢结构高强度螺栓连接技术规程》JGJ 82—2011[147]的要求。除试件 S-C-N 外，其余试件均采用公称直径为 M20 的 T 形方颈单边螺栓系列连接。由于市面上并无 T 形方颈单边螺栓，本书中所有此类螺栓均由 40Cr 合金棒材经机械切削加工得到，所用母材符合国家标准《合金结构钢》GB/T 3077—2015[148]，螺纹尺寸符合国家标准《普通螺纹　基本尺寸》GB/T 196—2003[149]中 2.5mm 螺距组要求。

本章所采用的 T 形方颈单边螺栓和多级 T 形方颈单边螺栓的详细构造及几何尺寸如图 2-7 所示。T 形方颈单边螺栓根据截面形状可以划为三段，依次为 T 形螺栓头、方形螺栓颈和圆形螺纹段。其中 T 形螺栓头截面由 1 个边长为 20mm 的正方形和两个直径为 20mm 的半圆拼成，长度为 20mm；方形螺栓颈段截面边长和长度均为 20mm；圆形螺纹段截面直径为 20mm，长度为 50mm，如图 2-7（a）所示。多级 T 形方颈单边螺栓在 T 形方颈单边螺栓的基础上于 T 形头一侧依次设置直径 20mm，长度 80mm 的锚固段和锚固头，其中锚固头几何尺寸与 T 形螺栓头一致，如图 2-7（b）所示。

本书所采用与 T 形方颈单边螺栓匹配的长圆形螺栓孔与螺栓 T 形头截面相似，其尺寸符合国家标准《紧固件 螺栓和螺钉通孔》GB/T 5277—1985[150]中 H13 级装配精度要求的 2mm 安装间隙，如图 2-7（c）所示。此外，本书所有试件的长圆形螺栓孔均为铣床加工。在试件组装过程中，为保证所有节点螺栓预紧力一致，统一对 M20 螺栓施加初拧扭矩 150N·m，终拧扭矩 300N·m，前后间隔 2～8h。

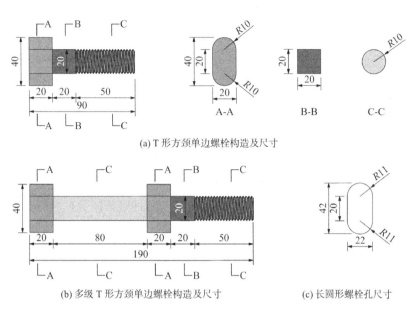

(a) T 形方颈单边螺栓构造及尺寸

(b) 多级 T 形方颈单边螺栓构造及尺寸　　(c) 长圆形螺栓孔尺寸

图 2-7　本章所用 T 形方颈单边螺栓及其安装孔的构造和尺寸（单位：mm）

2.2.3　材性试验

为获取试件各部件的材料性能参数，节点试验前对每种板厚的型材均取样 3 次，并按照国家标准《金属材料 拉伸试验 第 1 部分：室温试验方法》GB/T 228.1—2021[151]执行试样拉伸试验。本书所有试样拉伸试验均于山东大学结构实验室万能试验机上进行，试验装置如图 2-8 所示。

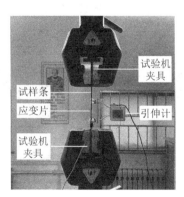

图 2-8　材性试验装置

通过金属材料拉伸试验获得的钢管柱、钢梁、端板、端板加劲肋、传统螺栓、T 形方颈单边螺栓等节点组件的屈服强度、极限强度和弹性模量列于表 2-2 中。

试件材料特性汇总

表 2-2

型材	取样部位	实测厚度/直径 （mm）	屈服强度 （MPa）	极限强度 （MPa）	弹性模量 （MPa）
板材	钢管壁	10.08	314.20	392.75	1.95×10^5
	梁翼缘	8.96	242.81	421.80	2.02×10^5
	梁腹板	6.46	267.44	398.83	1.93×10^5
	外伸端板	14.10	275.39	350.97	1.92×10^5
	端板加劲肋	10.06	302.73	446.33	1.99×10^5
棒材	传统高强度螺栓	19.96	781.55	984.05	2.09×10^5
	T 形方颈单边螺栓	20.02	740.09	833.49	1.98×10^5
	多级 T 形方颈单边螺栓	20.04	732.62	810.09	1.98×10^5
	加载装置预应力杆	19.86	940.38	1120.08	2.01×10^5

试件 T-V-C 钢管柱内灌注混凝土的质量配合比为水泥∶水∶细骨料∶粗骨料∶减水剂 = 1.00∶0.38∶1.29∶2.28∶0.01。在混凝土浇筑时预留 6 个边长为 150mm 的立方体试块和 6 个 150mm×150mm×300mm 棱柱体试块，并与试件同条件养护。28d 后根据国家标准《混凝土物理力学性能试验方法标准》GB/T 50081—2019[152]对混凝土试块进行了立方体抗压强度试验、劈裂抗拉强度试验和静力受压弹性模量试验，获得混凝土立方体抗压强度为 37.4MPa，抗拉强度为 2.93MPa，弹性模量为 23395MPa。

2.2.4 加载装置与制度

T 形方颈单边螺栓连接钢梁-钢管柱节点单调荷载试验在山东大学结构试验室 2000kN 反力架上进行，试验装置布置和现场照片如图 2-9 所示。试验装置由反力架系统、支座系统和荷载施加系统组成。其中反力架系统包含反力架平台、反力梁和反力柱，各构件通过螺栓连接。支座系统包含布置于钢管柱底端和顶端，相距 1420mm 的固定铰支座和滑动铰支座，以及布置于钢梁两侧，距钢管柱轴线 1265mm 的抗侧滑动支撑，所有支座均与反力架通过螺栓连接。

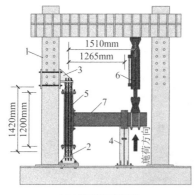

(a) 试验装置布置图

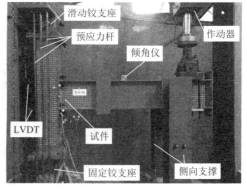

(b) 试验现场照片

1—反力架系统；2—固定铰支座；3—滑动铰支座；4—侧向支撑；5—10.9 级高强度预应力杆；
6—250kN MTS 作动器；7—试件；LVDT—线性可变差动变压器。

图 2-9　试验装置

试验装置的荷载施加系统包含两部分，分别对钢管柱施加轴向荷载和对钢梁末端施加竖向荷载。钢梁末端竖向荷载通过 1 台距离钢管柱轴线 1510mm、输出荷载 250kN、行程 400mm、频率 3Hz 的 MTS 电液伺服作动器施加。钢管柱轴向荷载则通过 6 根 M20 10.9 级高强度预应力杆施加，施加荷载值为 0.2 倍钢管柱轴心受压承载力，即试验中钢管柱轴压比为 0.2，其计算公式如下：

$$n_{c} = \frac{N_{c}}{N_{cu}} \tag{2-1}$$

式中，n_{c}、N_{c} 和 N_{cu} 分别为钢管柱轴压比、钢管柱轴心受压荷载和钢管柱轴心受压承载力。钢管柱轴心受压承载力根据国家标准《钢结构设计标准》GB 50017—2017[153]和行业标准《组合结构设计规范》JGJ 138—2016[154]计算。

钢管柱轴向荷载的具体施加方法是通过扭矩扳手对称、均匀地紧固高强度预应力杆两端的螺母，紧固过程中通过粘贴于高强度预应力杆表面的电阻应变片实时监控钢管柱轴力变化，直至达到试验轴力。高强度预应力杆的控制应变值 ε_{pc} 按照下式计算：

$$\varepsilon_{pc} = \frac{N_{c}}{n_{p}A_{p}E_{p}} \tag{2-2}$$

式中，n_{p}、A_{p} 和 E_{p} 分别表示试验装置高强度预应力杆数量、单根高强度预应力杆有效截面积和高强度预应力杆弹性模量。

试验开始前试件的安装流程包括：（1）通过螺栓连接钢梁与钢管柱，完成初拧和终拧；（2）将钢管柱底端与固定铰支座相连，顶端与滑动铰支座相连；（3）通过高强度预应力杆对钢管柱施加轴向荷载；（4）调整侧向支撑位置与角度并完成固定；（5）连接钢梁与作动器。

在正式加载之前，对所有试件进行预加载，施加不超过其屈服承载力 20% 的荷载，用以检查加载装置和仪器设备是否正常工作，并消除试件与加载装置之间的系统间隙。首先通过荷载控制模式以 1kN/min 的速率对钢梁末端施加 10kN 荷载，并保持 5min，如图 2-10 所示。待确认所有仪器设备均正常工作后对试件进行卸载，结束预加载阶段。

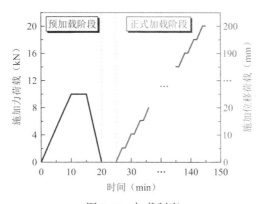

图 2-10 加载制度

正式加载阶段采用位移控制模式，可以保证节点在试验过程中以稳定的速率变形。拟静力试验应尽可能保持较低的加载速率，以保证节点塑性发展充分，避免因加载速率过快引起的材料脆性断裂。因此，正式加载阶段作动器以 2.5mm/min 的速率进行加载，每 5mm 位移为一级荷载，每级荷载持荷 1min，直至试验结束。

判断试验结束停止加载的标准如下：

（1）节点部件或焊缝周围发生断裂；

（2）节点承载力降低至其峰值承载力的 85%；

（3）节点承载力没有降至其峰值承载力的 85%，但是钢梁末端施加的竖向位移达到作动器行程极限±200mm。

2.2.5　测量方案

试验过程中全程采集节点试验现象、荷载变化、节点位移以及关键部位应变。图 2-11 展示了试验过程中位移传感器的布置方案。钢梁转角变化由布置于梁跨中的倾角仪 I1 和梁端的直线式位移传感器 L1（线性可变差动变压器）测得，而钢管柱转角则由柱中部倾角仪 I2 和直线式位移传感器 L2、L3 测得。本章针对钢梁-钢管柱节点转角的测量采用构件轴线倾角直接测量和构件端部位移测量两种方案，可保证测量结果的准确度和可靠性。除位移测量外，钢梁端部所施加的外荷载由集成于作动器端部的荷载传感器实时采集并存储。节点各部件关键位置应变发展则由 17 枚 3AA 120Ω 电阻应变片采集，应变片布置方案如图 2-12 所示。其中 12 号～16 号应变片仅在 T 形方颈单边螺栓连接节点中布置，这是因为 T 形方颈单边螺栓所使用的长圆形螺栓孔不仅为栓杆表面粘贴的应变片提供了空间，还为应变片信号线的布置保留了通道。

本试验所用倾角仪 I1 和 I2 的测量精度为 0.1mrad，量程为±500mrad；直线式位移传感器 L1 的测量精度为 0.01mm，量程为 200mm；直线式位移传感器 L2 和 L3 的测量精度为 0.001mm，量程为 50mm；荷载传感器的测量精度为 0.01kN，量程为±250kN；应变片的测量精度为 1με，量程为±20000με。

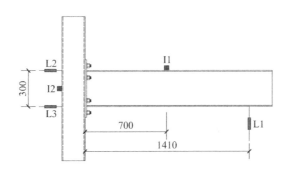

I1、I2—布置于钢梁上表面和钢管柱背面的倾角仪；L1—布置于钢梁下表面的线性可变差动变压器（LVDT）；
L2、L3—布置于钢管柱背面的 LVDT。

图 2-11　位移测量方案（单位：mm）

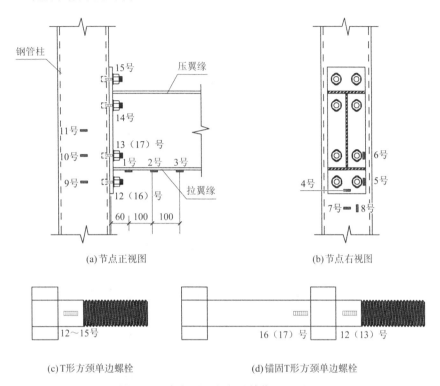

图 2-12　应变测量方案（单位：mm）

2.3　试验现象

　　试验过程中，通过录像和拍照实时记录节点各部件变形情况。试验结束后，共有 4 种破坏模式出现，分别为试件 S-C-N 发生的柱壁端板屈服伴随梁翼缘屈曲、试件 T-V-N 和 T-H-N 发生的柱壁端板屈服伴随梁翼缘屈曲栓孔冲切破坏、试件 T-V-S 发生的柱壁屈服伴随栓孔冲切破坏、试件 T-V-C 发生的柱壁端板钢梁屈服伴随柱内混凝土破碎，各试件详细变形情况列于表 2-3 中。

试件破坏模式汇总 表 2-3

试件	柱壁	螺栓孔	端板	钢梁	破坏模式
S-C-N	拉压区屈服	完好	拉压区直线屈服线	翼缘屈曲	柱壁端板屈服 伴随梁翼缘屈曲
T-V-N	拉压区屈服	冲切破坏	拉压区直线屈服线	翼缘屈曲	柱壁端板屈服 伴随梁翼缘屈曲栓孔冲切破坏
T-H-N	拉压区屈服	冲切破坏	拉压区直线屈服线	翼缘屈曲	柱壁端板屈服 伴随梁翼缘屈曲栓孔冲切破坏
T-V-S	拉压区屈服	冲切破坏	压区非直线屈服线	无变形	柱壁屈服 伴随栓孔冲切破坏
T-V-C	拉区屈服	完好	压区直线屈服线	压区塑性铰	柱壁端板钢梁屈服 伴随柱内混凝土破碎

　　在对试件 S-C-N 加载的过程中，首先出现了受拉区端板与钢管柱壁分离的现象。随着

钢梁端部施加位移不断增大,端板与钢管柱壁之间的间隙宽度也在增加,并在端板外伸部位形成两条直线塑性铰线。与此同时,钢管柱连接面受拉区和受压区分别出现外凸和内凹变形,且受拉区面外变形幅值一直大于受压区。此现象表明,节点的转动中心更靠近钢梁受压翼缘。当钢梁端部所施加竖向位移达到 180mm 时,钢梁受压翼缘出现轻微屈曲变形。对试件 S-C-N 的加载在梁端位移为 205mm 时结束,此时作动器行程已达最大,端板与钢管柱壁连接面的间隙宽度达到 20.0mm,节点的最终破坏模式如图 2-13 所示。试验完毕后对节点进行拆除发现,钢管柱壁连接面受拉区标准圆形螺栓孔发生膨鼓变形,如图 2-13(c)所示。

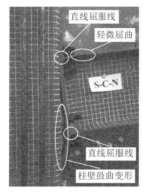

(a) 节点整体破坏模式   (b) 端板与柱壁分离

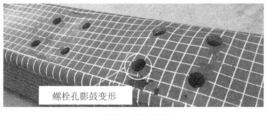

(c) 柱壁连接面变形

图 2-13　试件 S-C-N 破坏模式

与试件 S-C-N 相似,试件 T-V-N 的端板和柱壁也在试验过程中屈服,但是未出现钢梁受压翼缘屈曲现象,并且节点最终因螺栓孔冲切破坏而失效,如图 2-14 所示。在节点破坏前,试件 T-V-N 的变形发展与 S-C-N 几乎一致,不同之处在于试件 T-V-N 端板与钢管柱壁连接面之间的间隙宽度始终大于试件 S-C-N。这是因为 T 形方颈单边螺栓的夹紧区域面积小于传统螺栓,并且长圆螺栓孔的开孔面积大于标准圆孔,在螺栓外拔力作用下更易发生膨鼓变形。随着长圆形螺栓孔膨鼓变形的发展,T 形方颈单边螺栓 T 形头与钢管柱壁之间的有效接触面积持续减小,螺栓孔抗冲切承载力不断下降,直到钢梁端部施加位移达到 190mm 时发生了螺栓孔冲切破坏,此时端板与钢管柱壁之间的间隙宽度为 19.0mm。

试件 T-V-N 破坏的机理可以归纳为:受拉区螺栓拉力作用→柱壁连接面外鼓变形→螺栓孔膨鼓变形→螺栓夹紧区域面积减小→栓孔抗冲切承载力下降→栓孔冲切破坏。试件 S-C-N 之所以未发生栓孔冲切破坏,是因为在"螺栓孔膨鼓变形→螺栓夹紧区域面积减小"环节中,标准圆形螺栓孔的影响程度没有长圆形螺栓孔大。除此之外,以上提出的螺栓孔冲切破坏机理为 T 形方颈单边螺栓连接钢梁-钢管柱节点的改进提供了科学路线和指导依据。本书第 4 章和第 5 章将从此类破坏机理的源头环节"受拉区螺栓拉力作用下→柱壁连接面外鼓变形"入手,对节点进行改进，统一 T 形方颈单边螺栓连接与传统螺栓连接的破坏模式，避免脆性破坏的发生。

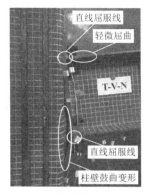 

(a) 节点整体破坏模式　　　　　　(b) 端板与柱壁分离

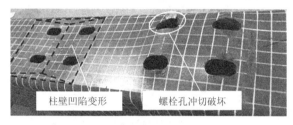

(c) 柱壁连接面变形

图 2-14　试件 T-V-N 破坏模式

试件 T-H-N 的破坏模式与 T-V-N 相同，节点在梁端施加位移达到 185mm 时发生栓孔冲切破坏，此时端板与钢管柱壁之间的间隙宽度为 18.5mm，如图 2-15 所示。

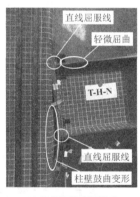 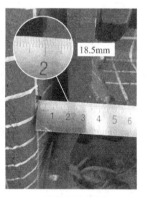

(a) 节点整体破坏模式　　　　　　(b) 端板与柱壁分离

图 2-15　试件 T-H-N 破坏模式

试件 T-V-S 在试件 T-V-N 的基础上设置了端板加劲肋，其破坏模式如图 2-16 所示。由图 2-16 所示的节点破坏模式可以看出，试件 T-V-S 发生了柱壁屈服伴随栓孔冲切破坏，这与试件 T-V-N 的破坏模式不同。在加载过程中，试件 T-V-S 端板与钢管柱壁连接面之间的最大间隙在端板受拉区末端出现，且最外排螺栓孔首先发生冲切破坏，而试件 T-V-N 的最大间隙则位于钢梁拉翼缘处，第二排螺栓孔首先发生冲切破坏。这是因为端板加劲肋加强了端板的抗弯刚度，增大了外排螺栓受力。除此之外，端板加劲肋的存在将钢管柱壁受压区塑性铰线空间形状由棱柱形转为棱锥形［图 2-14（c）、图 2-16（c）］，将端板拉压区直线塑性铰线转变为受压区非直线塑性铰线［图 2-14（a）、图 2-16（d）］。试验结束后，试件 T-V-S 端板与钢管柱壁连接面之间的最大间隙宽度达到 34.5mm，梁端施加位移为 170mm。

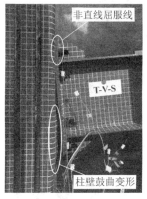
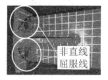

(a) 节点整体破坏模式 (b) 端板与柱壁分离

(c) 柱壁连接面变形 (d) 加劲端板屈服线

图 2-16　试件 T-V-S 破坏模式

试件 T-V-C 是在试件 T-V-S 的基础上在钢管柱内灌注混凝土，并将 T 形方颈单边螺栓更换为多级 T 形方颈单边螺栓，其破坏模式如图 2-17 所示。试件 T-V-C 最终发生柱壁端板钢梁屈服伴随柱内混凝土破碎的破坏模式。与试件 T-V-S 相似，试件 T-V-C 端板与钢管柱之间的最大间隙也在端板末端出现，最大宽度达到 34mm。与试件 T-V-S 的不同之处在于，试件 T-V-C 钢管柱变形集中于受拉区，受压区未出现明显变形，且端板受压区变形为直线塑性铰线，如图 2-17（a）所示。试件 T-V-C 端板受压区直线塑性铰线与试件 S-C-N、T-V-N 和 T-H-N 不同，具体为前者的塑性铰线形成于钢梁翼缘之间，而后者则形成于钢梁翼缘外侧，如图 2-13、图 2-14、图 2-15 和图 2-17 所示。

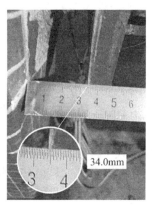

(a) 节点整体破坏模式 (b) 端板与柱壁分离

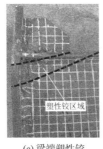

(c) 梁端塑性铰　　　　　　　　(d) 钢管柱内混凝土破碎情况

图 2-17　试件 T-V-C 破坏模式

除此之外，试件 T-V-C 受压区形成塑性铰区域，贯穿钢梁压翼缘、钢梁腹板以及端板直线塑性铰线，如图 2-17（c）所示。试验完毕后对钢管柱进行剖切，观察柱内混凝土的破碎情况，如图 2-17（d）所示。受压区混凝土保持完好，无破碎现象，而受拉区混凝土在 4 个多级 T 形方颈单边螺栓的拉拔作用下呈现出棱台状冲切破坏，且螺栓锚固区域内的混凝土保持相对完整状态。这表明钢管柱内混凝土对 T 形方颈单边螺栓的锚固作用明显，螺栓拔出是混凝土锚固区域的抗冲切承载力不足导致。

总体而言，T 形方颈单边螺栓连接钢梁-钢管柱节点在单调荷载下的试验现象与传统螺栓连接节点相似，但最终因螺栓拔出而失效。针对此类节点，端板加劲肋和钢管柱内灌注混凝土两种加强措施均可改变节点的破坏模式，但是仍然无法避免螺栓拔出破坏。

2.4　试验数据分析

2.4.1　转角-弯矩关系

本章所有试件的转角-弯矩关系曲线如图 2-18 所示，其中转角和弯矩分别通过下式求得：

$$\theta = \theta_b - \theta_c \tag{2-3}$$

$$M = F \times L_{bc} \tag{2-4}$$

式中，θ、θ_b 和 θ_c 分别表示节点、钢梁和钢管柱的转角，M、F 和 L_{bc} 分别表示节点弯矩、钢梁端部施加荷载和钢梁计算长度。

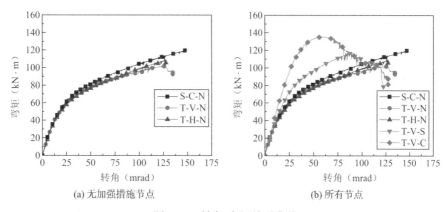

(a) 无加强措施节点　　　　　　　　　(b) 所有节点

图 2-18　转角-弯矩关系曲线

从图 2-18（a）中可以看出，试件 T-V-N、试件 T-H-N 和试件 S-C-N 的转角-弯矩曲线非常接近，尤其是试件 T-V-N 的屈服前阶段和试件 T-H-N 的屈服后阶段。由此也反映出长圆形螺栓孔的两种布置方案对 T 形方颈单边螺栓连接钢梁-钢管柱节点力学性能的影响。

T 形方颈单边螺栓连接节点与传统螺栓连接节点的转角-弯矩关系曲线差异可以从节点构造方面获得解释。两类连接的差异仅为螺栓构造和栓孔形状。在节点屈服之前，两类连接的力学性能差异是由标准圆形螺栓孔和长圆形螺栓孔对螺栓头的锚固刚度不同导致的。标准圆形螺栓孔对传统螺栓头的锚固作用均匀分布于栓孔周围，且螺栓头与栓孔周围接触面积大，锚固刚度也大。然而长圆形螺栓孔对 T 形螺栓头的锚固作用仅分布于螺栓头长轴方向，二者接触面积并未完全覆盖栓孔，锚固刚度较低。对比图 2-18（a）中试件 T-V-N 和试件 T-H-N 的转角-弯矩关系曲线可以发现，采用长圆形螺栓孔竖向布置方案可以使节点获得更大的初始刚度，屈服前行为与传统螺栓连接几乎一致。其原因仍然是螺栓孔对螺栓头的锚固刚度不同。与栓孔横向布置方案相比，竖向布置方案中栓孔对螺栓头的锚固作用更靠近钢管柱侧壁，因此可以在节点屈服前获得更大的锚固刚度。然而，随着节点的屈服，两类连接的力学性能差异转而归因于螺栓孔对螺栓头锚固强度的不同。

对于两个采用加强措施的节点，端板加劲肋和钢管柱内灌混凝土分别避免了端板屈服和钢管柱受压区变形，提高了节点的初始刚度和承载力，但是却降低了节点的变形能力，如图 2-18（b）所示。

为了定量评估各试件节点的力学性能，本书采用统一的结构响应曲线特征值定义方法——切线法，该方法由欧洲规范 Eurocode 3: Part 1-5[155]和《Joints in steel construction: moment resisting joints to Eurocode 3》[156]（依据欧洲规范的钢结构抗弯节点设计）推荐。本书中所有试件的转角-弯矩关系曲线可分为两类，一类是不具备下降段的曲线，另一类则具有明显下降段，两类曲线的结构响应特征值定义如图 2-19 所示。

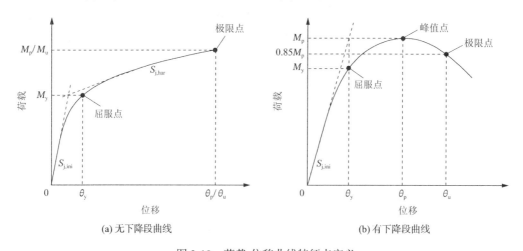

(a) 无下降段曲线　　　　　　　　　　(b) 有下降段曲线

图 2-19　荷载-位移曲线特征点定义

对于钢管柱内未填充混凝土的节点，转角弯矩关系曲线表现出典型的双线形特征，即节点屈服前后的曲线具有明显的斜率差异，如图 2-19（a）所示。这类结构响应曲线的屈服点定义采取切线法，即定义屈服前后两段曲线切线交点在曲线上的水平投影为屈服点。屈服点所对应的弯矩值和转角值即为节点的屈服弯矩 M_y 和屈服转角 θ_y。节点屈服前后曲线的切线斜率分别为节点的初始刚度 $S_{j,ini}$ 和硬化刚度 $S_{j,har}$。转角-弯矩曲线的最高点定义为峰值点，其对应弯矩和转角分别为峰值弯矩 M_p 和峰值转角 θ_p。由于此类节点的转角-弯矩曲线不存在下降段，因此节点的极限点与峰值点重合，极限弯矩 M_u 和极限转角 θ_u 也与峰值弯矩和峰值转角一致。

对于钢管柱内灌注混凝土的节点，转角-弯矩关系曲线具有明显的下降段，如图 2-19（b）所示。此类节点的屈服点定义为曲线初始切线与峰值点切线交点在曲线上的竖向投影。节点的峰值点定义与无下降段曲线的节点一致，而极限点取曲线下降段上 85%峰值荷载对应点。

除了以上介绍的节点初始刚度、硬化刚度、屈服弯矩、峰值弯矩、极限弯矩、屈服转角、峰值转角、极限转角外，本书还对节点的生命周期参数进行了定义，包括单向加载刚度退化系数 C_r、强屈比系数 C_s 和延性系数 C_d，分别按下列公式计算：

$$C_r = \frac{S_{j,har}}{S_{j,ini}} \tag{2-5}$$

$$C_s = \frac{M_p}{M_y} \tag{2-6}$$

$$C_d = \frac{\theta_u}{\theta_y} \tag{2-7}$$

各试验节点的转角-弯矩关系曲线特征值汇总于表 2-4 中。可以看出，节点 T-V-N 和 T-H-N 的初始刚度与节点 S-C-N 基本相同，差异保持在 1%之内，但是二者的硬化刚度分别降低 6.2%和增加了 0.9%。从转动刚度来看，采用栓孔横向布置方案的 T 形方颈单边螺栓连接节点可与传统螺栓连接节点媲美，即使采用竖向布置方案也不会使节点刚度出现大幅下降。

试件特征值　　　　　　　　表 2-4

试件	$S_{j,ini}$（kN·m/mrad）	$S_{j,har}$（kN·m/mrad）	M_y（kN·m）	M_p（kN·m）	θ_y（mrad）	θ_u（mrad）	生命周期系数		
							C_r	C_s	C_d
S-C-N	3.428	0.3619	69.27	119.61	32.35	149.04	0.1056	1.727	4.607
T-V-N	3.456	0.3394	69.15	101.41	34.51	126.94	0.0982	1.467	3.678
T-H-N	3.434	0.3652	63.42	107.72	31.09	127.65	0.1063	1.699	4.106
T-V-S	3.420	0.5447	76.41	117.06	27.78	90.18	0.1593	1.532	3.246
T-V-C	4.054	—	114.24	134.94	28.18	88.83	—	1.181	3.152

在承载力方面，节点 T-V-N 的屈服弯矩与节点 S-C-N 接近，节点 T-H-N 的屈服弯矩则下降 8.4%。而且，节点 T-V-N 和 T-H-N 的峰值弯矩较节点 S-C-N 分别下降 15.2%和 9.9%。节点屈服之前，节点 T-V-N 的承载力与 S-C-N 相同，屈服后二者承载力的差异逐渐增大，最后增大至 15.2%。这是因为节点 T-V-N 的硬化刚度低于节点 S-C-N。与节点 S-C-N 相比，T-H-N 的屈服弯矩和峰值弯矩分别降低 8.4%和 9.9%，具有显著大于节点 T-V-N 的强屈比系数。

变形能力是评估节点性能的关键指标，美国抗震设计规范 AISC 358-16[157]规定钢节点的转动能力应不小于 40mrad。从表 2-4 中可以看出，本章所有节点的极限转角均超过了 120mrad，满足规范对节点变形能力的要求。与节点 S-C-N 相比，节点 T-V-N 和 T-H-N 的极限转角分别降低 14.8%和 14.4%。这是因为长圆形螺栓孔的冲切破坏降低了节点的转动能力。因此，提高 T 形方颈单边螺栓连接钢梁-钢管柱节点转动能力的关键在于避免螺栓孔发生冲切破坏。

对于节点 T-V-S，端板加劲肋对节点的初始刚度没有影响，但是使节点的硬化刚度提高了 60.5%。与节点 T-V-N 相比，T-V-S 的屈服弯矩和峰值弯矩分别提高 10.5%和 15.4%，但极限转角降低 29.0%。此外，钢管柱内灌混凝土可以使节点的初始刚度、屈服弯矩和峰值弯矩分别较节点 T-V-S 提高 18.5%、49.5%和 15.3%，但极限转角降低 1.5%。

以上所对比的节点转动刚度、承载力和变形能力等参数特征值均只反映节点在某一状态下的力学性能，难以对节点在整个生命周期内的性能作出评估。为此，图 2-20 绘制了所有试件的生命周期系数柱状分布图。从图 2-20 中可以看出，节点 T-V-N 的单向加载刚度退化系数、强屈比系数和延性系数较节点 S-C-N 分别降低 7.0%、15.1%和 20.2%，而节点 T-H-N 的单向加载刚度退化系数提高 0.7%，强屈比系数和延性系数分别下降 1.6%和 10.9%。可见，长圆形螺栓孔采用横向布置方案可以赋予节点更优的全生命周期性能。此外，端板加劲肋使节点的单向加载刚度退化系数和强屈比系数分别提高 62.2%和 4.4%，延性系数降低 11.7%。钢管柱内灌注混凝土使节点的强屈比系数和延性系数分别下降 22.9%和 2.9%。

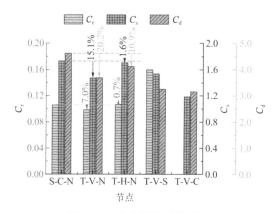

图 2-20 生命周期系数对比

综上所述，T 形方颈单边螺栓连接钢梁-钢管柱节点不仅具有与传统螺栓连接节点相当的初始刚度，而且在整个生命周期内的承载力不低于传统螺栓连接节点的 85%。与长圆形螺栓孔竖向布置方案相比，横向布置方案虽然赋予节点较小的屈服承载力，但是带来了较大的峰值承载力以及更优的屈服后性能。此外，端板加劲肋和钢管柱内灌注混凝土两种措施均可提高节点的承载力，但会降低其延性。

2.4.2　节点分类

确定节点分类对结构设计至关重要，由于目前缺乏专门针对 T 形方颈单边螺栓连接节点的分类标准,本书采用欧洲规范 Eurocode 3: Part 1-8[145]推荐的钢结构连接分类准则对本章试件节点进行分类。

Eurocode 3: Part 1-8[145]根据节点的初始刚度和峰值强度对连接进行了分类,分类准则列于表 2-5 中。从刚度方面,节点可以被划分为名义铰接、半刚性连接和刚性连接,刚度分界值为 $0.25E_bI_b/L_{bs}$ 和 $k_bE_bI_b/L_{bs}$。E_b、I_b 和 L_{bs} 分别表示钢梁弹性模量、截面惯性矩和计算跨度。根据实际情况,本书 L_{bs} 取值 6000mm。当框架为无侧移框架时 k_b 取 8,有侧移框架取 25。从强度方面,节点被划分为名义铰接、部分强度连接和全强度连接,以 $0.25M_{bp}$ 和 M_{bp} 为界。M_{bp} 为钢梁塑性受弯承载力,可由下式计算得到:

$$M_{bp} = A_{b,f} \times f_{y,f}(h_w + t_{b,f}) + 0.25A_{b,w}f_{y,w}h_w \tag{2-8}$$

式中,$A_{b,f}$、$f_{y,f}$ 和 $t_{b,f}$ 分别表示钢梁翼缘截面积、屈服强度和厚度;$A_{b,w}$、$f_{y,w}$ 和 h_w 分别表示钢梁腹板截面积、屈服强度和高度。

根据上述连接的分类标准,本章试验节点的分类结果如图 2-21 所示。可见,所有节点均可归类为半刚性部分强度连接。

节点分类标准[145]　　　　　　　　　　　　　　　　　　表 2-5

刚度分类	$S_{j,ini} < 0.25E_bI_b/L_{bs}$	$0.25E_bI_b/L_b \leqslant S_{j,ini} \leqslant k_bE_bI_b/L_{bs}$	$S_{j,ini} > k_bE_bI_b/L_{bs}$
	名义铰接	半刚性连接	刚性连接
强度分类	$M_u < 0.25M_{bp}$	$0.25M_{bp} \leqslant M_u \leqslant M_{bp}$	$M_u > M_{bp}$
	名义铰接	部分强度连接	全强度连接

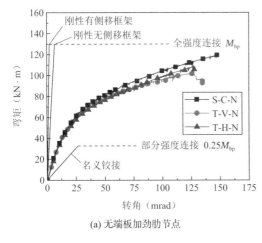
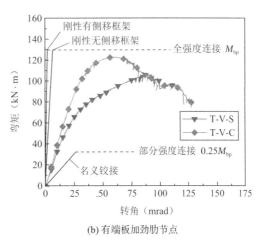

(a) 无端板加劲肋节点　　　　　　　　　(b) 有端板加劲肋节点

图 2-21　试验节点分类结果

2.4.3　转角-应变关系

转角-应变关系可以反映节点局部的变形情况,本章试验研究所采用的应变片布置方案见图 2-12。1 号、2 号和 3 号应变片布置于钢梁拉翼缘表面,用以监测钢梁的危险截面和应力水平,其输出结果如图 2-22 所示。对于节点 S-C-N,3 枚应变片输出值均超过钢梁翼缘屈服应变 1202με,而节点 T-V-N 和 T-H-N 的 2 号和 3 号应变片输出值则始终未超过这一数值。这表明传统螺栓连接钢梁的正截面受弯应变水平大于 T 形方颈单边螺栓连接钢梁，与试验现象和转角-弯矩关系结果相吻合。此外，端板加劲肋和钢管柱内灌注混凝土措施可以提高钢梁翼缘应力水平，这同样与转角-弯矩关系结果吻合。

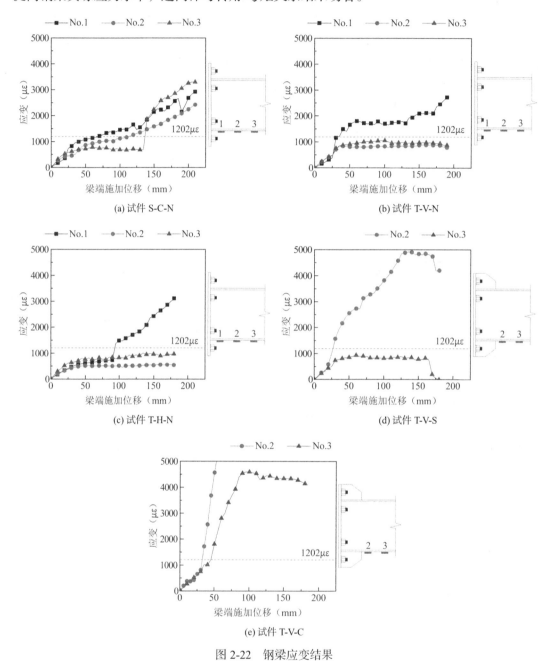

图 2-22　钢梁应变结果

　　4 号、5 号和 6 号应变片被布置于端板受拉区表面，用来测量其局部变形，测量结果展示于图 2-23 中。对于未采取加强措施的节点 S-C-N、T-V-N 和 T-H-N，端板上的 3 个应变片输出值均未超过端板的屈服应变 1434με。这是因为端板受拉区仅产生 1 条直线塑性铰线，且未穿过4～6号应变片，如图 2-13、图 2-14 和图 2-15 所示。对于节点 T-V-S 和 T-V-C，端板加劲肋可以防止端板受拉区发生变形,增大最外排螺栓受力。因此布置于最外排螺栓附近的 5 号应变片输出值较大,且超过 1434με。值得注意的是,布置于节点 S-C-N、T-V-N、T-H-N 和 T-V-S 上的 6 号应变片输出值均表明这一部位未达屈服,但是节点 T-V-C 的 6 号应变片输出值远超其屈服强度。这表明在节点 T-V-C 中,钢梁翼缘间的端板区域发生了塑性变形,证实了图 2-17(c)所示塑性铰区域的存在。

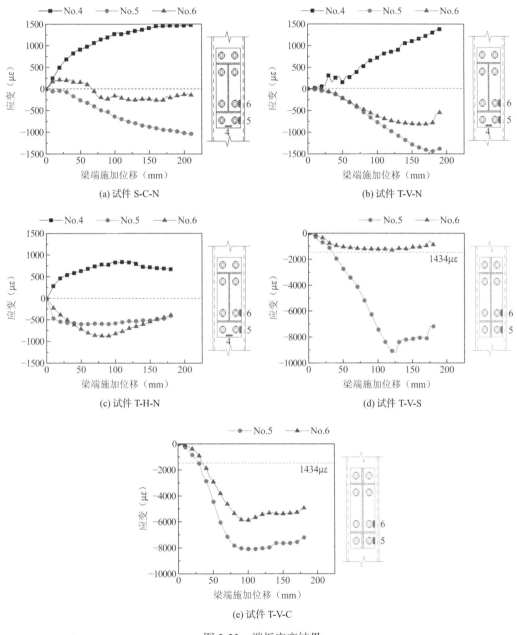

图 2-23　端板应变结果

钢管柱壁关键部位的应变发展由 7~11 号应变片采集,其中 7 号和 8 号应变片布置于钢管柱连接面,分别监测其环向和轴向应变,9 号、10 号和 11 号应变片布置于钢管柱侧壁，用于监测其环向应变发展。对于无加强节点 S-C-N、T-V-N 和 T-H-N，钢管柱侧壁始终保持在弹性状态，而连接面应变则超过了钢管柱壁的屈服应变 1611με，如图 2-24 所示。总体来看，3 个无加强节点的应变发展规律相似，其中节点 T-V-N 的应变值小于其他两个节点，这与其峰值承载力较低有关。与节点 T-V-N 相比，T-V-S 的钢管柱壁应变值明显增大，9 号应变片所在位置进入了屈服状态，这表明端板加劲肋的存在导致钢管柱侧壁的内凹变形增大。与 T-V-S 相比，节点 T-V-C 的钢管柱壁应变值降低，这是因为柱内填充混凝土限制了钢管柱侧壁的内凹变形，也限制了连接面的外凸变形。

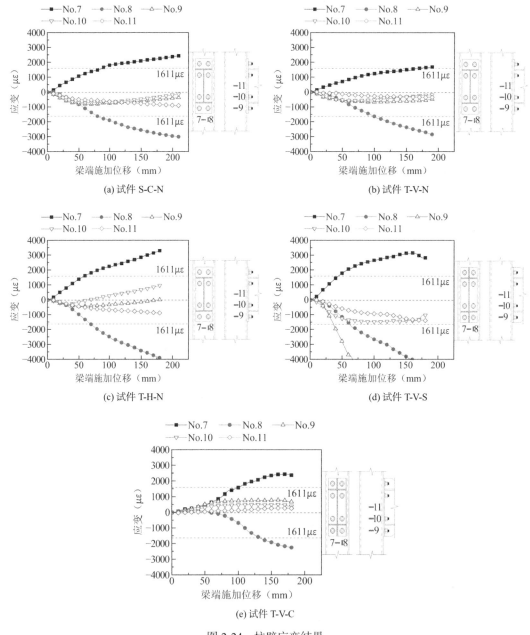

图 2-24　柱壁应变结果

得益于长圆形螺栓孔的特殊形状，电阻应变片可以被粘贴在 T 形方颈单边螺栓的方颈表面，且其导线可由栓孔顺出连接采集箱。节点组装前，12～15 号应变片被布置于各排 T 形方颈单边螺栓方颈表面，用以监测螺栓轴力变化，16 号和 17 号应变片被布置于受拉区多级 T 形方颈单边螺栓的锚固杆表面，用以监测锚固力发展，如图 2-12 所示。

T 形方颈单边螺栓的应变发展如图 2-25 所示。从图中可以看出，布置于节点受拉区的 14 号和 15 号应变片输出值均未超过螺栓的屈服应变 3738με 和 3700με，而 12 号和 13 号应变片的输出值则表明受拉区螺栓进入了屈服状态。应变测量方案采用 16 号和 17 号应变片评估钢管柱内混凝土对多级 T 形方颈单边螺栓的锚固作用。从图 2-25（d）中可以看出，在钢梁端部施加位移达 50mm 之前，16 号和 17 号应变片的输出值始终保持在 12 号和 13 号应变片输出值的 64%～87% 之间。这表明在这段时期内，多级 T 形方颈单边螺栓的抗拔承载力主要来源于钢管柱内混凝土的锚固作用。当钢梁端部施加位移超过 50mm 之后，16 号和 17 号应变片的输出值开始下降。这可能是因为多级 T 形方颈单边螺栓锚固区域的棱台状冲切体在这一刻正式形成。

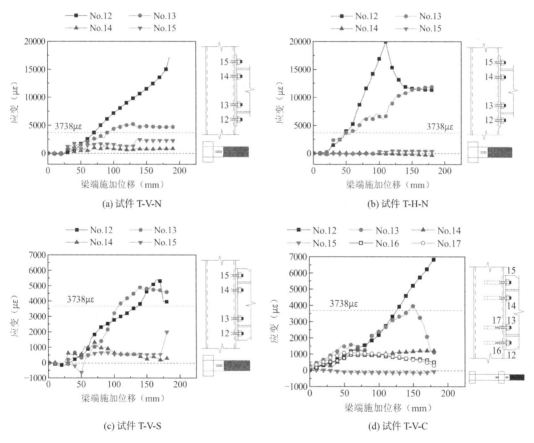

图 2-25　单边螺栓应变结果

2.5　本章小结

本章通过试验研究了 T 形方颈单边螺栓连接钢梁-钢管柱节点在单调荷载下的静力性

能，探究了长圆形螺栓孔布置方案及端板设置加劲肋和钢管柱内灌混凝土措施对节点结构响应的影响，重点对比了 T 形方颈单边螺栓连接节点与传统螺栓连接节点在试验现象、转角-弯矩关系、关键部位转角-应变关系、各组件屈服顺序等方面的差异。主要结论如下：

（1）试验中发现了 4 种典型破坏模式，分别为传统螺栓连接节点出现的柱壁端板屈服伴随梁翼缘屈曲破坏、T 形方颈单边螺栓连接节点出现的柱壁端板屈服伴随梁翼缘屈曲栓孔冲切破坏、设置端板加劲肋节点出现的柱壁屈服伴随栓孔冲切破坏，和钢管柱内灌注混凝土节点出现的柱壁端板钢梁屈服伴随柱内混凝土破碎。总而言之，T 形方颈单边螺栓连接钢梁-钢管柱节点在单调荷载下的试验现象与传统螺栓连接节点相似，但最终却因螺栓拔出而失效。虽然端板加劲肋和钢管柱内灌注混凝土两种加强措施均可改变此类节点的破坏模式，但是仍然无法避免螺栓拔出破坏，这是本书第 4 章和第 5 章研究工作的出发点之一。

（2）T 形方颈单边螺栓连接钢梁-钢管柱节点的破坏机理可以归纳为"受拉区螺栓拉力作用→柱壁连接面外鼓变形→螺栓孔膨鼓变形→螺栓夹紧区域面积减小→栓孔抗冲切承载力下降→栓孔冲切破坏"。传统螺栓连接节点未发生栓孔冲切破坏的原因是在"螺栓孔膨鼓变形→螺栓夹紧区域面积减小"环节中，标准圆形螺栓孔的受影响程度没有长圆形螺栓孔大。以上提出的螺栓孔冲切破坏机理为 T 形方颈单边螺栓连接节点的改进提供了科学路线和指导依据。

（3）T 形方颈单边螺栓连接钢梁-钢管柱节点具有与传统螺栓连接节点相当的初始刚度，而且在整个生命周期内的承载力不低于传统螺栓连接节点的 85%。与长圆形螺栓孔竖向布置方案相比，横向布置方案虽然赋予节点较小的屈服承载力，但是带来了较大的峰值承载力以及更优的屈服后性能。此外，端板加劲肋和钢管柱内灌注混凝土两种措施均可提高节点的承载力，但会降低其延性。

（4）根据欧洲规范 Eurocode 3: Part 1-8[145]所推荐的钢结构连接分类准则，T 形方颈单边螺栓连接钢梁-钢管柱节点属于半刚性部分强度连接，与传统螺栓连接节点分类结果相同。

（5）多级 T 形方颈单边螺栓的抗拔承载力来源于钢管柱内混凝土对其锚固头及锚固杆的锚固力和钢管柱壁对 T 形螺栓头的锚固力。在节点屈服之前，钢管柱内混凝土可提供 64%～87% 的螺栓锚固力，是其轴向承载力的主要来源。随着节点转角的增大，受拉螺栓锚固区混凝土最终呈现倒置棱台状冲切破坏，表明多级 T 形方颈单边螺栓构造合理。

T形方颈单边螺栓连接钢梁-方钢管柱节点低周往复荷载试验研究

3.1 概　述

T形方颈单边螺栓连接钢梁-钢管柱节点在单调荷载下的试验研究表明，此类节点具有与传统螺栓连接节点相似的破坏模式、相同的初始刚度、不低于85%的全生命周期承载力和变形能力，拥有巨大的应用潜力。为全面评估此类节点在实际工程中应用的可行性，本章对 4 个 T 形方颈单边螺栓连接钢梁-钢管柱节点和 1 个传统螺栓连接节点开展了低周往复荷载下的抗震性能试验，探讨了长圆形螺栓孔布置方案以及端板加劲肋和钢管柱内灌注混凝土两种加强措施对节点抗震性能的影响。研究了 T 形方颈单边螺栓连接节点在低周往复荷载下的破坏模式、转角-弯矩滞回关系、转角-弯矩骨架曲线、转动能力与延性、强度退化、刚度退化、耗能能力、关键部位转角-应变关系、各部位屈服顺序等，重点与传统螺栓连接节点的各项性能参数进行了对比。通过对比节点在单调和低周往复荷载下的结构响应特征值，归纳总结得到荷载类型影响系数，为节点的抗震设计提供参考。

本章共包含 3 个部分：（1）从试件设计、加载装置、加载制度以及测量方案等方面对试验方案进行介绍；（2）阐述节点的试验现象和破坏模式，着重讨论试验过程中 T 形方颈单边螺栓连接节点与传统螺栓连接节点的差异；（3）基于试验得到的转角-弯矩滞回曲线，评估此类节点的变形能力、延性系数、强度退化、刚度退化、耗能能力等指标，并与本书第 2 章单调荷载下试验结果进行对比，归纳总结得到荷载类型影响系数。

3.2 试验概况

3.2.1 试件设计

为了与单调荷载下 T 形方颈单边螺栓连接节点的试验结果进行对比，本章所有试件设计均与第 2 章相同。为了展现 T 形方颈单边螺栓连接节点的最不利情况，本章的试验节点依旧将开设有长圆形螺栓孔的柱壁连接面和端板作为控制破坏部件，以最大程度体现此类节点与传统螺栓连接节点的差异。

本章所有试件的钢梁、钢管柱、端板的几何尺寸和材料性能均一致。钢梁采用截面为 $300mm \times 150mm \times 6.5mm \times 9mm$ 的热轧窄翼缘 H 型钢，长度为 1590mm。钢管柱采用截面为 200mm × 200mm × 10mm 的冷拔方钢管，长度为 1200mm，柱壁倒角外半径为 20mm。端板类型为外伸端板，截面为 480mm × 150mm，厚度为 14mm。端板加劲肋采用五边形截面，厚度为 10mm。除此之外，各试验节点的详细参数见表 3-1 和图 3-1，命名规则为"螺栓类型-栓孔类型-加强措施"。

试验中所用传统螺栓为 M20 8.8 级高强度螺栓连接副，符合国家标准《钢结构用高强度大六角头螺栓》GB/T 1228—2006[146] 和行业标准《钢结构高强度螺栓连接技术规程》JGJ 82—2011[147] 的要求。所用 T 形方颈单边螺栓由母材 40Cr 合金棒材经机械切削加工得到，所用母材符合国家标准《合金结构钢》GB/T 3077—2015[148] 要求，螺纹尺寸符合国家标准《普通螺纹 基本尺寸》GB/T 196—2003[149] 中 2.5mm 螺距组要求。

试件信息汇总 表 3-1

试件编号	柱类型	螺栓类型	栓孔类型	节点加强措施
S-C-N	钢管柱	传统高强度螺栓	圆孔	无
T-V-N	钢管柱	T 形方颈单边螺栓	长圆竖孔	无
T-H-N	钢管柱	T 形方颈单边螺栓	长圆横孔	无
T-V-S	钢管柱	T 形方颈单边螺栓	长圆竖孔	端板加劲肋
T-V-C	钢管混凝土柱	多级 T 形方颈单边螺栓	长圆竖孔	端板加劲肋 + 内灌混凝土

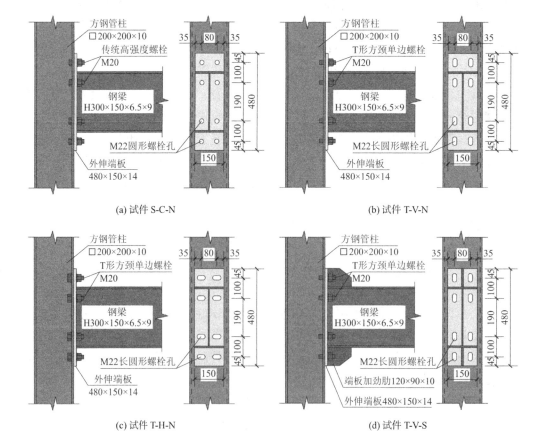

(a) 试件 S-C-N (b) 试件 T-V-N

(c) 试件 T-H-N (d) 试件 T-V-S

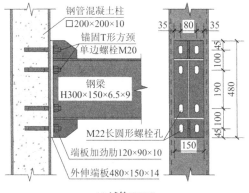

(e) 试件 T-V-C

图 3-1　试件构造和尺寸（单位：mm）

　　本章所采用的 T 形方颈单边螺栓和多级 T 形方颈单边螺栓的详细构造及几何尺寸如图 3-2 所示。T 形方颈单边螺栓根据截面形状可以划为三段，依次为 T 形螺栓头、方形螺栓颈和圆形螺纹段。其中 T 形螺栓头截面由 1 个边长为 20mm 的正方形和 2 个直径为 20mm 的半圆拼成，长度为 20mm；方形螺栓颈段截面边长和长度均为 20mm；圆形螺纹段截面直径为 20mm，长度为 50mm，如图 3-2（a）所示。多级 T 形方颈单边螺栓在 T 形方颈单边螺栓的基础上于 T 形头一侧依次设置直径 20mm、长度 80mm 的锚固段和锚固头，其中锚固头几何尺寸与 T 形螺栓头一致，如图 3-2（b）所示。

　　本书所采用与 T 形方颈单边螺栓匹配的长圆形螺栓孔与螺栓 T 形头截面相似，其尺寸符合国家标准《紧固件　螺栓和螺钉通孔》GB/T 5277—1985[150]中 H13 级装配精度要求的 2mm 安装间隙，如图 3-2（c）所示。此外，本书所有试件的长圆形螺栓孔均为铣床加工。在试件组装过程中，为保证所有节点螺栓预紧力一致，统一对 M20 螺栓施加初拧扭矩 150N·m，终拧扭矩 300N·m，前后间隔 2～8h。

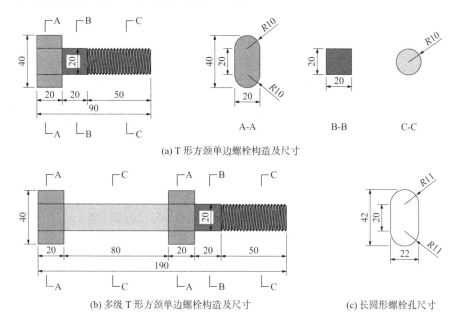

(a) T 形方颈单边螺栓构造及尺寸

(b) 多级 T 形方颈单边螺栓构造及尺寸　　　　(c) 长圆形螺栓孔尺寸

图 3-2　本章所用 T 形方颈单边螺栓及其安装孔的构造和尺寸（单位：mm）

试件各部件钢材的材料性能参数按照国家标准《金属材料 拉伸试验 第 1 部分：室温试验方法》GB/T 228.1—2021[151]执行试样拉伸试验获得，列于表 2-2 中。钢管柱内灌注混凝土的材料性能参数根据《混凝土物理力学性能试验方法标准》GB/T 50081—2019[152]获取，对经过 28d 养护的混凝土试块进行了立方体抗压强度试验和劈裂抗拉强度试验，获得混凝土立方体抗压强度 37.4MPa，弹性模量 23395MPa，抗拉强度 2.93MPa。

3.2.2　加载装置与制度

T 形方颈单边螺栓连接钢梁-钢管柱节点低周往复荷载下抗震性能试验研究在山东大学结构实验室进行，试验装置布置和现场照片如图 3-3 所示。试验节点的钢管柱顶底两端分别与相距 1420mm 的滑动铰支座和固定铰支座相连，两个铰支座则通过螺栓与 2000kN 反力架连接。为防止试件节点因初始几何缺陷和安装偏差出现平面外位移和扭转变形，在钢梁两侧距离钢管柱轴线 1265mm 处布置有侧向支撑。侧向支撑与钢梁之间设置有两排钢轮，可实现滚动摩擦，以降低摩擦行为对试验结果的影响。

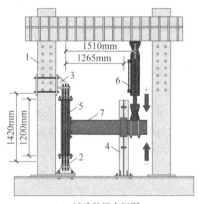 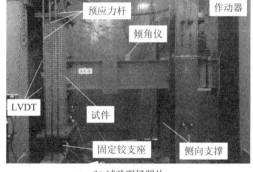

(a) 试验装置布置图　　　　　　　　　(b) 试验现场照片

1—反力架系统；2—固定铰支座；3—滑动铰支座；4—侧向支撑；5—10.9 级高强度预应力杆；
6—250kN MTS 作动器；7—试件。

图 3-3　试验装置

试验节点的弯矩通过 1 台输出荷载 250kN、行程 400mm、频率 3Hz 的 MTS 电液伺服作动器在距离钢管柱轴线 1510mm 的钢梁截面处施加。作动器与反力架通过 M24 10.9 级高强度螺栓连接，与钢梁通过 M24 10.9 级高强度丝杆和连接板全截面环抱连接。试验过程中，将作动器向下伸长定义为正方向加载，向上缩短定义为负方向加载。

沿钢管柱轴向，在其四周布置有 6 根 M20 10.9 级高强度预应力杆，分别穿过固定铰支座和滑动铰支座的翼缘板。待钢管柱与铰支座连接后，通过扭矩扳手对高强度预应力杆施加预紧力，进而实现对钢管柱轴压力的施加。本章所有试件钢管柱的轴压比控制为 0.2，其中钢管柱轴心受压承载力分别根据国家标准《钢结构设计标准》GB 50017—2017[153]和行业标准《组合结构设计规范》JGJ 138—2016[154]计算。详细的钢管柱轴压力施加流程和控制方法见本书第 2.2.4 节。

对 T 形方颈单边螺栓连接钢梁-钢管柱节点的低周往复荷载试验分两阶段加载，依次为预加载和正式加载。预加载阶段，通过荷载控制模式以 1kN/min 的速率对钢梁末端施加 10kN 的向下荷载并保持 5min，确定各仪器设备正常工作后即可卸载，预加载阶段的详细控制参数见图 2-10。此后改变荷载方向重复上述流程。双向预加载结束后检查试件与铰支座、侧向支撑以及作动器的连接，再次紧固连接处螺栓。

低周往复荷载正式加载阶段制度参考美国钢结构抗震试验导则《Guidelines for cyclic seismic testing of components of steel structures》（ATC-24）[158]，如图 3-4 所示。试验开始后，节点依次被施加级荷载 $0.25\Delta_y$、$0.5\Delta_y$、$0.75\Delta_y$、$1.0\Delta_y$、$1.5\Delta_y$、$2.0\Delta_y$、$2.5\Delta_y$、$3.0\Delta_y$、$4.0\Delta_y$、$5.0\Delta_y$、$6.0\Delta_y$……，其中 Δ_y 表示梁端施加屈服位移。在节点施加荷载达到 $1.0\Delta_y$ 之前，每级荷载循环加载 2 次，在 $1.0\Delta_y \sim 2.0\Delta_y$ 期间每级荷载循环 3 次，之后每级荷载循环 2 次，直至节点发生破坏。

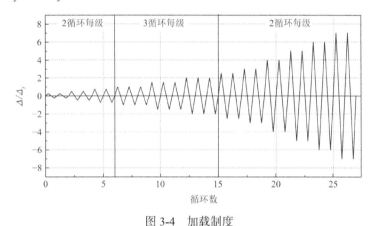

图 3-4　加载制度

判断节点破坏的标准如下：
（1）节点部件或焊缝周围发生断裂；
（2）试件承载力降低至其峰值承载力的 85%；
（3）节点承载力没有降至其峰值承载力的 85%，但是钢梁末端施加竖向位移达到作动器行程极限±200mm。

3.2.3　测量方案

试验过程中，对节点转角、施加荷载以及各部件关键部位应变发展进行实时监测。其中节点转角为钢梁和钢管柱的相对转角，分别由倾角仪 I1、线性位移传感器 L1 和倾角仪 I2、线性位移传感器 L2、L3 测得，传感器布置方案见图 3-5。此外，钢梁端部施加荷载通过作动器内嵌传感器测得。

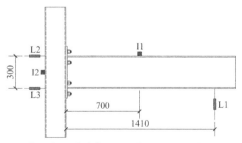

I1、I2—布置于钢梁上表面和钢管柱背面的倾角仪；L1—布置于钢梁下表面的线性可变差动变压器（LVDT）；
L2、L3—布置于钢管柱背面的 LVDT。

图 3-5　位移测量方案（单位：mm）

试验节点的应变片布置方案如图 3-6 所示。其中 1 号、2 号和 3 号应变片布置于钢梁关键截面腹板表面，目的在于确定钢梁中性轴位置，进而定位节点的旋转中心。4 号、5 号和 6 号应变片布置于受拉区端板表面，意在捕捉可能出现的塑性铰线。7～11 号应变片布置于钢管柱壁连接面和侧面，用于对比不同节点构造下钢管柱壁的变形。与标准圆孔相比，长圆形螺栓孔不能被标准垫圈完全覆盖，这为应变片和导线的布置提供了便利。因此 12～17 号应变片被布置于螺栓杆表面，用于监测螺栓轴力的变化。

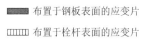

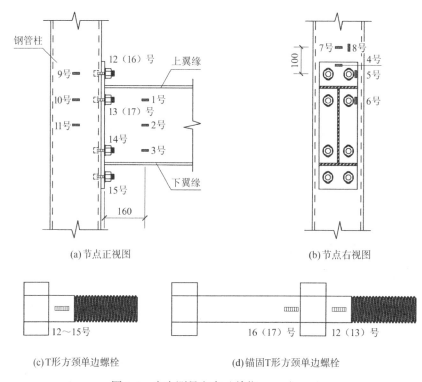

图 3-6　应变测量方案（单位：mm）

本试验中所用倾角仪、线性位移传感器、荷载传感器以及应变片的测量精度和量程均与本书第 2.2.5 节相同。

3.3　试验现象

T 形方颈单边螺栓连接钢梁-钢管柱节点在低周往复荷载下的破坏模式汇总于表 3-2 中。共有 4 种破坏模式出现，分别是节点 S-C-N 和 T-H-N 发生的端板断裂伴随柱壁屈服破坏、节点 T-V-N 发生的端板断裂柱壁屈服伴随栓孔冲切破坏、节点 T-V-S 发生的柱壁屈服伴随栓孔冲切破坏、节点 T-V-C 发生的柱壁屈服栓孔冲切破坏伴随混凝土破碎。

试件破坏模式汇总 表 3-2

试件	柱壁	螺栓孔	端板	钢梁	破坏模式
S-C-N	屈服	完好	断裂	无变形	端板断裂伴随柱壁屈服
T-V-N	屈服	部分冲切破坏	断裂	无变形	端板断裂柱壁屈服伴随栓孔冲切破坏
T-H-N	屈服	完好	断裂	无变形	端板断裂伴随柱壁屈服
T-V-S	屈服	冲切破坏	非直线屈服线	无变形	柱壁屈服伴随栓孔冲切破坏
T-V-C	屈服	冲切破坏	无变形	无变形	柱壁屈服栓孔冲切破坏伴随混凝土破碎

对于使用传统螺栓连接的节点 S-C-N，在钢梁端部施加位移达到 $1.0\Delta_y$ 之前，节点无明显变形。当施加位移达到 $1.0\Delta_y$ 时，端板与钢管柱连接面之间出现宽度为 2.0mm 的间隙。当施加位移达到 $2.0\Delta_y$ 时，间隙宽度达到 5.5mm，并且可以观察到钢梁翼缘外侧端板发生了明显的弯曲变形。与此同时，外凸变形和内凹变形随荷载方向的变化在钢管柱连接面拉压区交替出现。随着荷载持续增大，端板的弯曲变形和钢管柱壁的平面外变形也在进一步发展。当钢梁端部施加位移达到 $4.0\Delta_y$ 时，端板与钢梁翼缘之间的角焊缝根部出现裂缝，并在这级荷载的第 2 次加载中进一步扩展发育。当节点即将完成 $4.0\Delta_y$ 级荷载的第 2 次负向加载时，端板发生了脆性断裂，如图 3-7 所示。破坏后的节点变形依旧集中于端板和柱壁上，钢梁未发生明显变形。端板之所以在低周往复荷载下发生脆性断裂，是因为焊缝降低了其周围钢材的延性，增大了脆性，使其在往复荷载下更易发生脆性破坏。

(a) 节点整体破坏模式

(b) 端板断裂

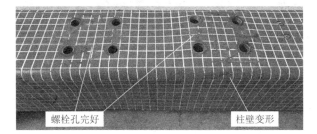
(c) 钢管柱变形

图 3-7　试件 S-C-N 破坏模式

在钢梁端部位移达到 $4.0\Delta_y$ 之前，节点 T-V-N 的试验现象与节点 S-C-N 相似。不同之处在于，相同位移下节点 T-V-N 端板与柱壁之间的间隙宽度较大，并且最外排螺栓有沿栓孔长轴方向滑移的迹象。当节点位移达到 $4.0\Delta_y$ 时，端板弯曲变形较大，与柱壁之间的间隙宽度达到 13.5mm，可以观察到柱壁螺栓孔的膨鼓变形。在 $4.0\Delta_y$ 级荷载的两次循环加载中，端板与钢梁翼缘焊缝根部也出现了裂缝，但是并未沿厚度深入发展。随着下级荷载 $5.0\Delta_y$ 的施加，端板变形再次增大，裂缝深度进一步发展。在节点 T-V-N 即将完成 $5.0\Delta_y$ 级荷载的第二次正方向加载时，钢管柱壁连接面第二排螺栓孔发生了冲切破坏，节点承载力出现陡降。之后节点在第一排螺栓的连接下完成了 $5.0\Delta_y$ 级荷载的第二次正方向加载，在此期间端板裂缝贯通发生断裂。节点 T-V-N 的最终破坏模式如图 3-8 所示。

与节点 S-C-N 相同，节点 T-V-N 的变形同样集中于端板和柱壁，钢梁未产生可见变形，如图 3-8（a）所示。而且，节点 T-V-N 的端板断裂部位也与节点 S-C-N 相同，均是在循环荷载作用下焊缝热影响区大量积累塑性损伤所致，其断面如图 3-8（b）所示。在节点 T-V-N 破坏后，可以观察到外排螺栓垫圈与端板之间有明显的滑移痕迹，滑移距离达 4mm，如图 3-8（c）所示。在本章的试验过程中，螺栓与端板之间的滑移现象仅在节点 T-V-N 中出现，这是因为竖向布置的长圆形螺栓孔与端板弯曲滑移趋势一致。虽然竖向布置的长圆形螺栓孔有利于端板变形发展，但是这也可能意味着此类连接难以用于螺栓承压型连接。试验结束后，T 形方颈单边螺栓无明显变形，钢管柱壁内排螺栓孔冲切破坏，如图 3-8（d）和（e）所示。

(a) 节点整体破坏模式

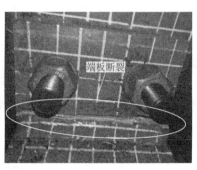
(b) 端板断裂

(c) 螺栓与端板相对滑移

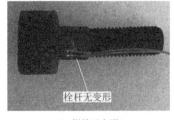
(d) 螺栓无变形

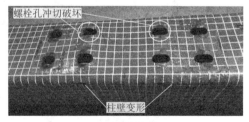
(e) 钢管柱变形

图 3-8　试件 T-V-N 破坏模式

与节点 T-V-N 的试验现象相似，节点 T-H-N 的变形也集中于端板和柱壁，并且在 $5.0\Delta_y$ 级荷载的第二次正方向加载过程中出现了端板断裂现象，但是并未发生螺栓孔冲切破坏。节点 T-H-N 的最终破坏模式如图 3-9 所示。除此之外，图 3-8（c）所示的螺栓垫圈与端板之间的滑移现象并未在节点 T-H-N 中出现，如图 3-9（c）所示。这是因为节点 T-H-N 采用了长圆形螺栓孔横向布置方案,其长轴方向与端板滑移趋势垂直。与竖向布置的长圆形螺栓孔相比,横向布置的螺栓孔对端板弯曲和孔内螺栓滑移具有明显的限制作用,图 3-9(d)所示的栓杆弯曲变形很好地证实了这一观点。节点 T-H-N 与 T-V-N 均于 5.0Δ_y 级荷载的第二次正方向加载中因端板断裂而破坏,这表明两个节点具有相同的变形能力。然而螺栓孔冲切破坏仅发生在节点 T-V-N 上,这意味着在 T 形方颈单边螺栓的拉拔作用下,开设横向长圆形螺栓孔的钢管柱具有更优的变形能力,这与其对端板变形能力的影响相反。

(a) 节点整体破坏模式

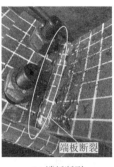
(b) 端板断裂

(c) 螺栓与端板无相对滑移

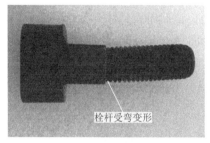
(d) 螺栓杆弯曲变形

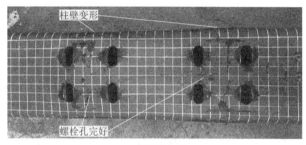
(e) 钢管柱变形

图 3-9　试件 T-H-N 破坏模式

节点 T-V-S 的破坏模式与上述三个节点存在较大的差异,如图 3-10 所示。节点 T-V-S 的端板与柱壁之间最大间隙出现在端板边缘,而非钢梁翼缘对应处。而且节点 T-V-S 的端板变形主要为受压引起的非直线塑性铰线,节点 T-V-N 的端板变形主要为受拉引起的直线塑性铰线,如图 3-8(b)和图 3-10(b)所示。最终节点在 5.0Δ_y 级荷载的第一次加载和第二次加载中分别发生了外排螺栓和内排螺栓孔冲切破坏,导致节点无法继续承载,被判定失效。

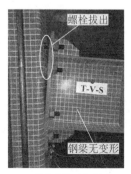
(a) 节点整体破坏模式

(b) 端板变形

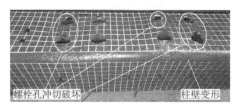

(c) 钢管柱变形

图 3-10　试件 T-V-S 破坏模式

　　与节点 T-V-S 相似，节点 T-V-C 连接处的间隙同样首先出现在端板边缘并在边缘处保持最大。随着钢梁端板施加位移的不断增加，钢管柱受拉产生的外凸变形持续变大，但是并未因受压而产生内凹变形。这是因为钢管柱内部浇筑的混凝土拥有较大的抗压强度，避免了其内凹变形。当钢梁端部施加的位移即将第一次达到 $3.0\Delta_y$ 级荷载时，最外排的多级 T 形方颈单边螺栓因栓孔冲切破坏被拔出，如图 3-11（a）所示。试验过程中端板和钢梁未见明显变形，如图 3-11（b）所示。这是因为端板加劲肋限制了端板在螺栓拉力荷载下的变形，钢管柱内填充混凝土限制了钢管柱内凹变形和端板非直线塑性铰线的产生。与节点 T-V-N 和 T-V-S 相比，节点 T-V-C 的变形能力显著降低。这是因为钢管柱内填充的混凝土限制了其侧壁的内凹变形，进而降低了其连接面外凸变形能力。试验结束后剖开钢管柱，可以观察到多级 T 形方颈单边螺栓锚固区内混凝土破碎严重，而且螺栓未产生明显变形，如图 3-11（c）和（d）所示。

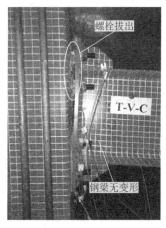

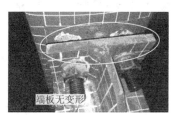

(a) 节点整体破坏模式　　　　　　　　　　(b) 端板无变形

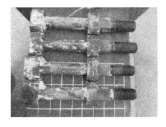

(c) 螺栓无变形　　　　　　　　　　(d) 混凝土破碎

图 3-11　试件 T-V-C 破坏模式

3.4 试验数据分析

3.4.1 转角-弯矩滞回曲线

T 形方颈单边螺栓连接钢梁-钢管柱节点在低周往复荷载下的转角-弯矩滞回曲线如图 3-12 所示。图中节点弯矩 M 为钢梁端部施加荷载 F 与加载点至钢管柱连接面的距离 L_{bc} 的乘积，节点转角 θ 为钢梁和钢管柱的相对转角。

由图 3-12 可以看出，节点 S-C-N、T-V-N、T-H-N 和 T-V-S 的转角-弯矩滞回曲线均呈现较为饱满的"梭形"，而节点 T-V-C 的滞回曲线则为"Z 形"，表现出严重的捏缩效应，这是混凝土材料的典型特征。通常情况下，节点滞回曲线的捏缩效应是由试件内部的间隙和滑移引起的。对于 T-V-C，节点内部的间隙来源于钢管柱内混凝土的裂缝以及多级 T 形方颈单边螺栓与混凝土之间的滑移。

通过对比节点 S-C-N、T-V-N 和 T-H-N 的滞回曲线可以发现，3 个节点在 $4.0\Delta_y$ 级荷载之前的滞回曲线十分接近，无论是曲线的饱满程度，还是刚度和承载力等性能参数方面。而且，在传统螺栓连接节点的极限加载级为 $4.0\Delta_y$ 的情况下，T 形方颈单边螺栓连接节点均达到了 $5.0\Delta_y$。这表明 T 形方颈单边螺栓连接钢梁-钢管柱节点在低周往复荷载下具有较传统螺栓连接更大的变形能力和延性，有利于结构抗震。

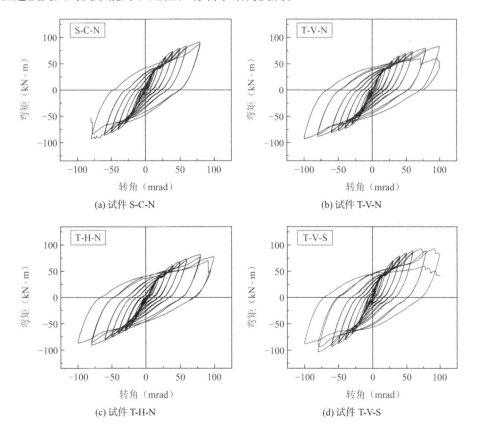

(a) 试件 S-C-N (b) 试件 T-V-N

(c) 试件 T-H-N (d) 试件 T-V-S

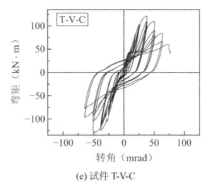

(e) 试件 T-V-C

图 3-12　转角-弯矩滞回曲线

3.4.2　转角-弯矩骨架曲线

根据行业标准《建筑抗震试验规程》JGJ/T 101—2015[159]，转角-弯矩骨架曲线是依次连接每级荷载下滞回曲线峰值点形成的包络线，可以直观反映节点在低周往复荷载下的结构性能，便于计算其特征值。本章所有试验节点的转角-弯矩骨架曲线如图 3-13 所示。

从图 3-13（a）中可以看出，节点 T-V-N 和 T-H-N 的骨架曲线几乎重合，且二者的承载力均低于节点 S-C-N。对比节点 T-V-N、T-V-S 和 T-V-C 可以发现，端板加劲肋和钢管柱内灌注混凝土均能有效提高节点的承载力，其中钢管柱内灌注混凝土可能会引起节点变形能力和延性的下降，见图 3-13（b）。

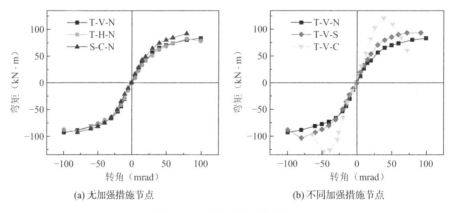

(a) 无加强措施节点　　　　　　　　　　(b) 不同加强措施节点

图 3-13　转角-弯矩骨架曲线

为了对低周往复荷载下节点的基本力学性能进行量化评估，本章基于欧洲规范 Eurocode 3: Part 1-5[155]和《Joints in steel construction: moment-resisting joints to Eurocode 3》一书[156]推荐的切线法对转角-弯矩骨架曲线的屈服点进行了定义，还包括峰值点和极限点。转角-弯矩骨架曲线各特征点及其特征值的定义方法展示于图 2-19 中。

本章所有试件的转角-弯矩骨架曲线特征值汇总于表 3-3 中。由于正方向和负方向加载所得骨架曲线并非完全对称，因此节点的初始刚度 $S_{j,ini}$、屈服弯矩 M_y、峰值弯矩 M_p、屈服转角 θ_y、极限转角 θ_u 等曲线特征值均有正向和负向加载两组数据。为便于各节点之间对比分析，对以上两个方向的特征值做平均值处理并列于该项特征值之后，如表 3-3 所示。除此之外，各节点的强屈比系数 C_s 和延性系数 C_d 也列于表 3-3 中。

对比表 3-3 中节点 S-C-N 和 T-V-N 的特征值数据可以发现，二者具有几乎相同的初始刚度。承载力方面，节点 T-V-N 的屈服弯矩和峰值弯矩较节点 S-C-N 分别下降 7.2% 和 4.4%，降低幅度保持在 10% 以内。本书第 2 章针对 T 形方颈单边螺栓连接钢梁-钢管柱节点在单调荷载下的试验结果则表明，节点 T-V-N 的屈服弯矩和峰值弯矩较节点 S-C-N 分别降低 0.2% 和 15.2%。相比之下，节点 T-V-N 在低周往复荷载下的承载力降低幅值较小，这是因为在低周往复荷载下节点 T-V-N 的极限转角超越节点 S-C-N，使其峰值承载力得以进一步提高。此外，节点 T-V-N 的强屈比系数较节点 S-C-N 提高 3.0%，这意味着竖向布置的长圆形螺栓孔较标准圆孔赋予节点更大的屈服后强度储备。

骨架曲线特征值　　　　　　　　　　　表 3-3

试件	加载方向	$S_{j,ini}$ (kN·m/mrad)		M_y (kN·m)		M_p (kN·m)		θ_y (mrad)		θ_u (mrad)		生命周期系数	
												C_s	C_d
S-C-N	+	3.335	2.858	68.33	69.01	91.61	92.13	34.52	34.16	79.26	79.31	1.335	2.322
	−	2.381		69.68		92.65		33.79		79.36			
T-V-N	+	2.654	2.868	60.87	64.06	83.06	88.07	35.12	32.53	99.21	99.19	1.375	3.049
	−	3.082		67.24		93.07		29.94		99.16			
T-H-N	+	2.219	2.581	57.55	58.69	82.16	86.60	35.41	30.98	99.22	99.20	1.476	3.202
	−	2.942		59.83		91.03		26.54		99.17			
T-V-S	+	2.928	2.708	70.66	72.54	93.22	98.48	30.07	32.40	91.57	95.35	1.358	2.943
	−	2.488		74.42		103.73		34.73		99.12			
T-V-C	+	4.087	3.982	101.45	109.38	121.53	125.21	25.11	29.44	53.94	56.17	1.145	1.908
	−	3.876		117.30		128.89		33.77		58.39			

与节点 S-C-N 相比，节点 T-H-N 的初始刚度、屈服弯矩和峰值弯矩分别降低了 9.7%、15.0% 和 6.0%，强屈比系数提高 10.6%。综合节点 T-V-N 和 T-H-N 的强度特征值可以发现，T 形方颈单边螺栓连接钢梁-钢管柱节点在低周往复荷载下全生命周期内的承载力不低于传统螺栓连接节点承载力的 85%，这与本书第 2 章单调荷载下试验结果一致。因此，T 形方颈单边螺栓连接钢梁-钢管柱节点在单调荷载和低周往复荷载下任意阶段的承载力下限均超过传统螺栓连接节点承载力的 85%。此外，T 形方颈单边螺栓连接节点在单调荷载下的强屈比系数较传统螺栓连接节点降低 1.6%～15.1%，而在低周往复荷载下则提高了 3.0%～10.6%。这表明 T 形方颈单边螺栓连接节点较传统螺栓连接节点在低周往复荷载下具有更大的强度储备和更优的抗震性能。

对比节点 T-V-S 与 T-V-N 可以发现，设置端板加劲肋会使节点初始刚度和强屈比系数分别降低 5.6% 和 1.2%，使节点屈服弯矩和峰值弯矩分别提高 13.2% 和 11.8%。与节点 T-V-S 相比，T-V-C 的初始刚度、屈服弯矩和极限弯矩分别提高 47.0%、50.8% 和 27.1%，但是强屈比系数下降 15.7%。综合本书第 2 章单调荷载试验结果来看，端板加劲肋可以使节点的屈服强度提高 7.9%～13.2%，峰值强度提高 11.8%～15.4%；钢管柱内灌注混凝土可以使节点的屈服强度提高 49.5%～50.8%，峰值强度提高 15.3%～27.1%。

综上所述，T 形方颈单边螺栓连接钢梁-钢管柱节点在单调荷载和低周往复荷载下全生命周期内的承载力不低于传统螺栓连接节点承载力的 85%，而且在低周往复荷载下的屈服后强度储备提高了 3.0%～10.6%。此外，端板加劲肋和钢管柱内灌注混凝土两种措施均可提高节点在低周往复荷载下的承载力，但会降低其屈服后强度储备。

3.4.3 节点分类

为便于设计应用，本书根据欧洲规范 Eurocode 3: Part 1-8[145]推荐的钢结构连接分类准则，对本章的试验节点进行了分类。基于节点初始刚度和峰值强度的连接分类准则列于表 2-5 中。T 形方颈单边螺栓连接钢梁-钢管柱节点在低周往复荷载下的节点分类结果如图 3-14 所示。

由图 3-14 可知，本章针对 T 形方颈单边螺栓连接钢梁-钢管柱节点在低周往复荷载下的骨架曲线均落于刚性连接与名义铰接之间，且节点的峰值弯矩均未超过钢梁塑性受弯承载力，因此均为半刚性部分强度连接。

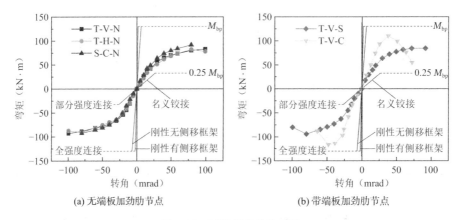

(a) 无端板加劲肋节点　　　　　　　　(b) 带端板加劲肋节点

图 3-14 试验节点分类结果

3.4.4 转动能力与延性

节点的变形能力和延性是评估其抗震性能的重要指标。表 3-3 中所列节点 S-C-N、T-V-N、T-H-N、T-V-S 和 T-V-C 的极限转角分别为 79.31mrad、99.19mrad、99.20mrad、95.35mrad 和 56.17mrad，均超过了美国抗震设计规范 AISC 358-16[157]规定的 40mrad 和 FEMA-350[160]推荐的 30mrad。

与节点 S-C-N 相比，节点 T-V-N 和 T-H-N 的极限转角提高 25.1%，延性系数分别提高 31.3% 和 37.9%，如图 3-15 所示。可见 T 形方颈单边螺栓连接钢梁-钢管柱节点不仅在屈服后强度储备方面超越传统螺栓连接节点，而且拥有良好的抗震性能，在转动变形能力和延性方面也占据优势。

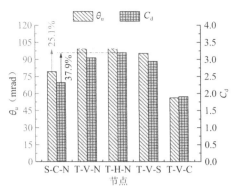

图 3-15　节点转动能力与延性

对比节点 T-V-N、T-V-S 和 T-V-C 可以发现，设置端板加劲肋会令 T 形方颈单边螺栓连接节点的极限转角和延性系数分别降低 3.9% 和 1.2%，钢管柱内灌注混凝土则会使二者分别下降 41.1% 和 15.7%。这意味着在低周往复荷载下，端板加劲肋对节点转动变形能力和延性的削弱程度较小，远不及静力荷载下的 29.0% 和 11.7%。究其原因，低周往复荷载改变了节点 T-V-N 的破坏模式，大幅降低其极限转角，却对节点 T-V-S 的破坏模式和极限转角影响较小。

3.4.5　强度退化

节点的强度退化反映了节点在循环往复加载过程中的强度损伤演化，表现为同级荷载下节点峰值承载力随加载次数增加而降低的现象，一般由强度退化系数量化评估。我国行业标准《建筑抗震试验规程》JGJ/T 101—2015[159] 将同级荷载下各滞回环（不包括第一滞回环）峰值荷载与前一滞回环峰值荷载比值的算术平均值定义为本级荷载下试件的强度退化系数，如式(3-1)所表达：

$$\lambda_j = \sum_{i=2}^{n_j} \frac{M_j^i}{(n_j-1)M_j^{i-1}} \tag{3-1}$$

式中，λ_j 为节点在第 j 级荷载的强度退化系数，n_j 表示节点在第 j 级荷载的循环次数，M_j^i 和 M_j^{i-1} 分别为节点在第 j 级荷载第 i 个和第 $i-1$ 个滞回环中的峰值弯矩。

本章各试件正方向和负方向加载所得强度退化系数发展规律如图 3-16 所示。可见，随着施加位移的增加，节点的强度退化系数呈下降趋势，且正负向数据大致对称。对比节点 S-C-N、T-V-N 和 T-H-N 的强度退化系数可以发现，在 $5.0\Delta_y$ 之前，三者的数值和发展趋势几乎一致，均保持在 0.93 之上。这是因为三个节点在低周往复荷载下的损伤主要集中于端板焊缝根部，其损伤程度和部位是相同的。

与节点 T-V-N 相比，节点 T-V-S 和 T-V-C 在最大级荷载的强度退化系数分别降低了 3.4% 和 17.2%，并在破坏时降至 0.896 和 0.802。除幅值下降明显外，节点 T-V-C 的强度退化系数下降速度也明显快于其他 4 个节点，如图 3-16（b）所示。这是因为混凝土材料的损伤速率和程度大于钢材。

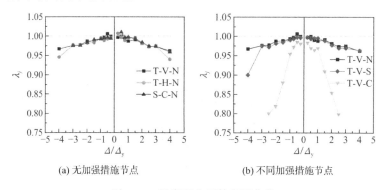

(a) 无加强措施节点　　　　　　(b) 不同加强措施节点

图 3-16　强度退化系数发展曲线

3.4.6　刚度退化

刚度退化是指在循环往复荷载下，为保持相同的峰值荷载，峰值点位移随循环次数增大而增大的现象。本书将行业标准《建筑抗震试验规程》JGJ/T 101—2015[159]推荐的等效刚度与第一级荷载下节点等效刚度的比值定义为无量纲参数刚度退化系数，其计算公式如下：

$$K_j = \frac{\sum\limits_{i=1}^{n_j} M_j^i \cdot \sum\limits_{i=1}^{n_j} \theta_1^i}{\sum\limits_{i=1}^{n_j} \theta_j^i \cdot \sum\limits_{i=1}^{n_j} M_1^i} \qquad (3-2)$$

式中，K_j 为第 j 级荷载刚度退化系数，M_j^i 和 θ_j^i 分别为节点在第 j 级荷载第 i 个滞回环中的峰值弯矩及对应转角。

本章各试件正方向和负方向加载所得刚度退化系数发展规律如图 3-17 所示。可以看出，随着施加位移的增加，各节点刚度退化系数逐渐减小，最大降幅超过 80%。在图 3-17（a）中，节点 S-C-N 的刚度退化系数始终大于节点 T-V-N 和 T-H-N，并在破坏级荷载降至 0.403。而节点 T-V-N 与 T-H-N 的刚度退化系数发展曲线吻合程度较高，尤其在破坏级荷载几乎重合。这表明了长圆形螺栓孔布置方案对节点的刚度退化影响较小。

图 3-17（b）展示了节点 T-V-N、T-V-S 和 T-V-C 的刚度退化系数发展曲线，可以发现端板加劲肋能降低节点刚度退化速度和幅值，但是并不明显；而钢管柱内灌注混凝土却导致节点刚度退化速度增加，等效刚度进一步降低。这同样是钢管柱内混凝土的严重塑性损伤所致。

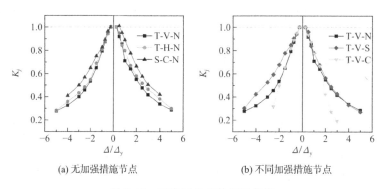

(a) 无加强措施节点　　　　　　(b) 不同加强措施节点

图 3-17　刚度退化系数发展曲线

3.4.7　耗能能力

耗能能力是节点抗震性能的重要指标之一，通常由等效黏滞阻尼系数 ξ_e 和累积能量耗散值 W_{acc} 评估。根据行业标准《建筑抗震试验规程》JGJ/T 101—2015[159]，等效黏滞阻尼系数通过下式计算：

$$\xi_{e,j} = \frac{1}{2\pi} \cdot \frac{S_{(ABD+CBD)}}{S_{(AOE+COF)}} \tag{3-3}$$

式中，$\xi_{e,j}$ 为第 j 级荷载等效黏滞阻尼系数，$S_{(ABD+CBD)}$ 表示图 3-18 所示滞回环 ABCD 所围成图形面积，$S_{(AOE+COF)}$ 表示图 3-18 所示三角形 AOE 和 COF 的面积之和。

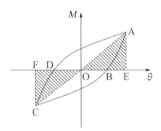

图 3-18　等效黏滞阻尼系数的计算

本章所有试件节点在低周往复荷载下的等效黏滞阻尼系数发展曲线如图 3-19 所示。从整体趋势来看，等效黏滞阻尼系数随着节点转角的增加而增大，且最大值不超过 0.3。在钢梁端部施加位移达到 $1.5\Delta_y$ 之前，节点 S-C-N 的等效黏滞阻尼系数大于节点 T-V-N 和 T-H-N，而当施加位移超过 $1.5\Delta_y$ 之后，结果则相反，如图 3-19（a）所示。总体来看，T 形方颈单边螺栓连接节点与传统螺栓连接节点的等效黏滞阻尼系数幅值相近，趋势一致，表明两类连接滞回曲线的饱满程度相近。

当节点转角达到 $5\Delta_y$ 时，节点 T-V-S 的等效黏滞阻尼系数较 T-V-N 提高 12.5%，此前二者的幅值和趋势相近。对于节点 T-V-C，等效黏滞阻尼系数随位移施加的增大速率明显高于节点 T-V-S，并在 $2.5\Delta_y$ 时超过节点 T-V-S 32.4%，如图 3-19（b）所示。

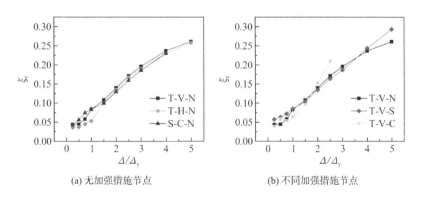

(a) 无加强措施节点　　　　　　　　(b) 不同加强措施节点

图 3-19　等效黏滞阻尼系数发展曲线

与用来描述滞回曲线饱满程度的等效黏滞阻尼系数不同，累积能量耗散值对节点在各级荷载下所消耗的能量进行了量化，计算公式如下：

$$W_{\text{acc},j} = \sum_{1}^{j} \sum_{i=1}^{n_j} S_{(\text{ABD}+\text{CBD})} \tag{3-4}$$

式中，$W_{\text{acc},j}$ 表示第 j 级荷载累积能量耗散值。

图 3-20 为本章所有试验节点在不同级荷载下累积能量耗散柱状图。可以看出，在全生命周期中，节点 T-V-N 的累积能量耗散值始终大于节点 T-H-N。这表明长圆形螺栓孔竖向布置较横向布置更加有利于节点耗能。值得注意的是，在节点转角达到 $4.0\Delta_y$ 之前，节点 T-V-N 与 S-C-N 的累积能量耗散值几乎相同，但是前者的能量耗散总值为后者的 152.9%，如图 3-20（a）所示。总之，无论是等效黏滞阻尼系数还是累积能量耗散值均表明，T 形方颈单边螺栓连接钢梁-钢管柱节点的耗能能力优于传统螺栓连接节点。

除此之外，节点 T-V-S 的累积能量耗散值较 T-V-N 提高了 12.4%～13.2%，这意味着端板加劲肋在一定程度上可以提高节点的耗能能力。与节点 T-V-S 相比，T-V-C 在 $2.5\Delta_y$ 位移下的累积能量耗散值提高了 76.7%，但是能量耗散总值降低了 44.6%，如图 3-20（b）所示。可见，虽然钢管柱内灌注混凝土可以提高节点在低周往复荷载下的初始刚度、屈服弯矩和极限弯矩，但是却降低了延性、强屈比和耗能能力，加剧了强度和刚度退化。

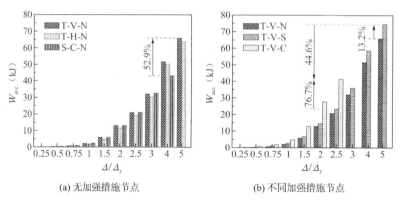

(a) 无加强措施节点   (b) 不同加强措施节点

图 3-20　试验节点累积能量耗散

3.4.8　转角-应变关系

试验中通过电阻应变片实时监测钢梁、端板、钢管柱壁和螺栓杆的应变发展情况，各部位应变片布置如图 3-6 所示。由于低周往复荷载下所采集应变数据量较大，不便于分析总结，因此本章仅展示各级荷载下第一次正方向加载中峰值荷载所对应的应变值。

各试件沿钢梁腹板高度布置的 1 号、2 号和 3 号应变片的输出值绘于图 3-21 中。可以看出钢梁腹板截面应变基本符合平截面假定。以节点 S-C-N 为例，1 号、2 号和 3 号应变片在 $1.0\Delta_y$、$2.5\Delta_y$ 和 $4.0\Delta_y$ 级荷载下的应变输出值呈线性关系，如图 3-21（a）所示。此外，节点 S-C-N、T-V-N、T-H-N 和 T-V-S 的钢梁腹板应变均未超过其屈服应变 $1386\mu\varepsilon$，但是节点 T-V-C 达到了这一限值。这是因为端板加劲肋和钢管柱内混凝土增大了节点受弯承载力，提高了钢梁截面应力水平。

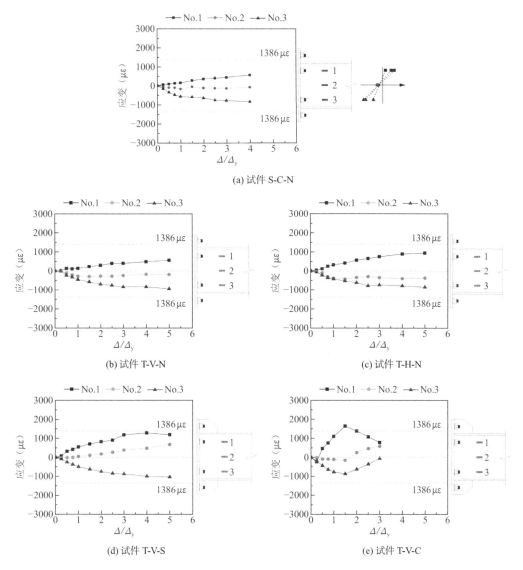

图 3-21　钢梁应变结果

2 号应变片布置于钢梁腹板截面中部位置，可根据其输出值的符号判断节点旋转中心的偏移方向。例如，节点 S-C-N、T-V-N 和 T-H-N 的 2 号应变片输出值均为负值，由此可推断这 3 个节点的旋转中心均偏于节点受拉一侧。而节点 T-V-S 和 T-V-C 的 2 号应变片输出值则为正值，意味着其旋转中心偏于节点受压一侧。这是因为设置端板加劲肋会减小端板受压区的弯曲变形，令节点旋转中心向受压一侧偏移。

各试验节点的端板应变由 4 号、5 号和 6 号应变片采集，其发展曲线如图 3-22 所示。可以发现节点 S-C-N 和 T-H-N 的 5 号、6 号应变片输出值均保持在端板屈服应变 1434με 之下。而设置有端板加劲肋的节点 T-V-S 和 T-V-C 的 5 号、6 号应变片输出值却超越了这一临界值。这表明端板加劲肋虽然减小了端板的宏观变形，但是其对端板抗弯刚度的提高导致了栓孔周围更加严重的应力集中现象。

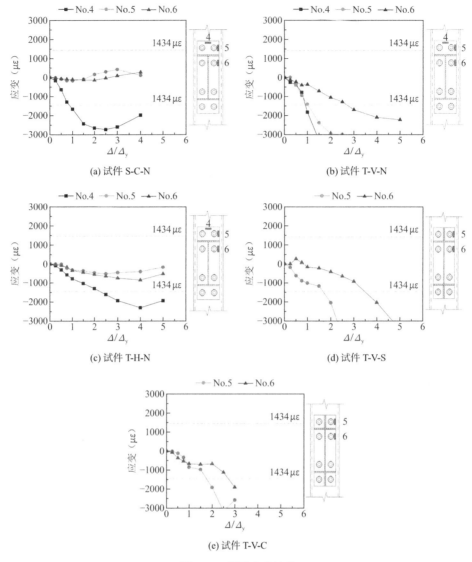

图 3-22　端板应变结果

　　从应变输出结果来看，计划用于捕捉端板屈服线的 5 号和 6 号应变片并未实现其最初目的，反而揭露了不同类型栓孔周围的应力集中水平。从图 3-22（a）、（b）和（c）中可以看出，标准圆形螺栓孔周围的应力集中程度最低、横向布置的长圆形螺栓孔次之、竖向布置的长圆形螺栓孔最大。这是因为标准螺母和垫圈可以完全覆盖标准圆形螺栓孔并对其周围施加均匀夹紧力，降低应力集中水平。当面对长圆形螺栓孔时，标准螺母和垫圈无法完全覆盖其截面，仅能在短轴方向施加夹紧力，导致了长圆形螺栓孔短轴方向较高程度的应力集中。针对这一现象，采用直径较大的非标准螺母和垫圈或许是解决方案之一。

　　所有试验节点钢管柱壁的应变发展曲线如图 3-23 所示。总体来看，所有试件的 7 号和 8 号应变片输出值均达到了钢管柱壁的屈服应变 1611με，而 9 号、10 号和 11 号应变片布置点位始终处于弹性阶段。

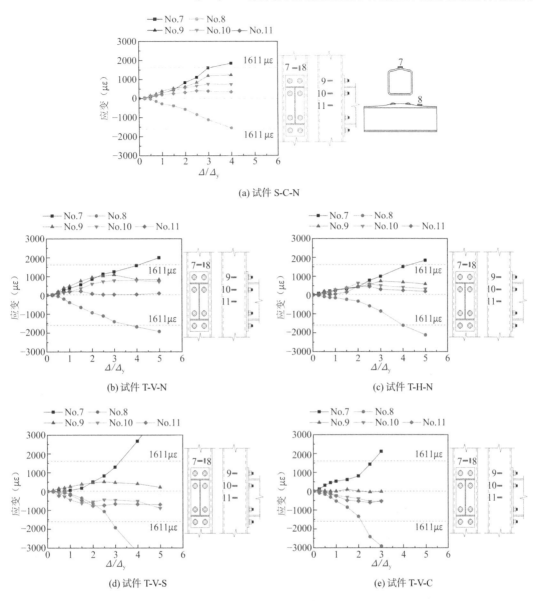

(a) 试件 S-C-N

(b) 试件 T-V-N

(c) 试件 T-H-N

(d) 试件 T-V-S

(e) 试件 T-V-C

图 3-23　柱壁应变结果

　　T 形方颈单边螺栓连接节点与传统螺栓连接节点的钢管柱壁应变发展规律和幅值相近，如图 3-23（a）、（b）和（c）所示。以节点 S-C-N 为例，7 号和 8 号应变片分别输出正值和负值。这是因为在螺栓拉拔作用下钢管柱壁外鼓变形，而 7 号和 8 号应变片处于柱壁外表面，分别发生了拉应变和压应变，如图 3-23（a）所示。此外，节点 S-C-N、T-V-N 和 T-H-N 的 9 号、10 号和 11 号应变片均输出正值，且存在一定的大小关系，代表其监测点位处于受拉状态。然而，节点 T-V-S 和 T-V-C 的 9 号应变片输出正值，10 号和 11 号应变片输出负值，如图 3-23（d）和（e）所示。与钢梁应变发展规律相似，这也是端板加劲肋引起的节点旋转中心偏移导致的。

　　T 形方颈单边螺栓连接节点的螺栓杆轴应变发展绘于图 3-24 中。可以看出，12 号、13

号和 14 号应变片所监测的节点上三排螺栓的杆轴拉应变均超过了栓杆的屈服应变 3738με 和 3700με，这意味着试验节点的旋转中心靠近钢梁翼缘。

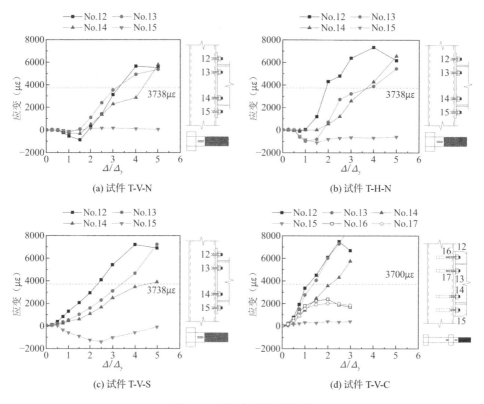

图 3-24　单边螺栓应变结果

对于节点 T-V-C，多级 T 形方颈单边螺栓的锚固力来源于钢管柱螺栓孔对 T 形头的机械锚固，以及钢管柱内混凝土对锚固头和锚固杆的机械锚固和化学粘接。因此，布置于锚固杆根部的 16 号和 17 号应变片可以量化评估钢管柱内混凝土对螺栓的锚固作用。在节点 T-V-C 的转角达到 $1.5\Delta_y$ 之前，16 号和 17 号应变片的输出值始终保持在 12 号和 13 号应变片输出值的 59%～68%之间。这表明在节点屈服前，多级 T 形方颈单边螺栓的抗拔承载力主要来源于钢管柱内混凝土的锚固作用。当节点转角达到 $1.5\Delta_y$ 时，16 号和 17 号应变片输出值的增速放缓，并于 $2.0\Delta_y$ 时开始下降。对比本书第 2.4.3 节中单调荷载下 16 号和 17 号应变片输出结果可以发现，循环荷载会导致钢管柱内混凝土对螺栓的锚固作用提前减弱。这是因为相比于单调荷载，循环荷载对混凝土材料的塑性损伤更为严重。

3.4.9　对比单调荷载试验结果

本节对 T 形方颈单边螺栓连接钢梁-钢管柱节点和传统螺栓连接节点在单调荷载和低周往复荷载两种荷载类型下的节点破坏模式、转角-弯矩关系曲线以及结构响应特征值进行对比分析，讨论荷载类型对两类节点结构性能的影响，总结荷载类型对系列特征值的影响系数，为节点抗震设计提供参考借鉴。

4 个 T 形方颈单边螺栓连接钢梁-钢管柱节点与 1 个传统螺栓连接节点在单调荷载和低

周往复荷载下的破坏模式汇总于表 3-4 中。无加强措施节点 S-C-N、T-V-N 和 T-H-N 在单调荷载下均出现了柱壁端板屈服伴随梁翼缘屈曲的现象，其中节点 S-C-N 因达到作动器极限加载能力而停止试验，节点 T-V-N 和 T-H-N 因栓孔冲切而破坏。在低周往复荷载下，节点 S-C-N、T-V-N 和 T-H-N 也发生了柱壁屈服，但是并未出现梁翼缘屈曲现象，最终都因端板断裂而破坏。节点在低周往复荷载下未发生梁翼缘屈曲是因为此荷载下节点的峰值承载力不及单调荷载下承载力，而端板断裂则是因为塑性铰线在循环加载下损伤积累严重，出现脆性破坏。

单调荷载与低周往复荷载下节点破坏模式对比　　　　　　　　　　表 3-4

试件	单调荷载下节点破坏模式	低周往复荷载下节点破坏模式
S-C-N	柱壁端板屈服 + 梁翼缘屈曲	柱壁屈服 + 端板断裂
T-V-N	柱壁端板屈服 + 梁翼缘屈曲 + 栓孔冲切	柱壁屈服 + 端板断裂 + 栓孔冲切
T-H-N	柱壁端板屈服 + 梁翼缘屈曲 + 栓孔冲切	柱壁屈服 + 端板断裂
T-V-S	柱壁屈服 + 栓孔冲切	柱壁屈服 + 栓孔冲切
T-V-C	柱壁端板钢梁屈服 + 混凝土破碎	柱壁屈服 + 栓孔冲切 + 混凝土破碎

节点 T-V-S 在单调荷载和低周往复荷载下均发生柱壁屈服伴随栓孔冲切破坏。节点 T-V-C 在单调荷载下发生柱壁端板钢梁屈服伴随混凝土破碎，在低周往复荷载下发生柱壁屈服伴随栓孔冲切混凝土破碎。与无加强节点相似，节点 T-V-C 在低周往复荷载下未出现端板和钢梁屈服同样是因为其峰值承载力低于单调荷载下承载力。

综上所述，荷载类型对节点破坏模式的影响主要表现为，单调荷载下发生大变形的焊缝热影响区易在低周往复荷载下发生脆性断裂，单调荷载下出现的部件小变形不易在低周往复荷载下再现。

4 个 T 形方颈单边螺栓连接钢梁-钢管柱节点及 1 个传统螺栓连接节点在单调荷载下的转角-弯矩曲线和在低周往复荷载下的转角-弯矩骨架曲线对比如图 3-25 所示。总体来看，各节点在低周往复荷载下的初始刚度、屈服弯矩、峰值弯矩和极限转角均低于其在单调荷载下的数值，其中影响最大的要属极限转角。这都是节点在低周往复荷载下的塑性损伤累积所致。

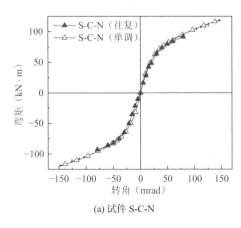

(a) 试件 S-C-N

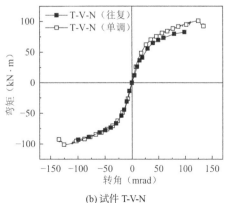

(b) 试件 T-V-N

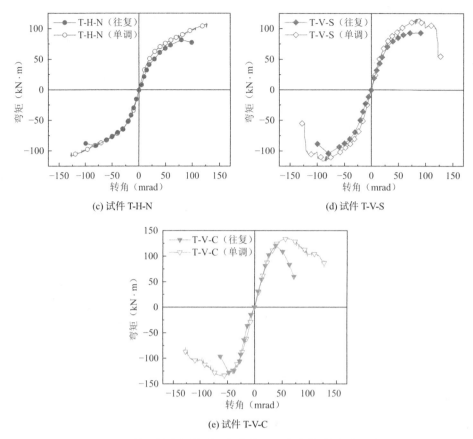

(c) 试件 T-H-N
(d) 试件 T-V-S

(e) 试件 T-V-C

图 3-25　单调荷载与低周往复荷载下节点荷载-位移关系对比

为了量化评估荷载类型对节点结构响应的影响，表 3-5 列出了 4 个 T 形方颈单边螺栓连接节点和 1 个传统螺栓连接节点在两类荷载下的关键曲线特征值，并定义了其荷载类型影响系数。其中$\gamma_{L,S}$、$\gamma_{L,My}$、$\gamma_{L,Mp}$和$\gamma_{L,\theta u}$分别表示节点在低周往复荷载和单调荷载下初始刚度、屈服弯矩、峰值弯矩和极限转角的比值。

试验节点在单调荷载和低周往复荷载下曲线特征值对比　　　　表 3-5

试件	$S_{j,ini}$ (kN·m/mrad)		M_y (kN·m)		M_p (kN·m)		θ_u (mrad)		荷载类型影响系数			
	单调	往复	单调	往复	单调	往复	单调	往复	$\gamma_{L,S}$	$\gamma_{L,My}$	$\gamma_{L,Mp}$	$\gamma_{L,\theta u}$
S-C-N	3.428	2.858	69.27	69.01	119.61	92.13	149.04	79.31	0.834	0.996	0.770	0.532
T-V-N	3.456	2.868	69.15	64.06	101.41	88.07	126.94	99.19	0.830	0.926	0.868	0.781
T-H-N	3.434	2.581	63.42	58.69	107.72	86.60	127.65	99.20	0.752	0.925	0.804	0.777
T-V-S	3.420	2.708	76.41	72.54	117.06	98.48	117.78	95.35	0.792	0.949	0.841	0.810
T-V-C	4.054	3.982	114.24	109.38	134.94	125.21	88.83	56.17	0.982	0.957	0.928	0.632

与节点 S-C-N 对比，节点 T-V-N 和 T-H-N 的荷载类型影响系数$\gamma_{L,S}$、$\gamma_{L,My}$分别降低 0.5%～9.8%和 7.1%，但$\gamma_{L,Mp}$和$\gamma_{L,\theta u}$分别提高 4.4%～12.7%和 46.1%～46.8%。这意味着低

周往复荷载对 T 形方颈单边螺栓连接节点峰值承载力和极限转角的影响低于传统螺栓连接节点，更加利于结构抗震。此外，对比节点 T-V-N 和 T-H-N 的荷载类型影响系数可以发现，长圆形螺栓孔竖向布置可以全面减小低周往复荷载对 T 形方颈单边螺栓连接钢梁-钢管柱节点结构性能的削弱程度。这是因为竖向布置的长圆形螺栓孔允许端板与柱壁之间发生相对滑动，增大了节点的转动能力，更加利于节点抗震耗能。

由于节点 T-V-S 与 T-V-N 的荷载类型影响系数相差较小，因此低周往复荷载对节点性能参数的削弱程度不会受端板加劲肋的影响。此外，钢管柱内灌注混凝土会减小低周往复荷载对节点初始刚度、屈服弯矩和峰值弯矩的削弱程度，但会增大其对极限转角的削弱。

表 3-5 中所列节点荷载类型影响系数的散点分布见图 3-26。从图 3-26 中可以发现，所有节点的荷载类型影响系数均符合 $\gamma_{L,My} > \gamma_{L,Mp} > \gamma_{L,\theta u}$ 的规律。这表明低周往复荷载对节点转动能力的削弱程度最大、峰值承载力次之、屈服承载力最小。其中对极限转角的削弱最大可达 46.8%，对屈服弯矩的削弱最小仅为 0.4%。因此在节点的抗震设计中，变形能力和延性至关重要，应首先考虑。

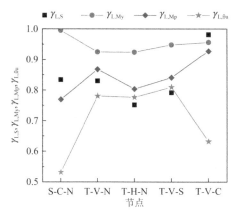

图 3-26　荷载类型影响系数分布规律

本节所列 T 形方颈单边螺栓连接钢梁-钢管柱节点和传统螺栓连接节点的荷载类型影响系数可为此类连接的抗震设计服务，即通过单调荷载试验结果和荷载类型影响系数计算，得到节点在低周往复荷载下的系列特征值，可在一定程度上节约人力、物力和时间成本。

3.5　本章小结

本章通过试验研究了 T 形方颈单边螺栓连接钢梁-钢管柱节点在低周往复荷载下的抗震性能，探究了长圆形螺栓孔布置方案及端板设置加劲肋和钢管柱内灌混凝土措施对节点抗震性能的影响。研究了 T 形方颈单边螺栓连接节点在低周往复荷载下的破坏模式、转角-弯矩滞回关系、转角-弯矩骨架曲线、转动能力与延性、强度退化、刚度退化、耗能能力、关键部位转角-应变关系、各部位屈服顺序等，重点与传统螺栓连接节点的各项性能参数进行了对比。通过对比节点在单调和低周往复荷载下的结构响应特征值，归纳总结得到荷载类型影响系数，为节点的抗震设计提供参考。本章主要结论如下：

（1）试验中共出现 4 种破坏模式，分别是端板断裂伴随柱壁屈服破坏、端板断裂柱壁屈服伴随栓孔冲切破坏、柱壁屈服伴随栓孔冲切破坏和柱壁屈服栓孔冲切破坏伴随混凝土破碎。T 形方颈单边螺栓连接钢梁-钢管柱节点的破坏模式与传统螺栓连接节点相似，其中长圆形螺栓孔竖向布置有利于端板变形发展，横向布置有利于钢管柱壁变形发展。

（2）T 形方颈单边螺栓连接钢梁-钢管柱节点在低周往复荷载下全生命周期内的承载力不低于传统螺栓连接节点承载力的 85%，而且在低周往复荷载下的屈服后强度储备提高了 3.0%～10.6%。此外，端板加劲肋和钢管柱内灌注混凝土两种措施均可提高节点在低周往复荷载下的承载力，但会降低其屈服后强度储备。

（3）根据欧洲规范 Eurocode 3: Part 1-8[145]所推荐的钢结构连接分类准则，T 形方颈单边螺栓连接钢梁-钢管柱节点属于半刚性部分强度连接，与传统螺栓连接节点分类结果相同。

（4）T 形方颈单边螺栓连接节点与传统螺栓连接节点的强度退化系数、刚度退化系数、等效黏滞阻尼系数幅值相近，趋势一致。与传统螺栓连接节点相比，T 形方颈单边螺栓连接节点的极限转角、延性系数和耗能能力分别提高 25.1%、31.3%～37.9% 和 47.6%～52.9%。此外，设置端板加劲肋会使 T 形方颈单边螺栓连接节点的极限转角和延性系数分别降低 3.9% 和 1.2%，钢管柱内灌注混凝土则会使二者分别下降 41.1% 和 15.7%，耗能能力下降 44.6%。

（5）节点在单调荷载和低周往复荷载下的破坏模式和结构响应特征值不同。其中，荷载类型对节点破坏模式的影响主要表现为单调荷载下发生大变形的焊缝热影响区易在低周往复荷载下发生脆性断裂，单调荷载下出现的部件小变形不易在低周往复荷载下再现。此外，低周往复荷载下节点的结构响应特征值会出现不同程度削弱，其中对 T 形方颈单边螺栓连接节点峰值承载力和极限转角的削弱程度低于传统螺栓连接节点，并且长圆形螺栓孔竖向布置会进一步降低这种削弱。低周往复荷载对所有试件均表现为转动能力削弱程度最大、峰值承载力削弱程度次之、屈服承载力削弱程度最小。因此在节点的抗震设计中，变形能力和延性至关重要，应首先考虑。

第 4 章

T形方颈单边螺栓连接钢梁-方钢管柱
加强节点单调荷载试验研究

4.1 概 述

第 2 章和第 3 章针对 T 形方颈单边螺栓连接钢梁-钢管柱节点在单调荷载和低周往复荷载下的试验表明，此类连接具有与传统螺栓连接节点相似的破坏模式、相近的初始刚度和强度刚度退化规律、不低于 85% 的全生命周期承载力、超过 130% 的抗震延性和 150% 的耗能能力，拥有良好的力学性能和巨大的应用潜力。然而，由于 T 形方颈单边螺栓夹紧面积较小，螺栓孔较大，栓孔冲切破坏易在此类连接中出现。虽然第 2 章和第 3 章的设置端板加劲肋和钢管柱内灌注混凝土两种措施均能改变节点破坏模式并提高承载力，但仍然无法避免栓孔冲切破坏。

T 形方颈单边螺栓连接钢梁-钢管柱节点发生栓孔冲切破坏的机理为"受拉区螺栓拉力作用→柱壁连接平面外鼓变形→螺栓孔膨鼓变形→螺栓夹紧区域面积减小→栓孔抗冲切承载力下降→栓孔冲切破坏"。因此，本书将从此类连接破坏机理的源头环节"受拉区螺栓拉力作用→柱壁连接平面外鼓变形"入手对节点构造进行改进，在避免栓孔冲切破坏的同时避免钢管柱壁平面外变形。

钢管柱内置加强组件是本书所采取的节点加强方式，加强组件截面类型包括双槽钢组件和 H 型钢组件。此外，为便于加强组件的装配，钢管柱采用节点处断开的方式，这种装配方式也被马强强[140]、孙风彬[141]、鲁秀秀[142]和王燕等[143]采用。本书所研究的双槽钢组件和 H 型钢组件各有优势，其中双槽钢组件可以与钢管柱壁紧密贴合，但是无法有效连接钢管柱的连接面和背面。而 H 型钢组件则恰好相反，其尺寸误差会在组件与钢管柱壁之间引入间隙。

双槽钢组件和 H 型钢组件加强节点的装配流程如图 4-1 所示。当加强组件连接面开设螺栓孔数与端板螺栓孔数相同时，称为平齐组件。平齐组件加强节点的组装流程包括：（1）安装下层柱；（2）安装加强组件；（3）安装钢梁；（4）安装上层柱，如图 4-1（a）和（c）所示。外伸组件的长度大于端板的高度并且在端板高度范围之外开设有至少两排螺栓孔，其在节点中的安装流程为：（1）安装下层柱；（2）安装加强组件；（3）安装上层柱；（4）安装钢梁，如图 4-1（b）和（d）所示。

为了探究双槽钢组件和 H 型钢组件对 T 形方颈单边螺栓连接钢梁-钢管柱节点破坏模式和力学性能的影响，本章对两个双槽钢组件加强节点和 4 个 H 型钢组件加强节点开展了单调荷载下的静力性能试验，探讨了加强组件类型、组件长度和连接面厚度对节点结构响应的影响。研究了 T 形方颈单边螺栓连接钢梁-钢管柱加强节点的破坏模式、转角-弯矩关系、关键部位转角-应变关系、各部位屈服顺序等，揭示了此类节点的工作及破坏机理。与无加强节点的破坏模式和各项静力性能参数进行对比，对钢管柱内置加强组件措施进行全面评估。

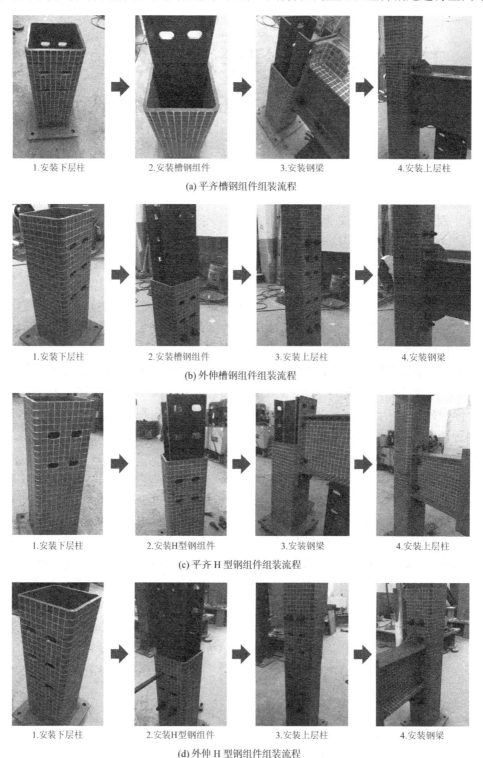

图 4-1　双槽钢组件和 H 型钢组件组装流程

本章共包含 3 个部分：（1）从钢构件设计、材料性能试验及测量方案等方面进行 T 形方颈单边螺栓连接钢梁-钢管柱加强节点单调荷载试验设计介绍；（2）阐述各试件的试验现象和破坏模式，总结归纳组件类型、组件长度和组件连接面厚度对节点破坏模式的影响规律；（3）基于试验得到的各加强节点转角-弯矩关系和转角-应变关系，通过与无加强节点对比，对不同参数组合下的加强组件进行量化评估。

4.2　试验概况

4.2.1　试件设计

本章共设计了 2 个双槽钢组件加强节点和 4 个 H 型钢组件加强节点，用于探究 T 形方颈单边螺栓连接钢梁-钢管柱加强节点在单调荷载下的静力性能。研究参数包括双槽钢和 H 型钢两类加强组件、平齐和外伸两种加强组件长度、8.5mm 和 14.0mm 两种加强组件连接面厚度。本章所有试件钢管柱均采用 200mm×200mm×10mm 截面，倒角外半径 20mm，上下层柱高度均为 600mm；钢梁截面采用 300mm×150mm×6.5mm×9mm，长度为 1590mm；端板截面尺寸 480mm×150mm，厚度 14mm；端板加劲肋采用五边形截面，尺寸 120mm×90mm，厚度 10mm；螺栓采用 M20 T 形方颈单边螺栓。

各试件节点的构造及尺寸详细信息列于表 4-1 中。表 4-1 中，试件的命名规则为"J-加强组件类型及连接面厚度-加强组件长度"。"C"和"H"分别表示双槽钢组件和 H 型钢组件；"08"和"14"分别表示加强组件连接面厚度为 8.5mm 和 14.0mm；"F"和"E"分别表示平齐加强组件和外伸加强组件。

试件信息汇总

表 4-1

试件	钢管柱（mm）	钢梁（mm）	加强组件			螺栓	
			截面	长度（mm）	壁厚（mm）	类型	数量
J-C08-F	200×200×10	300×150×6.5×9	槽钢	480	8.5	T 形方颈单边螺栓	16
J-C08-E	200×200×10	300×150×6.5×9	槽钢	680	8.5	T 形方颈单边螺栓	24
J-H08-F	200×200×10	300×150×6.5×9	H 型钢	480	8.5	T 形方颈单边螺栓	16
J-H08-E	200×200×10	300×150×6.5×9	H 型钢	680	8.5	T 形方颈单边螺栓	24
J-H14-F	200×200×10	300×150×6.5×9	H 型钢	480	14.0	T 形方颈单边螺栓	16
J-H14-E	200×200×10	300×150×6.5×9	H 型钢	680	14.0	T 形方颈单边螺栓	24

双槽钢组件加强节点详图如图 4-2 所示。试件 J-C08-F 的上下层钢管柱拼接处位于节点中央，采用 16 号槽钢加强。槽钢截面尺寸为 160mm×65mm×8.5mm，长度 480mm，腹板开设有与柱壁和端板相同尺寸和定位的长圆形螺栓孔，栓孔均采用横向布置方案，如

图 4-2（a）所示。除钢管柱与钢梁连接一面布置有 8 个 T 形方颈单边螺栓外，钢管柱背面还有相同布置的螺栓群。

　　试件 J-C08-E 所采用的槽钢截面与试件 J-C08-F 相同，长度为 680mm，两端各超出端板上下边缘 100mm，并在此范围内布置有额外两排螺栓，如图 4-2（b）所示。试件 J-C08-E 共使用 24 个 T 形方颈单边螺栓，较试件 J-C08-F 增加 8 个。

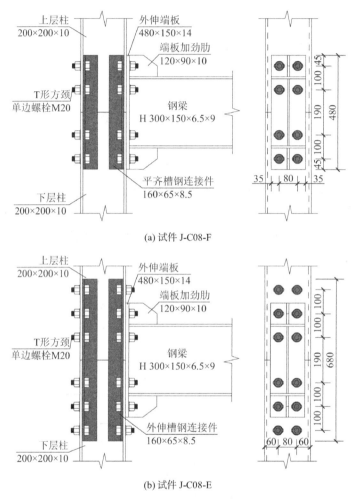

(a) 试件 J-C08-F

(b) 试件 J-C08-E

图 4-2　采用双槽钢组件节点（单位：mm）

　　图 4-3 展示了 H 型钢组件加强节点详图。考虑到组件的加工误差，所有 H 型钢组件的截面高度均设计有 −2mm 的公差，即钢管柱壁与 H 型钢组件之间有 2mm 安装间隙。试件 J-H08-F 和 J-H14-F 分别采用截面为 178mm × 160mm × 8.5mm × 8.5mm 和 178mm × 160mm × 14mm × 14mm 的 H 型钢组件，高度均为 480mm，如图 4-3（a）所示。H 型钢组件翼缘开设有与柱壁和端板相同尺寸和定位的长圆形螺栓孔。试件 J-H08-E 和 J-H14-E 采用高度为 680mm 的外伸 H 型钢组件，同样由 24 个 T 形方颈单边螺栓连接，如图 4-3（b）所示。此外，本章所有试件采用的 T 形方颈单边螺栓的构造及尺寸如图 4-4 所示。

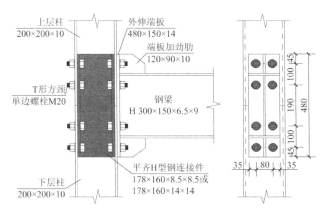

(a) 试件 J-H08-F 或 J-H14-F

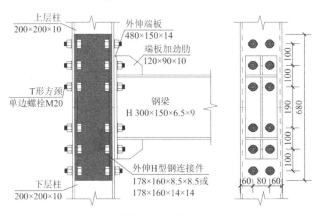

(b) 试件 J-H08-E 或 J-H14-E

图 4-3   采用 H 型钢组件节点（单位：mm）

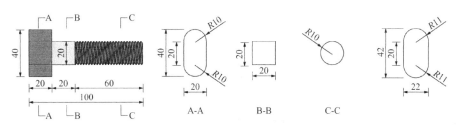

图 4-4   本章所采用 T 形方颈单边螺栓及其安装孔的尺寸（单位：mm）

4.2.2   试件材性

试件各部件钢材的材料性能参数按照国家标准《金属材料 拉伸试验 第 1 部分：室温试验方法》GB/T 228.1—2021[151]执行取样并通过标准拉伸试验获得，所得钢材的屈服强度、极限强度和弹性模量均列于表 4-2 中。

试件材料特性汇总   表 4-2

型材	取样部位	实测厚度/直径（mm）	屈服强度（MPa）	极限强度（MPa）	弹性模量（MPa）
板材	钢管壁	10.08	314.20	392.75	1.95×10^5
	梁翼缘	8.96	242.81	421.80	2.02×10^5

型材	取样部位	实测厚度/直径 （mm）	屈服强度 （MPa）	极限强度 （MPa）	弹性模量 （MPa）
板材	梁腹板	6.46	267.44	398.83	1.93×10^5
	外伸端板	14.10	275.39	350.97	1.92×10^5
	端板加劲肋	10.06	302.73	446.33	1.99×10^5
	槽钢腹板	8.52	337.11	404.91	1.95×10^5
	H 型钢翼缘	8.44	241.63	390.55	1.90×10^5
	H 型钢翼缘	14.10	275.39	350.97	1.92×10^5
棒材	T 形方颈单边螺栓	20.02	740.09	833.49	1.98×10^5
	加载装置预应力杆	19.86	940.38	1120.08	2.01×10^5

4.2.3 测量方案

本章针对 T 形方颈单边螺栓连接钢梁-钢管柱加强节点单调荷载试验的加载装置和加载制度与第 2 章无加强节点相同，如图 2-9 和图 2-10 所示。

试验过程中，通过倾角仪和 LVDT 全程采集节点的位移数据；通过电阻式应变片捕获节点关键部位的应变发展；通过集成于作动器端部的荷载传感器记录梁端施加荷载。其中倾角仪 I1 和直线式位移计 L1 分别布置于钢梁跨中和加载点处，用于测量钢梁在试验过程中的转角发展；直线式位移计 L2 和 L3 分别布置于钢管柱背面钢梁上下翼缘高度处，用于监测钢管柱的转角变化，如图 4-5 所示。

本章所有试件均采用 16 枚应变片，布置方案如图 4-6 所示。其中，1 号、2 号和 3 号应变片粘贴于钢梁受拉翼缘表面，并沿其长度方向布置。4 号和 5 号应变片分别布置于节点受拉区和受压区的端板加劲肋表面，粘贴方向与钢梁轴线的夹角为 45°，如图 4-6（a）所示。6 号、7 号和 8 号应变片布置于下层钢管柱倒角三排螺栓孔高度处，用于捕捉钢管柱的微小变形，如图 4-6（a）和（b）所示。9 号、10 号、11 号和 12 号应变片布置于钢管柱背侧螺栓孔附近，用于探究加强组件对钢管柱连接面弯矩的传递效率和对钢管柱拼接性能的影响，如图 4-6（c）所示。13 号、14 号、15 号和 16 号应变片布置于与钢梁连接一侧的槽钢腹板和 H 型钢翼缘内表面，用于监测加强组件的变形情况，如图 4-6（d）和（e）所示。

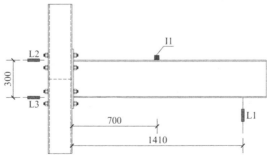

I1—布置于钢梁上表面的倾角仪；L1—布置于钢梁下表面的线性可变差动变压器（LVDT）；
L2、L3—布置于钢管柱背面的 LVDT。

图 4-5 位移测量方案（单位：mm）

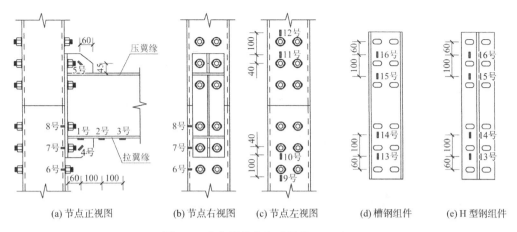

(a) 节点正视图	(b) 节点右视图	(c) 节点左视图	(d) 槽钢组件	(e) H 型钢组件

图 4-6   应变测量方案（单位：mm）

4.3   试验现象

本章针对 6 个 T 形方颈单边螺栓连接钢梁-钢管柱加强节点进行的单调荷载试验共出现 3 种破坏模式，分别是试件 J-C08-F 和 J-C08-E 发生的加强组件屈服伴随柱壁屈服、试件 J-H08-F 和 J-H08-E 发生的加强组件屈服伴随钢梁屈服、试件 J-H14-F 和 J-H14-E 发生的钢梁屈服。试件各部件的破坏情况汇总于表 4-3 中。从表 4-3 中可以看出，加强组件类型及其连接面厚度对节点的破坏模式有较大程度的影响，而加强组件长度的影响则较小。

试件破坏模式汇总   表 4-3

试件	柱壁	螺栓孔	端板	钢梁	加强组件	破坏模式
J-C08-F	屈服	完好	压区非直线屈服线	无变形	屈服	加强组件屈服伴随柱壁屈服
J-C08-E	屈服	完好	压区非直线屈服线	无变形	屈服	加强组件屈服伴随柱壁屈服
J-H08-F	无变形	完好	无变形	屈服	屈服	加强组件屈服伴随钢梁屈服
J-H08-E	无变形	完好	无变形	屈服	屈服	加强组件屈服伴随钢梁屈服
J-H14-F	无变形	完好	无变形	屈服	小变形	钢梁屈服
J-H14-E	无变形	完好	无变形	屈服	无变形	钢梁屈服

节点 J-C08-F 和 J-C08-E 发生了加强组件屈服伴随柱壁屈服破坏。本章以节点 J-C08-F 为例，对此类破坏模式的试验现象进行描述。在钢梁端部施加位移到 20mm 之前，节点一直处于弹性阶段，各部件无明显变形。当施加位移达到 20mm 时，上下层钢管柱拼接处出现错位。当施加位移达到 35mm 时，上下层钢管柱拼缝处错位距离增大，钢管柱连接面产生面外变形。随着钢梁端部施加位移不断增大，上下层钢管柱拼缝错位和连接面变形持续发展。直至施加位移达到作动器加载极限 200mm 后试验结束，节点 J-C08-F 的最终破坏模式如图 4-7 所示。节点 J-C08-F 的上下层钢管柱拼缝错位宽度最终达到了 10.5mm，如图 4-7（b）所示。上下层钢管柱连接面在螺栓的拉拔作用和端板加劲肋的挤压下，平面外变形超过 10mm，如图 4-7（c）所示。试验结束后拆除节点可以发现钢管柱内双槽钢组件发生严重的弯曲变形，如图 4-7（d）和（e）所示。其中，钢梁连接侧槽钢腹板外凸变形带动了其翼缘向内转动，而钢梁对侧槽钢则是在钢管柱作用下发生翼缘外扩。总之，双槽钢

组件表现出明显的受弯变形特征，并且受弯截面偏向内排螺栓。

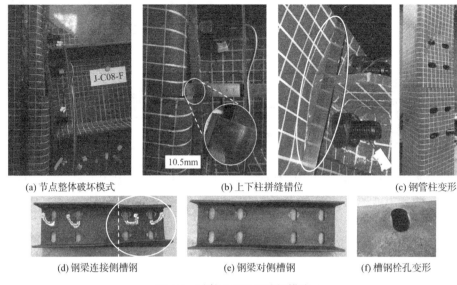

(a) 节点整体破坏模式   (b) 上下柱拼缝错位   (c) 钢管柱变形

(d) 钢梁连接侧槽钢   (e) 钢梁对侧槽钢   (f) 槽钢栓孔变形

图 4-7 试件 J-C08-F 破坏模式

节点 J-C08-E 采用外伸槽钢组件，其破坏模式与节点 J-C08-F 相同，如图 4-8 所示。当钢梁端部施加位移达到 200mm 时，节点 J-C08-E 上下层钢管柱拼缝错位宽度达 9.0mm，较节点 J-C08-F 减小了 1.5mm，如图 4-7（b）和图 4-8（b）所示。除此之外，采用双槽钢组件的两个节点的差异还表现在槽钢的变形上。节点 J-C08-E 钢梁连接侧槽钢存在两个受弯截面，而节点 J-C08-F 的连接侧槽钢仅有一个，如图 4-7（d）和图 4-8（c）所示。

此外，节点 J-C08-F 和 J-C08-E 的槽钢腹板螺栓孔在螺栓 T 形头的拉拔作用下出现明显的压痕和膨鼓变形，但是最终并未发生栓孔冲切破坏，如图 4-7（f）和图 4-8（c）所示。因此，双槽钢组件可以避免栓孔冲切破坏，但是并未对节点域实现有效加强。

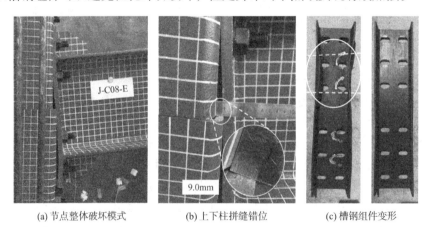

(a) 节点整体破坏模式   (b) 上下柱拼缝错位   (c) 槽钢组件变形

图 4-8 试件 J-C08-E 破坏模式

节点 J-H08-F 和 J-H08-E 采用与双槽钢组件连接面厚度相同的 H 型钢组件，均发生了加强组件屈服伴随钢梁屈服。与双槽钢组件相比，H 型钢组件使节点避免了钢管柱壁变形，实现了钢梁屈服。

　　本章以节点 J-H08-F 为例对加强组件屈服伴随钢梁屈服破坏模式下的试验现象进行阐述。上下层钢管柱拼接缝错位同样是 H 型钢组件加强节点的典型现象,在节点 J-H08-F 钢梁端部施加位移达到 25mm 时出现。随着荷载的施加,节点的变形依然表现为上下层钢管柱拼缝错位,其余部件并无变形出现。当施加荷载达到 70mm 时,钢梁受压翼缘出现屈曲;达到 125mm 时,钢梁腹板出现面外屈曲;达到 145mm 时,节点的承载力出现下降,此时钢梁进入全截面屈服。直至钢梁端部施加位移达到作动器行程极限,节点 J-H08-F 的变形主要为上下层钢管柱拼缝错位和钢梁塑性铰发展,其最终破坏模式如图 4-9 所示。可以看出,上下层钢管柱拼接缝错位宽度最终达到 9.0mm,如图 4-9(b)所示。拆除节点后发现 H 型钢组件的变形包括两部分,分别是钢梁连接侧翼缘在螺栓拉拔作用下的外鼓变形,和中部截面在节点域剪力下的剪切变形,如图 4-9(c)所示。与双槽钢组件相比,H 型钢组件的变形较小,这是因为双槽钢组合截面的抗弯截面模量小于 H 型钢组件。除此之外,上下层钢管柱完好无明显变形,如图 4-9(d)所示。

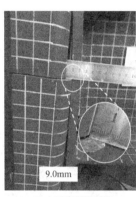

(a) 节点整体破坏模式　　　　(b) 上下柱拼缝错位　　　　(d) 钢管柱完好无变形

图 4-9　试件 J-H08-F 破坏模式

　　节点 J-H08-E 的试验现象与节点 J-H08-F 相似,其破坏模式如图 4-10 所示。节点 J-H08-E 上下层钢管柱拼缝错位宽度最终达 8.0mm,较节点 J-H08-F 和 J-C08-F 分别减小 1.0mm 和 2.5mm,如图 4-10(b)所示。此外,外伸 H 型钢组件与平齐 H 型钢组件变形相似,主要为中部截面处的剪切变形,如图 4-10(c)所示。

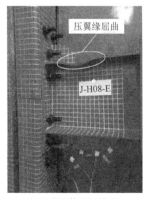

(a) 节点整体破坏模式　　　　(b) 上下柱拼缝错位　　　　(c) H 型钢组件变形

图 4-10　试件 J-H08-E 破坏模式

　　综上,H 型钢组件不仅避免了栓孔冲切破坏,还避免了钢管柱变形,其对节点的加强效果优于双槽钢组件。虽然 H 型钢组件在一定程度上可以减小上下层钢管柱拼缝的错位宽度，但是依然影响节点的正常使用极限状态。

试件 J-H14-F 和 J-H14-E 采用板厚为 14mm 的 H 型钢组件，均发生钢梁屈服破坏。本章以节点 J-H14-F 为例详细介绍此类破坏的试验现象。上下层钢管柱拼缝错位依旧是最早被观察到的节点变形，此时钢梁端部的施加位移为 25mm。当施加位移达到 65mm 时，节点 J-H14-F 钢梁压翼缘出现屈曲；达到 105mm 时，钢梁腹板出现面外屈曲；达到 150mm 时，节点的承载力出现下降，此时钢梁进入全截面屈服。当节点施加位移达到作动器行程极限时，钢梁端部塑性铰发展充分，上下层钢管柱拼缝错位宽度达 7.0mm，较节点 J-H08-F 减小 2.0mm，如图 4-11 所示。节点 J-H14-F 和 J-H08-F 的试验现象较为相似，关键变形发展所对应节点位移值相近，不同之处在于板件厚度为 14mm 的 H 型钢组件仅有轻微的连接面翼缘变形，组件中部截面并未出现剪切变形，如图 4-9（c）和图 4-11（c）所示。

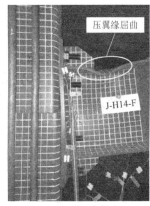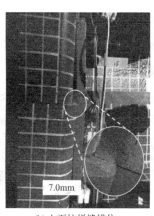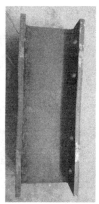

| (a) 节点整体破坏模式 | (b) 上下柱拼缝错位 | (c) H 型钢组件小变形 |

图 4-11　试件 J-H14-F 破坏模式

节点 J-H14-E 采用板厚 14mm 的外伸 H 型钢组件，其破坏模式如图 4-12 所示。节点 J-H14-E 上下层钢管柱拼缝错位宽度最终仅为 2.5mm，远小于节点 J-H08-E 的 8.0mm 和节点 J-H14-F 的 7.0mm，如图 4-12（b）所示。拆除节点后可以看到 14mm 板厚的外伸 H 型钢组件以及 T 形方颈单边螺栓均完好无变形，如图 4-12（c）和（d）所示。

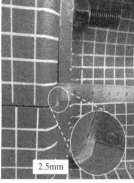

(c) H 型钢组件完好无变形

| (a) 节点整体破坏模式 | (b) 上下柱拼缝错位 | (d) 钢梁侧 T 形方颈单边螺栓 |

图 4-12　试件 J-H14-E 破坏模式

在截面相同的情况下，14mm 板厚的外伸 H 型钢组件没有变形，而平齐 H 型钢组件的连接面翼缘却有轻微的面外变形。这是因为外伸 H 型钢组件较平齐组件额外设置有 2 排共 8 个螺栓孔，降低了 H 型钢组件翼缘单个螺栓孔的受力水平。此外，采用 14mm 板厚的外伸 H 型钢组件大幅降低了上下层钢管柱拼缝错位的宽度。在 H 型钢组件未变形的情况下，节点 J-H14-E 仍有 2.5mm 的拼缝错位，这是因为 H 型钢组件与钢管柱壁之间原本就有 2.0mm 的设计间隙。

实际上，节点 J-H14-E 和 J-H14-F 的钢管柱拼缝错位主要由 H 型钢组件在柱内的刚体旋转引起。之所以节点 J-H14-E 的错位宽度小于节点 J-H14-F，是因为其内部 H 型钢组件较长，导致组件的刚体旋转角度减小，进而限制了错位宽度的增大。而节点 J-H08-E 和 J-H08-F 的钢管柱拼缝错位则由 H 型钢组件在柱内的刚体旋转和剪切变形引起。因此，对于采用 H 型钢组件的加强节点，设计合适截面和长度的 H 型钢组件是减小钢管柱拼缝错位的关键。此外，提高 H 型钢组件的加工精度可以减小其与钢管柱之间的安装间隙，降低 H 型钢组件的刚体旋转空间。

综上所述，采用双槽钢组件和 H 型钢组件的加强节点在试验中均出现了上下层钢管柱拼缝错位的现象，但随着组件类型由双槽钢到 H 型钢，组件板厚由 8.5mm 至 14.0mm，拼缝错位宽度逐渐降至 2.5mm，节点破坏模式也由加强组件屈服伴随柱壁屈服转为加强组件屈服伴随钢梁屈服，直至最后为钢梁屈服。基于试验现象，本书建议 T 形方颈单边螺栓连接钢梁-钢管柱加强节点采用外伸 H 型钢组件，并且其截面应具备足够的受弯和受剪承载力，以承担节点域的弯矩和水平剪力。此外，提高 H 型钢组件的加工精度也可减小钢管柱拼缝错位宽度，降低其对结构正常使用极限状态的影响。

4.4　试验数据分析

4.4.1　转角-弯矩关系

本章所有 T 形方颈单边螺栓连接钢梁-钢管柱加强节点在单调荷载下的转角-弯矩关系曲线展示于图 4-13 中。H 型钢组件加强节点的初始刚度和承载力均大于双槽钢加强节点，如图 4-13（a）所示。增大 H 型钢组件的板厚可以提高节点的初始刚度，但不影响其承载力，这是因为节点均发生了钢梁屈服，如图 4-13（b）所示。延长加强组件可以提高节点的初始刚度，其中，延长双槽钢组件还可提高节点的承载力，如图 4-13（a）和（b）所示。

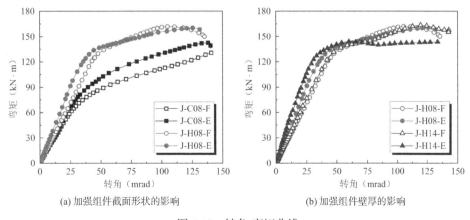

(a) 加强组件截面形状的影响　　　　(b) 加强组件壁厚的影响

图 4-13　转角-弯矩曲线

本章所有加强节点的转角-弯矩曲线特征值列于表 4-4 中。与节点 J-C08-F 相比，节点 J-C08-E 的初始刚度、屈服弯矩、峰值弯矩和极限弯矩分别提高 11.0%、21.9%、9.1%和 4.1%。这表明延长双槽钢组件可以提高节点的初始刚度和承载力。对于 H 型钢组件加强节点，节点 J-H08-E 的屈服弯矩和极限弯矩与节点 J-H08-F 相近，初始刚度和极限弯矩分别提高 28.6%和 4.1%。这意味着延长 H 型钢组件可以提高节点的初始刚度，但是对承载力的影响弱于相同板厚的双槽钢组件。这是因为延长双槽钢组件可以增加节点受弯截面数量，进而使节点承载力获得提高，而延长 H 型钢组件却不会改变其只有 1 个受弯截面的现状，如图 4-7～图 4-10 所示。总之，延长加强组件不一定可以提高节点的承载力，但是可以使节点的初始刚度提高 11.0%～44.6%。

转角-弯矩曲线特征值 表 4-4

试件	$S_{j,ini}$ （kN·m/mrad）	M_y （kN·m）	M_p （kN·m）	M_u （kN·m）	θ_y （mrad）	θ_p （mrad）	θ_u （mrad）	生命周期系数	
								C_s	C_d
J-C08-F	2.374	82.60	130.64	130.64	42.80	142.02	142.02	1.582	3.318
J-C08-E	2.636	100.70	142.50	136.01	49.56	139.59	139.96	1.415	2.824
J-H08-F	2.856	131.85	161.65	148.48	50.02	107.16	135.39	1.226	2.707
J-H08-E	3.673	131.47	160.04	154.59	42.25	125.23	132.50	1.217	3.136
J-H14-F	3.089	131.27	163.17	154.86	47.24	119.11	141.81	1.243	3.002
J-H14-E	4.467	129.37	143.43	143.04	35.07	59.46	134.92	1.109	3.847

与节点 J-C08-F 和 J-C08-E 相比，节点 J-H08-F 和 J-H08-E 的初始刚度分别提高 20.3%和 39.3%，屈服弯矩分别提高 59.6%和 30.6%，峰值弯矩分别提高 23.7%和 12.3%，极限弯矩提高 13.7%。这表明在板厚相同的情况下，H 型钢组件对节点的加强效率优于双槽钢组件。与节点 J-H08-F 相比，节点 J-H14-F 的初始刚度提高 8.2%，屈服弯矩相近，峰值弯矩和极限弯矩分别提高 0.9%和 4.3%。与节点 J-H08-E 相比，节点 J-H14-E 的初始刚度提高 21.6%，屈服弯矩相近，峰值弯矩和极限弯矩分别降低 10.4%和 7.5%。可见加厚 H 型钢组件可以提高节点的初始刚度，但是节点的屈服弯矩几乎不受影响。之所以出现峰值承载力和极限承载力下降的现象，是因为这两项参数在很大程度上受钢梁翼缘和腹板屈曲影响，而屈曲临界值对构件的初始缺陷较为敏感。因此，节点 J-H14-E 较 J-H14-F 和 J-H08-E 出现的峰值承载力和极限承载力下降可能由钢梁的初始几何缺陷引起。

除转角-弯矩关系曲线特征值外，各试验节点的强屈比系数 C_s 和延性系数 C_d 的柱状分布如图 4-14 所示。从图 4-14 中可以看出，双槽钢组件加强节点的强屈比系数分布于 1.415～1.582 范围内，大于 H 型钢组件加强节点的 1.109～1.243。这是因为 H 型钢组件加强节点均出现了钢梁屈服，此类破坏下节点的峰值承载力和屈服承载力相差较小，节点强度储备一般较低。此外，与节点 J-H08-F 和 J-H14-F 相比，节点 J-H08-E 和 J-H14-E 的延性系数分别提高 15.8%和 28.1%，因此本书推荐采用外伸 H 型钢组件对节点进行加强。

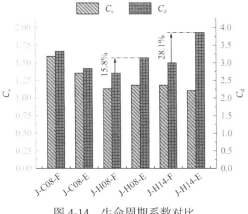

图 4-14　生命周期系数对比

4.4.2　节点分类

本书根据欧洲规范 Eurocode 3: Part 1-8[145]推荐的钢结构连接分类准则对本章的加强节点进行了分类。基于节点初始刚度和峰值强度的连接分类准则列于表 2-5 中。T 形方颈单边螺栓连接钢梁-钢管柱加强节点在单调荷载下的节点分类结果如图 4-15 所示。可见，本章所有加强节点均为半刚性连接，其中双槽钢组件加强节点 J-C08-F 和 J-C08-E 在加载后期勉强达到全强度连接，而所有 H 型钢组件加强节点均在节点屈服前就已达到全强度连接，如图 4-15 所示。

通过设置加强组件，T 形方颈单边螺栓连接钢梁-钢管柱节点由本书第 2.4.2 节半刚性部分强度连接转为半刚性全强度连接，在保证半刚性连接的基础上，提高了节点承载力，符合螺栓连接节点的目标类型。

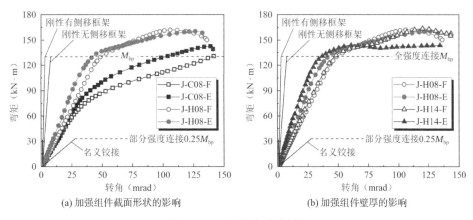

(a) 加强组件截面形状的影响　　　　　　　(b) 加强组件壁厚的影响

图 4-15　试验节点分类结果

4.4.3　转角-应变关系

本章试验节点关键部位的应变监测方案如图 4-6 所示。1～5 号应变片用来监测钢梁和端板加劲肋的应变发展，其输出结果如图 4-16 所示。其中 2 号和 3 号应变片布置于钢梁拉翼缘表面，输出正值。对于双槽钢组件加强节点 J-C08-F 和 J-C08-E，2 号和 3 号应变片的输出值随节点位移的施加平缓增大，但最终未超过 $6000\mu\varepsilon$，如图 4-16（a）和（b）所示。而采用 H 型钢组件的节点 J-H08-F 和 J-H08-E 的 2 号和 3 号应变片输出存在陡增现象，最終超越 6000με，如图 4-16（c）和（d）所示。2 号和 3 号应变片输出值陡增现象在节点 J-H14-F 和 J-H14-E 中也有出现，并且出现的时间更早，如图 4-16（e）和（f）所示。其实，H 型钢组件加强节点出现钢梁拉翼缘应变陡增现象是钢梁翼缘屈曲快速发展所致，双槽钢组件加强节点就不曾出现此类情况。此外，对于同样布置于钢梁拉翼缘的 1 号应变片却输出负值的现象，可能是布置点靠近端板加劲肋根部的复杂应力场导致的。

4 号和 5 号应变片分别布置于受拉和受压端板加劲肋表面，且与钢梁轴向夹角 45°。其中，节点 J-C08-F 和 J-C08-E 的 4 号应变片输出绝对值大于 5 号应变片，而节点 J-H08-F、J-H08-E、J-H14-F 和 J-H14-E 则相反，如图 4-16 所示。这意味着 H 型钢组件替换双槽钢组件会使节点的旋转中心向受拉区一侧偏移。

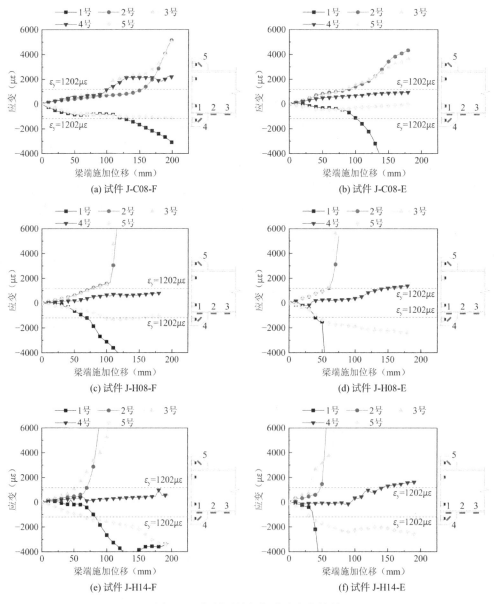

图 4-16　钢梁及端板加劲肋应变结果

84

　　6 号、7 号和 8 号应变片布置于下层钢管柱 3 排螺栓高度处的倒角表面，目的是捕捉肉眼无法识别的钢管柱变形。各试件钢管柱倒角处应变发展如图 4-17 所示。可见，3 枚应变片的输出值均为负值，这是因为钢管柱倒角的外表面在其连接面外凸变形趋势下表现为挤压变形。对于所有节点，7 号应变片的输出绝对值大于 8 号应变片。究其原因，在于端板加劲肋的设置避免了受拉区端板变形，提高了端板最外排螺栓的受力。此外，对于节点 J-C08-F、J-C08-E、J-H08-F、J-H08-E 和 J-H14-F，3 枚应变片在试验后期的输出绝对值均有 7 号 > 8 号 > 6 号的规律，但是在节点 J-H14-E 中并不适用，如图 4-17 所示。这是因为节点 J-H14-E 中 14mm 板厚的外伸 H 型钢组件没有变形，加强组件范围内钢管柱倒角应变值相近，并且没有超过屈服应变 1611με。因此从钢管柱应变来看，设计有足够受弯、受剪承载力的外伸 H 型钢组件可确保钢管柱处于弹性工作阶段，即使是对于倒角处。

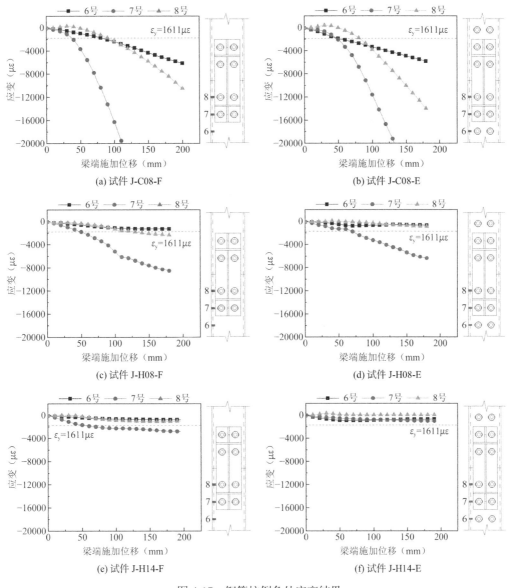

图 4-17　钢管柱倒角处应变结果

　　9 号、10 号、11 号和 12 号应变片布置于钢管柱背侧，其输出值曲线如图 4-18 所示。对于双槽钢组件加强节点，9～12 号应变片的输出值未超过钢管柱壁屈服应变 1611με，如图 4-18（a）和（b）所示。因此，即使节点 J-C08-F 和 J-C08-E 的钢管柱连接面发生大变形，其背侧也没有进入屈服状态。这表明双槽钢组件无法将钢管柱连接面荷载有效传递至背侧。对于节点 J-H08-F 和 J-H14-F，11 号应变片的输出值表明其所处位置在试验后期进入了屈服阶段，而其他 3 处则始终为弹性阶段，如图 4-18（c）和（e）所示。这是因为 11 号应变片处于内部平齐 H 型钢组件末端，可能会有应力集中现象出现。比较各节点钢管柱背侧应变幅值可以发现外伸 H 型钢组件能有效连接钢管柱连接面和背侧，使其共同承担钢梁端部传来的弯矩和水平剪力，提高节点承载能力。

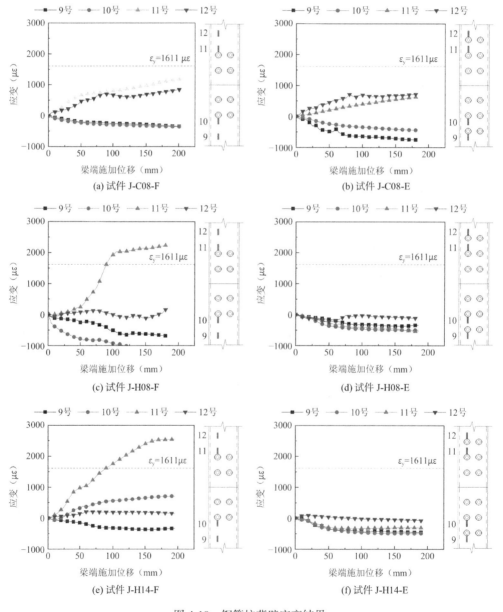

图 4-18　钢管柱背壁应变结果

13 号、14 号、15 号和 16 号应变片布置于与钢梁连接一侧的槽钢腹板和 H 型钢翼缘内表面，用于监测加强组件的变形情况，其输出值曲线如图 4-19 所示。对于采用平齐加强组件的节点 J-C08-F、J-H08-F 和 J-H14-F，布置于节点受拉区的 13 号和 14 号应变片输出值超出了槽钢组件和 H 型钢组件的屈服应变 1729με、1272με 和 1434με，如图 4-19（a）、（c）和（e）所示。而对于采用外伸加强组件的节点 J-C08-E、J-H08-E 和 J-H14-E，除 13 号和 14 号应变片输出值达到钢材屈服应变外，位于加强组件受压区的 16 号测点也进入了屈服状态，如图 4-19（b）、（d）和（f）所示。究其原因，在于外伸加强组件较平齐组件额外设置有两排螺栓孔并与钢管柱相连，此时外伸加强组件受压区会在第一排螺栓内侧受到来自加劲端板的压力并产生应力集中。此外，H 型钢组件的应变绝对值小于双槽钢组件，并且延长或加厚 H 型钢组件可以进一步降低其应力水平。

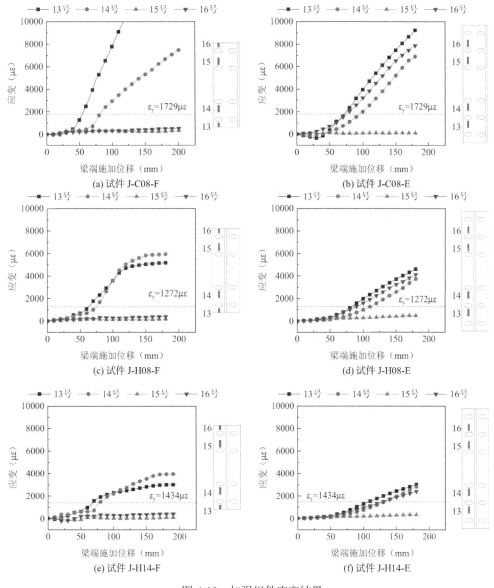

图 4-19　加强组件应变结果

4.4.4 对比无加强节点试验结果

为了对双槽钢组件和 H 型钢组件加强 T 形方颈单边螺栓连接钢梁-钢管柱节点在单调荷载下的静力性能进行准确的评估，本节将加强节点的破坏模式、转角-弯矩关系曲线以及曲线特征值与第 2 章无加强节点 T-V-S 进行对比，总结了两类组件对节点力学性能的强化系数。

本章加强节点与第 2 章无加强节点 T-V-S 在单调荷载下的破坏模式对比列于表 4-5 中。从表 4-5 中可以看出，加强组件的应用使节点成功避免了栓孔冲切破坏。其中双槽钢组件由于抗弯截面模量较小且无法有效带动钢管柱背侧受力，因此仍无法避免钢管柱壁变形。相比之下，同样板厚的 H 型钢组件不仅避免了栓孔冲切破坏，还避免了钢管柱壁变形。而且，延长或加厚 H 型钢组件可以实现"强柱弱梁"的设计目标。因此，本书建议 T 形方颈单边螺栓连接钢梁-钢管柱加强节点采用外伸 H 型钢组件，并且其截面应具备足够的受弯和受剪承载力以承担节点域的弯矩和水平剪力。

加强节点与无加强节点在单调荷载下破坏模式对比　　　　　表 4-5

试件		破坏模式	加强节点破坏模式改善
无加强节点	T-V-S	柱壁屈服 + 栓孔冲切	—
加强节点	J-C08-F	柱壁屈服 + 加强组件屈服	避免栓孔冲切
	J-C08-E	柱壁屈服 + 加强组件屈服	避免栓孔冲切
	J-H08-F	钢梁屈服 + 加强组件屈服	避免栓孔冲切 + 柱壁屈服
	J-H08-E	钢梁屈服 + 加强组件屈服	避免栓孔冲切 + 柱壁屈服
	J-H14-F	钢梁屈服	避免栓孔冲切 + 柱壁屈服 + 加强组件变形
	J-H14-E	钢梁屈服	避免栓孔冲切 + 柱壁屈服 + 加强组件变形

本章加强节点和第 2 章无加强节点 T-V-C 在单调荷载下的转角-弯矩关系曲线对比如图 4-20 所示。与无加强节点 T-V-S 相比，平齐组件加强节点的初始刚度均出现了不同程度下降，其中双槽钢组件加强节点 J-C08-F 在相同位移下的承载力也出现了下降，而 H 型钢组件加强节点 J-H08-F 和 J-H14-F 的承载力得到了提高，如图 4-20（a）所示。此外，与无加强节点相比，外伸组件加强节点的承载力得到了提高，其中外伸 H 型钢组件加强节点的初始刚度也得到不同程度的改善，如图 4-20（b）所示。除刚度和承载力外，加强组件还提高了所有节点的变形能力。

表 4-6 对比了本章加强节点和第 2 章无加强节点 T-V-S 的转角-弯矩关系曲线特征值。表中节点性能强化系数 $\gamma_{S,S}$、$\gamma_{S,My}$、$\gamma_{S,Mp}$、$\gamma_{S,Mu}$、$\gamma_{S,\theta y}$、$\gamma_{S,\theta p}$、$\gamma_{S,\theta u}$、$\gamma_{S,Cs}$ 和 $\gamma_{S,Cd}$ 分别表示加强节点与无加强节点的初始刚度比、屈服弯矩比、峰值弯矩比、极限弯矩比、屈服转角比、峰值转角比、极限转角比、强屈比系数比和延性系数比。

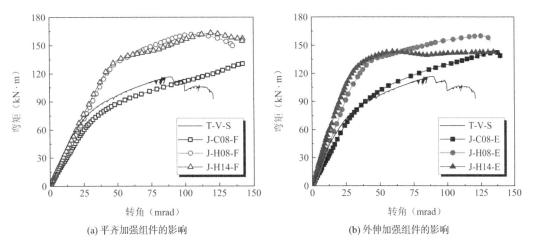

(a) 平齐加强组件的影响　　　　　　　　　(b) 外伸加强组件的影响

图 4-20　对比无加强节点的转角-弯矩曲线

加强节点与无加强节点在单调荷载下曲线特征值对比　　　　　　　表 4-6

试件	$\gamma_{S,S}$	$\gamma_{S,My}$	$\gamma_{S,Mp}$	$\gamma_{S,Mu}$	$\gamma_{S,\theta y}$	$\gamma_{S,\theta p}$	$\gamma_{S,\theta u}$	$\gamma_{S,Cs}$	$\gamma_{S,Cd}$
T-V-S	1.000	1.000	1.000	1.000	1.000	1.000	1.000	1.000	1.000
J-C08-F	0.694	1.081	1.116	1.116	1.541	1.585	1.575	1.033	1.022
J-C08-E	0.711	1.318	1.217	1.162	1.784	1.557	1.552	0.924	0.870
J-H08-F	0.835	1.726	1.381	1.268	1.801	1.195	1.501	0.800	0.834
J-H08-E	1.074	1.721	1.367	1.321	1.521	1.397	1.469	0.794	0.966
J-H14-F	0.903	1.718	1.394	1.323	1.701	1.329	1.573	0.811	0.925
J-H14-E	1.306	1.693	1.225	1.222	1.262	0.663	1.496	0.724	1.185

从表 4-6 中可以发现双槽钢组件加强节点 J-C08-F 和 J-C08-E 的初始刚度较无加强节点 T-V-S 降低 28.9%～30.6%，屈服弯矩、峰值弯矩、极限弯矩和极限转角分别提高 8.1%～31.8%、11.6%～21.7%、11.6%～16.2% 和 55.2%～57.5%。之所以加强节点 J-C08-F 和 J-C08-E 的初始刚度出现下降，是因为节点钢管柱被从中部断开，钢管柱的抗弯刚度转由加强组件提供。

采用平齐 H 型钢组件的节点 J-H08-F 的初始刚度较无加强节点下降 16.5%，而采用外伸 H 型钢组件则会令节点的初始刚度提升 7.4%。与双槽钢组件相比，H 型钢组件对节点初始刚度的削弱程度下降，甚至还会有所改善。这是因为 H 型钢组件减小了上下层钢管柱拼缝错位宽度，而延长 H 型钢组件进一步限制了拼缝错位的发展，如图 4-7、图 4-8、图 4-9 和图 4-10 所示。此外，H 型钢组件还能使节点的屈服弯矩、峰值弯矩、极限弯矩和极限转角分别提高 72.1%～72.6%、36.7%～38.1%、26.8%～32.1% 和 46.9%～50.1%。与双槽钢组件相比，H 型钢组件对节点承载力的提升幅度更大。此外，根据表 4-6 中的数据，加厚或延长 H 型钢组件可以使节点的初始刚度进一步提高，但是对节点承载力和变形能力的影响较小。这是因为 H 型钢组件加强节点都发生了钢梁屈服。

图 4-21 为本章所有加强节点性能强化系数散点分布图。可以发现，H 型钢组件可以改

善节点的力学性能,其中对节点屈服弯矩的提高程度最大,之后依次是极限转角、峰值弯矩、初始刚度和延性系数。不过 H 型钢组件也可能会削弱节点的其他性能,例如强屈比系数降低 18.9%～27.6%。

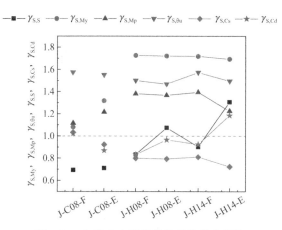

图 4-21　加强节点性能强化系数分布规律

4.5　本章小结

　　本章对 2 个双槽钢组件加强节点和 4 个 H 型钢组件加强节点开展了单调荷载下的静力性能试验,探讨了加强组件类型、组件长度和连接面厚度对节点结构响应的影响。研究了 T 形方颈单边螺栓连接钢梁-钢管柱加强节点的破坏模式、转角-弯矩关系、关键部位转角-应变关系、各部位屈服顺序等,揭示了此类节点的工作及破坏机理。通过与无加强节点的破坏模式和各项静力性能参数进行对比,对钢管柱内置加强组件措施进行全面评估。本章主要结论如下:

　　(1)试验共出现 3 种破坏模式,分别是双槽钢组件加强节点发生的加强组件屈服伴随柱壁屈服破坏、H 型钢组件加强节点发生的加强组件屈服伴随钢梁屈服破坏和加厚 H 型钢组件加强节点发生的钢梁屈服破坏。此外,所有加强节点均出现上下层钢管柱拼缝错位现象,但随着组件类型由双槽钢变为 H 型钢,组件板厚由 8.5mm 增至 14.0mm,拼缝错位宽度逐渐降至 2.5mm。而且,提高 H 型钢组件的加工精度也可减小钢管柱拼缝错位宽度,降低其对结构正常使用极限状态的影响。

　　(2)与双槽钢组件加强节点相比,H 型钢组件加强节点的初始刚度、屈服弯矩、峰值弯矩和极限弯矩分别提高 20.3%～39.3%、30.6%～59.6%、12.3%～23.7% 和 13.7%。因此,在连接面板厚相同的情况下,H 型钢组件对节点的加强效率优于双槽钢组件。而且,加厚或延长 H 型钢组件可以使节点的初始刚度进一步提高,但是在本章中对节点承载力和变形能力的影响较小。

　　(3)通过设置加强组件,T 形方颈单边螺栓连接钢梁-钢管柱节点由半刚性部分强度连接转为半刚性全强度连接,在保证半刚性连接的基础上,提高了节点承载力,符合螺栓连接节点的目标类型。

（4）从破坏模式来看，加强组件的应用使节点成功避免了栓孔冲切破坏，其中双槽钢组件仍无法避免钢管柱壁变形。相比之下，同样板厚的 H 型钢组件不仅避免了栓孔冲切破坏，还避免了钢管柱壁变形。从力学性能来看，双槽钢组件会降低节点的初始刚度，提高节点的屈服弯矩、峰值弯矩、极限弯矩和极限转角。H 型钢组件对节点屈服弯矩的提高程度最大，之后依次是极限转角、峰值弯矩、初始刚度和延性系数。不过 H 型钢组件也可能会削弱节点的其他性能，例如强屈比系数降低了 18.9%～27.6%。

（5）本章建议 T 形方颈单边螺栓连接钢梁-钢管柱加强节点采用外伸 H 型钢组件，并且其截面应具备足够的受弯和受剪承载力以承担节点域的弯矩和水平剪力。

第 5 章

T形方颈单边螺栓连接钢梁-方钢管柱
加强节点低周往复荷载试验研究

5.1 概 述

本书第 4 章针对 T 形方颈单边螺栓连接钢梁-钢管柱加强节点在单调荷载下的静力性能研究表明，H 型钢组件可以避免钢管柱壁变形及栓孔冲切破坏，有效连接上下层钢管柱，带动钢管柱四壁协同受力，具有良好的结构静力性能。为进一步研究此类加强措施在实际工程中应用的可行性，本章对 4 个 H 型钢组件加强节点开展了低周往复荷载下的抗震性能试验研究，探讨了 H 型钢组件的长度和板件厚度对节点抗震性能的影响。试验主要研究了 H 型钢组件加强节点在低周往复荷载下的破坏模式、转角-弯矩滞回关系、转角-弯矩骨架曲线、转动能力与延性、强度退化、刚度退化、耗能能力、关键部位转角-应变关系、各部位屈服顺序等。通过对比加强节点和无加强节点在低周往复荷载下的各项抗震性能参数，对 H 型钢组件加强方式的抗震性能进行综合评估，提出 H 型钢组件加强节点性能强化系数。

本章共包含 3 个部分：（1）从试件设计、加载装置、加载制度以及测量方案等方面对试验方案进行介绍；（2）阐述节点的试验现象和破坏模式，总结归纳组件长度和组件连接面厚度对节点破坏模式的影响规律；（3）与本书第 3 章无加强节点在低周往复荷载下的各项抗震性能参数进行对比，结合第 4 章加强节点性能强化系数对 H 型钢组件加强方式进行全面评估。

5.2 试验概况

5.2.1 试件设计

本章共设计了 4 个采用 H 型钢组件的 T 形方颈单边螺栓连接钢梁-钢管柱加强节点，其中 H 型钢组件采用 10mm 和 14mm 两种板厚，480mm 和 680mm 两种长度。除 H 型钢组件的板厚和长度不同外，试件其余的几何参数均相同。钢管柱采用 200mm × 200mm × 10mm 截面，倒角外半径 20mm，上下层柱高均为 600mm；钢梁采用 300mm × 150mm × 6.5mm × 9mm 截面，长度为 1590mm；端板截面为 480mm × 150mm，厚度为 14mm；螺栓采用 M20 T 形方颈单边螺栓。各试验节点的关键几何参数汇总于表 5-1 中。表中试件命名规则为"J-H 型钢组件板厚-H 型钢组件长度"，其中"F"和"E"分别代表 480mm 长的平齐组件和 680mm 长的外伸组件，命名规则与第 4 章相同。

试件信息汇总　　　　表 5-1

试件	钢管柱（mm）	钢梁（mm）	加强组件			螺栓	
			截面	长度（mm）	壁厚（mm）	类型	数量
J-H10-F	200×200×10	300×150×6.5×9	H 型钢	480	10	T 形方颈单边螺栓	16
J-H10-E	200×200×10	300×150×6.5×9	H 型钢	680	10	T 形方颈单边螺栓	24
J-H14-F	200×200×10	300×150×6.5×9	H 型钢	480	14	T 形方颈单边螺栓	16
J-H14-E	200×200×10	300×150×6.5×9	H 型钢	680	14	T 形方颈单边螺栓	24

本章各试件的节点详图绘于图 5-1 中。其中板厚 10mm 和 14mm 的 H 型钢组件截面分别为 178mm×160mm×10mm×10mm 和 178mm×160mm×14mm×14mm，与钢管柱之间设计有 −2mm 的公差。此外，本章所有试件采用的 T 形方颈单边螺栓的构造及尺寸如图 5-2 所示。

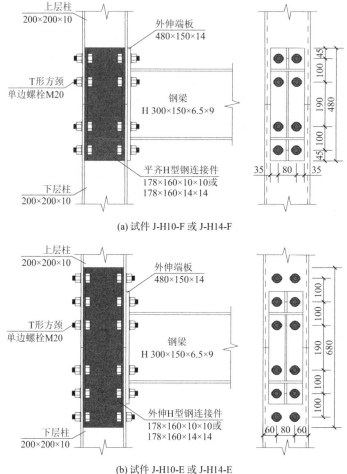

(a) 试件 J-H10-F 或 J-H14-F

(b) 试件 J-H10-E 或 J-H14-E

图 5-1　试件构造及尺寸（单位：mm）

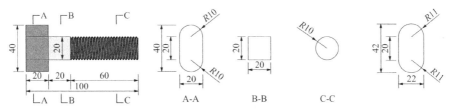

图 5-2　本章所采用 T 形方颈单边螺栓及其安装孔的尺寸（单位：mm）

5.2.2　试件材性

本章试验节点各部件钢材的材料力学性能参数按照国家标准《金属材料 拉伸试验 第 1 部分室温试验方法》GB/T 228.1—2021[151]执行取样并通过标准拉伸试验获得，所得钢材的屈服强度、极限强度和弹性模量汇总于表 5-2 中。

试件材料特性汇总　　　　　　　　　　　　　　　　表 5-2

型材	取样部位	实测厚度/直径（mm）	屈服强度（MPa）	极限强度（MPa）	弹性模量（MPa）
板材	钢管壁	10.02	341.73	422.60	1.94×10^5
	梁翼缘	9.06	276.38	436.03	1.98×10^5
	梁腹板	6.52	288.21	428.28	1.96×10^5
	外伸端板	14.02	305.34	391.12	1.97×10^5
	H 型钢翼缘	9.86	350.89	417.25	1.92×10^5
	H 型钢翼缘	13.92	337.03	389.39	1.99×10^5
棒材	T 形方颈单边螺栓	20.02	740.11	833.53	1.98×10^5
	加载装置预应力杆	19.86	940.06	1120.11	2.01×10^5

5.2.3　测量方案

本章针对 T 形方颈单边螺栓连接钢梁-钢管柱加强节点低周往复荷载试验的加载装置和加载制度与本书第 3 章无加强节点相同，如图 3-3 和图 3-4 所示。

试验过程中实时记录各节点的试验现象，采集节点位移数据和荷载信息。节点位移测量通过倾角仪和 LVDT 完成，各传感器布置如图 5-3 所示。其中倾角仪 I1 和直线式位移计 L1 测量钢梁转角，直线式位移计 L2 和 L3 测量钢管柱转角。此外，节点承受荷载信息通过作动器内部集成的荷载传感器输出。

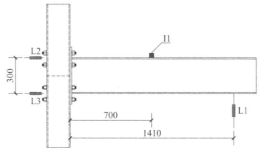

I1—布置于钢梁上表面的倾角仪；L1—布置于钢梁下表面的线性可变差动变压器（LVDT）；
L2、L3—布置于钢管柱背面的 LVDT。

图 5-3　位移测量方案（单位：mm）

5.3 试验现象

本章采用 H 型钢组件的 T 形方颈单边螺栓连接钢梁-钢管柱加强节点在低周往复荷载下的破坏模式汇总于表 5-3 中。共有 3 种破坏模式出现，分别是节点 J-H10-F 和 J-H10-E 发生的加强组件端板屈服伴随梁翼缘断裂、节点 J-H14-F 发生的端板屈服伴随螺栓断裂、节点 J-H14-E 发生的端板屈服伴随梁翼缘断裂。

试件破坏模式汇总　　　　　　　　　　表 5-3

试件	柱壁	螺栓孔	螺栓	端板	钢梁	加强组件	破坏模式
J-H10-F	无变形	完好	弯曲	屈服	翼缘断裂	屈服	加强组件端板屈服伴随翼缘断裂
J-H10-E	无变形	完好	弯曲	屈服	翼缘断裂	屈服	加强组件端板屈服伴随翼缘断裂
J-H14-F	无变形	完好	断裂	屈服	无变形	小变形	端板屈服伴随螺栓断裂
J-H14-E	无变形	完好	弯曲	屈服	翼缘断裂	无变形	端板屈服伴随梁翼缘断裂

对于采用 10mm 板厚平齐 H 型钢组件的节点 J-H10-F，当钢梁端部施加位移达到 30mm 时，节点的主要变形表现为端板的轻微弯曲和上下层钢管柱拼缝处 1.5mm 宽的错位。随着施加级荷载的增大，钢梁翼缘外侧的端板弯曲变形持续发展，上下层钢管柱拼缝错位不断变大。直到钢梁端部位移在第 1 次负向加载下达到 $5.0\Delta_y$ 时，钢梁下翼缘与端板焊缝的根部出现脆性断裂，断口位于钢梁翼缘，如图 5-4（a）所示。钢梁翼缘发生脆性断裂的原因是翼缘与端板之间的焊缝削弱了其热影响区内钢材的延性，增大了脆性，使其在循环荷载下发生脆性断裂的概率增加。这与本书第 3 章无加强节点在低周往复荷载下发生的端板断裂原因一致。不同之处在于无加强节点脆断发生于端板外伸部分，而加强节点脆断则发生于钢梁翼缘。这是因为钢管柱内的 H 型钢组件限制了柱壁变形，进而约束端板塑性铰线的发展，减小其塑性损伤的累积。

当节点 J-H10-F 破坏时，上下层钢管柱拼缝错位宽度达到 6.0mm，这主要来自于 H 型钢组件变形和组件的安装间隙，如图 5-4（b）和（d）所示。虽然节点的端板发生了弯曲变形，但是上下层钢管柱并无明显的变形迹象，如图 5-4（c）所示，这与本书第 4 章的 H 型钢组件加强节点在单调荷载下的结果相同。

此外，节点 J-H10-F 钢梁连接侧的 T 形方颈单边螺栓栓杆发生弯曲变形，如图 5-4（e）所示。与本书第 2 章、第 3 章和第 4 章各节点的破坏模式对比后可以发现，此类连接中栓杆弯曲变形的必要条件为端板弯曲变形，且螺栓孔采用横向布置方案，如图 3-9 和图 4-12 所示。事实上，这种现象不仅在 T 形方颈单边螺栓连接节点中存在，传统螺栓连接节点发生端板大变形时也会出现栓杆弯曲变形，例如在尤洋[161]、Zhang 等[162]、Faralli 等[163]和 Tartaglia 等[164]的研究中有相关试验现象的展示。

试件 J-H10-E 的破坏模式与 J-H10-F 相同，试验过程中的现象同样以端板弯曲变形和上下层钢管柱拼缝错位为主。当节点 J-H10-E 钢梁端部施加位移达到 153mm（$6.0\Delta_y$ 第 1 次正向加载）时，钢梁上翼缘与端板焊接处发生断裂，断面位置与节点 J-H10-F 相同，如图 5-5

（a）所示。节点 J-H10-E 破坏时，上下层钢管柱拼缝错位宽度达到 7.0mm，超过节点 J-H10-F 破坏时的 6.0mm，如图 5-4（b）和图 5-5（b）所示。除此之外，节点 J-H10-E 钢梁、端板、上下层钢管柱、H 型钢组件以及 T 形方颈单边螺栓的变形情况均与节点 J-H10-F 相同，如图 5-4 和图 5-5 所示。

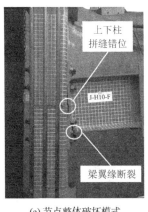
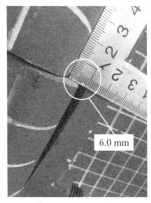

（a）节点整体破坏模式　　　　（b）上下柱拼缝错位　　　　（c）钢管柱完好梁翼缘断裂

（d）H 型钢组件变形　　　　　　　　　　　　（e）T 形方颈单边螺栓变形

图 5-4　试件 J-H10-F 破坏模式

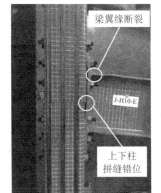
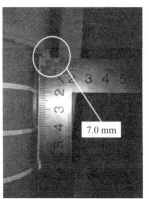

（a）节点整体破坏模式　　　　（b）上下柱拼缝错位　　　　（c）钢管柱完好梁翼缘断裂

（d）H 型钢组件变形　　　　　　　　　　　　（e）T 形方颈单边螺栓变形

图 5-5　试件 J-H10-E 破坏模式

采用 14mm 板厚平齐 H 型钢组件的节点 J-H14-F 发生了端板屈服伴随螺栓断裂的破坏模式，如图 5-6 所示。在螺栓断裂之前，节点 J-H14-F 的试验现象与节点 J-H10-F 相似。直到钢梁端部第 1 次正向施加 $5.0\Delta_y$ 级荷载的过程中，节点分别于 107mm 和 125mm 位移发出巨响，随后节点承载力显著下降，表明螺栓断裂发生于这两个时刻。断裂的 2 个 T 形方颈单边螺栓处于钢梁翼缘内侧同排位置，如图 5-6（a）所示。在本章所有试件节点中，仅有节点 J-H14-F 发生了螺栓断裂现象，这可能是因为用于此节点的 T 形方颈螺栓存在初始缺陷。节点 J-H14-F 破坏后，上下层钢管柱拼缝错位宽度为 6.5mm，主要由 H 型钢组件与钢管柱之间的间隙导致，如图 5-6（b）所示。与节点 J-H10-F 相比，节点 J-H14-F 的钢梁翼缘没有发生脆性断裂，平齐 H 型钢组件没有出现剪切变形，显然前者是因为螺栓断裂已经发生，后者则因为 H 型钢组件板厚增大。

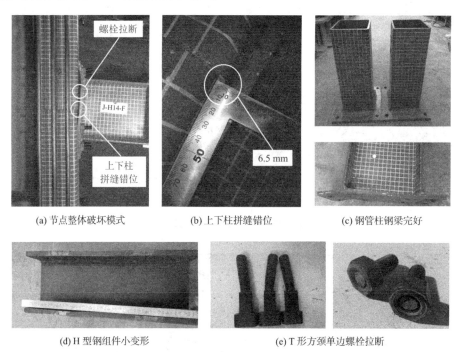

(a) 节点整体破坏模式　　　　(b) 上下柱拼缝错位　　　　(c) 钢管柱钢梁完好

(d) H 型钢组件小变形　　　　(e) T 形方颈单边螺栓拉断

图 5-6　试件 J-H14-F 破坏模式

节点 J-H14-E 采用 14mm 板厚外伸 H 型钢组件，发生端板屈服伴随梁翼缘断裂破坏，如图 5-7 所示。试验过程中，节点 J-H14-E 的试验现象与节点 J-H10-F、J-H10-E 和 J-H14-F 不同，即上下层钢管柱拼缝错位不再是节点的主要试验现象。节点 J-H-E14 在第 1 次负向施加 $4.0\Delta_y$ 级荷载过程中发生钢梁下翼缘断裂，破坏时钢梁端部位移为 65mm。在节点 J-H-E14 破坏之前，钢管柱拼缝最大错位宽度仅为 1.5mm，远小于节点 J-H10-F 的 6.0mm、节点 J-H10-E 的 7.0mm 和节点 J-H14-F 的 6.5mm。除端板弯曲变形和钢梁翼缘断裂外，上下层钢管柱和 H 型钢组件没有变形，如图 5-7（b）和（c）所示。此外，图 5-7（d）所示节点 J-H-E14 的 T 形方颈单边螺栓验证了本书对螺栓杆弯曲变形机理的解释，其中栓杆无变形的螺栓来自节点背侧，栓杆弯曲变形的螺栓来自节点连接侧。可见，正是端板弯曲变形导致螺栓杆弯曲。

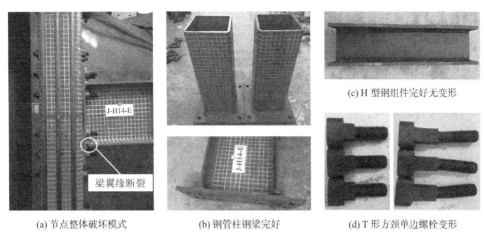

(a) 节点整体破坏模式　　　　(b) 钢管柱钢梁完好　　　　(c) H 型钢组件完好无变形

(d) T 形方颈单边螺栓变形

图 5-7　试件 J-H14-E 破坏模式

综上所述，H 型钢组件加强节点在低周往复荷载下不会出现栓孔冲切破坏，也不会发生柱壁变形，试验现象主要表现为上下层钢管柱拼缝错位和钢梁翼缘脆性断裂。其中上下层钢管柱拼缝错位由 H 型钢组件的剪切变形和其与钢管柱之间的安装间隙引起。因此，H 型钢组件的截面设计应使其具备足够的受弯和受剪承载力，并且建议其长度取外伸类型。

5.4　试验数据分析

5.4.1　转角-弯矩滞回曲线

本章 4 个采用 H 型钢组件的 T 形方颈单边螺栓连接钢梁-钢管柱加强节点在低周往复荷载下的转角-弯矩滞回曲线如图 5-8 所示。图中节点弯矩M为钢梁端部施加荷载F与加载点至钢管柱连接面的距离L_{bc}的乘积，节点转角θ为钢梁和钢管柱的相对转角。

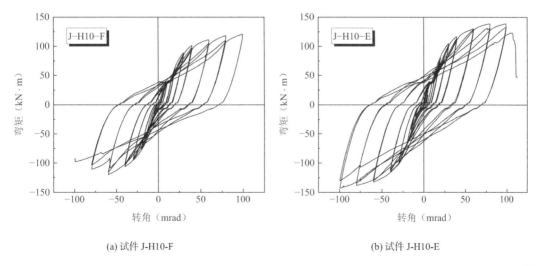

(a) 试件 J-H10-F　　　　　　　　　　(b) 试件 J-H10-E

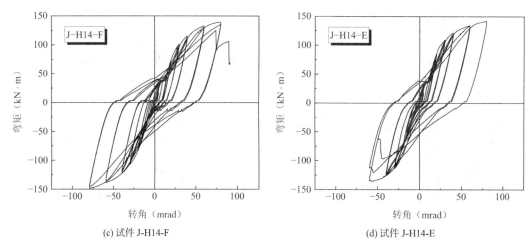

(c) 试件 J-H14-F   (d) 试件 J-H14-E

图 5-8 转角-弯矩滞回曲线

可以看出，4 个加强节点的转角-弯矩滞回曲线均为典型的"弓形"，存在一定程度的捏缩效应。这是因为上下层钢管柱不连续，且钢管柱与 H 型钢组件之间存在间隙。此外，相较于采用 10mm 板厚平齐 H 型钢组件的节点 J-H10-F，采用外伸 H 型钢组件的节点 J-H10-E 和加厚 H 型钢组件的节点 J-H14-F 具有更大的刚度和承载力。

5.4.2 转角-弯矩骨架曲线

根据行业标准《建筑抗震试验规程》JGJ/T 101—2015[159]，转角-弯矩骨架曲线是依次连接每级荷载下滞回曲线峰值点形成的包络线，可以直观反映节点在低周往复荷载下的结构性能，便于计算其特征值。本章所有试验节点的转角-弯矩骨架曲线如图 5-9 所示。通过观察 4 个加强节点的转角-弯矩骨架曲线可以发现，节点 J-H14-F 和 J-H14-E 的骨架曲线几乎重合，且刚度和承载力均高于节点 J-H10-F 和 J-H10-E，其中节点 J-H10-E 的刚度和承载力又显著大于节点 J-H10-F。

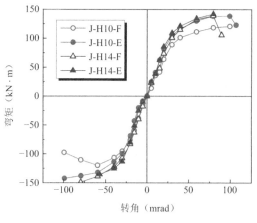

图 5-9 转角-弯矩骨架曲线

通过骨架曲线特征值对 4 个采用 H 型钢组件的 T 形方颈单边螺栓连接钢梁-钢管柱加

强节点在低周往复荷载下抗震性能进行量化评估，各节点详细数据列于表 5-4 中。由于节点正负向加载所得骨架曲线并非完全对称，因此以下关于各节点力学性能的对比分析取双向加载的均值。

与节点 J-H10-F 相比，节点 J-H10-E 不仅在初始刚度、屈服弯矩、峰值弯矩和极限转角方面分别提高了 5.1%、10.0%、16.9% 和 3.6%，而且其强屈比系数和延性系数也分别提高 6.2% 和 3.7%。与节点 J-H14-F 相比，节点 J-H14-E 的初始刚度和屈服强度分别提高 3.9% 和 5.2%，但是峰值弯矩、极限转角、强屈比系数和延性系数却分别降低 3.5%、19.1%、8.2% 和 19.1%。对于 14mm 板厚 H 型钢组件加强节点，延长加强组件反而使节点的部分性能参数下降，这是因为两个节点的破坏模式不同。而且，由于端板与钢梁之间的焊缝均为手工焊，各节点焊缝强度和热影响区范围存在较大差异，这也是导致节点 J-H14-F 和 J-H14-E 破坏模式不同的原因之一。总之，相比于平齐 H 型钢组件，采用外伸 H 型钢组件可以使节点获得更优的力学性能，是本书推荐的加强组件形式。

除延长 H 型钢组件外，加厚组件也可提高节点的力学性能。例如，节点 J-H14-F 的初始刚度、屈服弯矩和峰值弯矩较节点 J-H10-F 分别提高 10.1%、14.4% 和 19.7%，节点 J-H14-E 的初始刚度和屈服弯矩较节点 J-H10-E 分别提高 8.9% 和 10.9%。与延长 H 型钢组件所得试验结果相似，加厚组件的试验结果也显示节点的部分性能参数出现下降。这同样是因为各节点钢梁与端板之间焊缝及其热影响区的力学性能存在较大离散性，而此处正是节点破坏部位。总之，外伸 H 型钢组件的截面设计应使其具备足够的受弯和受剪承载力以承担节点域的弯矩和水平剪力。

骨架曲线特征值　　　　　　　　　　　　　　　　　表 5-4

试件	加载方向	$S_{j,ini}$ (kN·m/mrad)		M_y (kN·m)		M_p (kN·m)		θ_y (mrad)		θ_u (mrad)		生命周期系数	
												C_s	C_d
J-H10-F	+	3.513	3.639	100.08	97.76	120.95	120.43	37.61	34.26	99.33	99.34	1.232	2.900
	−	3.764		95.43		119.91		30.91		99.35			
J-H10-E	+	3.464	3.824	110.95	107.56	138.91	140.74	35.31	34.20	106.77	102.88	1.308	3.008
	−	4.184		104.17		142.57		33.09		98.99			
J-H14-F	+	4.203	4.005	112.28	111.88	139.17	144.15	39.01	35.62	89.38	84.36	1.288	2.368
	−	3.906		111.48		149.12		32.23		79.34			
J-H14-E	+	4.011	4.163	117.96	117.69	142.55	139.11	35.46	35.63	79.45	68.26	1.182	1.916
	−	4.315		117.42		135.67		35.79		57.06			

5.4.3　节点分类

基于欧洲规范 Eurocode 3: Part 1-8[145] 推荐的钢结构连接分类准则，本章的 H 型钢组件加强节点分类结果展示于图 5-10 中。可见，本章所有加强节点均为半刚性连接，其中 10mm 板厚平齐 H 型钢组件加强节点 J-H10-F 为部分强度连接，余节点均为全强度连接，如图 5-10 所示。可见 H 型钢组件的长度和板厚会影响加强节点的分类结果。

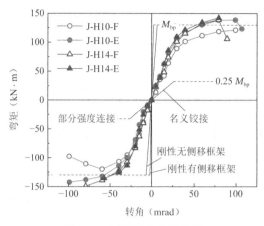

图 5-10　试验节点分类结果

总之，无论是在单调荷载还是低周往复荷载下，钢管柱内设置 H 型钢组件可使 T 形方颈单边螺栓连接钢梁-钢管柱节点由本书第 3.4.3 节的半刚性部分强度连接转为半刚性全强度连接，在保证半刚性连接的基础上，提高了节点承载力，符合螺栓连接节点的目标类型。

5.4.4　转动能力与延性

节点的变形能力和延性是评估其抗震性能的重要指标。表 5-4 中所列节点 J-H10-F、J-H10-E、J-H14-F 和 J-H14-E 的极限转角分别为 99.34mrad、102.88mrad、84.36mrad 和 68.26mrad，均超过了美国抗震设计规范 AISC 358-16[157]规定的 40mrad 和 FEMA-350[160]推荐的 30mrad。而且，与本书第 3 章无加强节点 T-H-V 在低周往复荷载下的极限转角 99.20mrad 相比，采用 10mm 板厚的 H 型钢组件不会削弱节点的变形能力，但是采用 14mm 板厚的 H 型钢组件则会。

图 5-11 为本章 4 个加强节点的极限转角和延性系数柱状分布图。可见，虽然延长 H 型钢组件对节点变形能力和延性的改善较小，但是加厚 H 型钢组件会显著降低这两项参数。具体数据表现为节点 J-H14-F 的极限转角和延性系数较节点 J-H10-F 分别降低 15.1%和 18.3%，并且节点 J-H14-E 较 J-H10-E 也降低 33.7%和 21.3%。

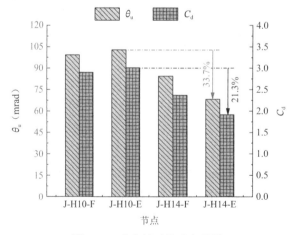

图 5-11　节点转动能力与延性

总之，在钢管柱内设置 H 型钢组件虽然提高了 T 形方颈单边螺栓连接节点在低周往复荷载下的初始刚度和承载力，但是也可能会削弱节点的变形能力和延性。综合本书第 3 章和第 5 章试验结果可以发现，避免节点脆性破坏是提高其变形能力和延性的关键。因此，设置端板加劲肋，避免端板和钢梁翼缘在往复荷载下发生脆性断裂，对于提高节点抗震性能，实现"强柱弱梁"和"强节点弱构件"的设计至关重要。

5.4.5　强度退化

节点的强度退化反映了节点在循环往复加载过程中的强度损伤演化，表现为同级荷载下节点峰值承载力随加载次数增加而降低的现象，一般由强度退化系数量化评估。我国行业标准《建筑抗震试验规程》JGJ/T 101—2015[159]将同级荷载下各滞回环（不包括第一滞回环）峰值荷载与前一滞回环峰值荷载比值的算术平均值定义为本级荷载下试件的强度退化系数，如下式所表达：

$$\lambda_j = \sum_{i=2}^{n_j} \frac{M_j^i}{(n_j-1)M_j^{i-1}} \tag{5-1}$$

式中，λ_j 为节点在第 j 级荷载的强度退化系数，n_j 表示节点在第 j 级荷载的循环次数，M_j^i 和 M_j^{i-1} 分别为节点在第 j 级荷载的第 i 个和第 $i-1$ 个滞回环中的峰值弯矩。

本章 4 个 H 型钢组件加强节点在正方向和负方向加载所得强度退化系数发展规律如图 5-12（a）所示。可以看出，随着钢梁端部施加位移的增加，节点的强度退化系数逐渐减小。然而，4 个加强节点的强度退化系数均在位移较小时出现了大于 1.0 的情况，并且均在 $1.0\Delta_y$ 位移之内，如图 5-12（a）所示。这是因为此阶段内节点处于弹性状态，各部件几乎没有塑性损伤产生，而 H 型钢组件与钢管柱之间和试件与加载装置之间的间隙则可能会引起同一级荷载下前一滞回环峰值荷载低于后一滞回环峰值荷载的特殊现象。

对比 4 个加强节点的强度退化系数发展曲线可以发现，节点 J-H14-F 的强度退化系数下降较缓，节点破坏时为 0.974，大于节点 J-H10-F 的 0.929、节点 J-H10-E 的 0.913 和节点 J-H14-E 的 0.890。这是因为发生断裂的钢梁翼缘截面积大于断裂的螺栓截面积，导致前者的塑性损伤程度大于后者。

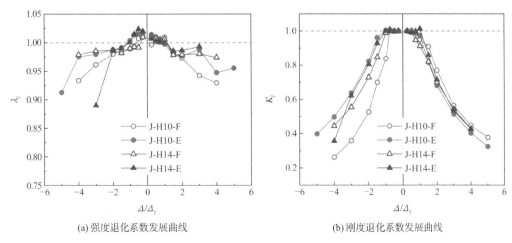

(a) 强度退化系数发展曲线　　　　　　(b) 刚度退化系数发展曲线

图 5-12　强度与刚度退化系数发展曲线

5.4.6 刚度退化

刚度退化是指在循环往复荷载下，为保持相同的峰值荷载，峰值点位移随循环次数增大而增大的现象。本书将行业标准《建筑抗震试验规程》JGJ/T 101—2015[159]推荐的等效刚度与第一级荷载下节点等效刚度的比值定义为无量纲参数刚度退化系数，其计算公式如下：

$$K_j = \dfrac{\sum\limits_{i=1}^{n_j} M_j^i \cdot \sum\limits_{i=1}^{n_j} \theta_1^i}{\sum\limits_{i=1}^{n_j} \theta_j^i \cdot \sum\limits_{i=1}^{n_j} M_1^i} \qquad (5\text{-}2)$$

式中，K_j为第j级荷载刚度退化系数，M_1^i和θ_1^i分别为节点在第 1 级荷载第i个滞回环中的峰值弯矩及对应转角。

本章 4 个加强节点在正方向和负方向加载所得刚度退化系数发展规律如图 5-12（b）所示。从图中可以看出，当节点施加位移不超过 $1.0\Delta_y$ 时，各节点的刚度退化系数维持在 1.0 附近，这表明节点没有产生刚度退化。当施加位移超过 $1.0\Delta_y$ 后，节点刚度退化系数随外荷载的施加而减小，最大降幅超过 70%。

此外，对比 4 个加强节点的刚度退化系数发展曲线可以发现，节点 J-H10-F 和 J-H14-F 的刚度退化系数分别小于节点 J-H10-E 和 J-H14-E，这表明平齐 H 型钢组件加强节点的刚度退化较外伸 H 型钢组件加强节点更为严重。显然，这是本书推荐使用外伸 H 型钢组件加强节点的另一理由。

5.4.7 耗能能力

耗能能力是节点抗震性能的重要指标之一，通常由等效黏滞阻尼系数ξ_e和累积能量耗散值W_{acc}评估。根据行业标准《建筑抗震试验规程》JGJ/T 101—2015[159]，等效黏滞阻尼系数通过下式计算：

$$\xi_{e,j} = \dfrac{1}{2\pi} \cdot \dfrac{S_{(ABD+CBD)}}{S_{(AOE+COF)}} \qquad (5\text{-}3)$$

式中，$\xi_{e,j}$为第j级荷载等效黏滞阻尼系数，$S_{(ABD+CBD)}$表示图 5-13 所示滞回环 ABCD 所围成图形面积，$S_{(AOE+COF)}$表示图 5-13 所示三角形 AOE 和 COF 的面积之和。

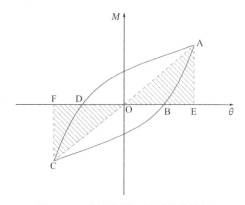

图 5-13　等效黏滞阻尼系数的计算

本章 4 个加强节点在低周往复荷载下的等效黏滞阻尼系数发展曲线如图 5-14（a）所示。从整体趋势来看，等效黏滞阻尼系数随着节点转角的增加而增大，且最大值不超过 0.3。对于采用 10mm 板厚 H 型钢组件的节点 J-H10-F 和 J-H10-E，二者的等效黏滞阻尼系数发展曲线几乎重合。而对于采用 14mm 板厚 H 型钢组件的节点 J-H14-F 和 J-H14-E，当节点位移小于 $2.0\Delta_y$ 时，前者的等效黏滞阻尼系数大于后者，当节点位移超过 $2.0\Delta_y$ 后，则相反，如图 5-14（a）所示。

与用来描述滞回曲线饱满程度的等效黏滞阻尼系数不同，累积能量耗散值对节点在各级荷载下所消耗的能量进行了量化，计算公式如下：

$$W_{\text{acc},j} = \sum_{1}^{j}\sum_{i=1}^{n_j} S_{(\text{ABD+CBD})} \tag{5-4}$$

式中，$W_{\text{acc},j}$ 表示第 j 级荷载累积能量耗散值。

本章 4 个加强节点在不同级荷载下的累积能量耗散值如图 5-14（b）所示。可以看出，在节点位移达到 $4.0\Delta_y$ 之前，4 个节点的累积能量耗散值相近。当位移达到 $4.0\Delta_y$ 时，节点 J-H10-E 的累积能量耗散值最大，达到 66.2kJ，超过节点 J-H14-E 31.3%。此后，节点 J-H10-E 的累积能量耗散值保持最大，并且其能量耗散总值超过节点 J-H10-F 59.6%，超过节点 J-H14-E 124.4%，如图 5-14（b）所示。

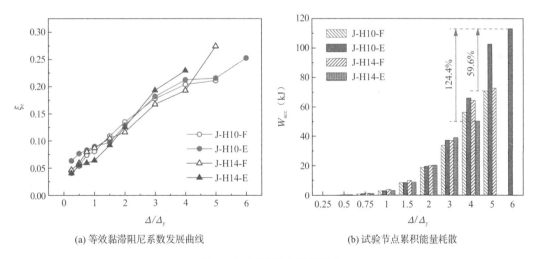

(a) 等效黏滞阻尼系数发展曲线　　　　　　(b) 试验节点累积能量耗散

图 5-14　试验节点耗能能力

事实上，本章 4 个 H 型钢组件加强节点的能量耗散主要由 H 型钢组件变形、端板变形和钢梁翼缘变形完成，其中端板变形和钢梁翼缘变形在各节点之间的差异较小。因此，各节点耗能能力的差距来自于 H 型钢组件的变形，这解释了节点 J-H14-E 和 J-H10-E 分别拥有最小和最大能量耗散总值的现象。

5.4.8　对比无加强节点试验结果

为了准确评估 H 型钢组件对 T 形方颈单边螺栓连接钢梁-钢管柱节点在低周往复荷载下抗震性能的贡献，本节将 H 型钢组件加强节点的破坏模式、转角-弯矩滞回曲线、转角-弯矩骨架曲线、曲线特征值、强度刚度退化和耗能能力与本书第 3 章无加强节点 T-H-N 进行对比。

本章 H 型钢组件加强节点与第 3 章无加强节点 T-H-N 在低周往复荷载下的破坏模式对比列于表 5-5 中。可以看出，H 型钢组件的设置避免了节点出现柱壁屈服，并将端板断裂破坏转为端板屈服，但是也引进了钢梁翼缘断裂和螺栓断裂两种新的脆性破坏。总之，设置 H 型钢组件可以保证钢管柱无变形，但是无法避免节点脆性破坏的发生，因此在外伸端板连接中，端板加劲肋是避免节点脆性破坏的关键。

加强节点与无加强节点在低周往复荷载下破坏模式对比　　　　表 5-5

试件		破坏模式	加强节点破坏模式改善
无加强节点	T-H-N	柱壁屈服 + 端板断裂	—
加强节点	J-H10-F	加强组件端板屈服 + 梁翼缘断裂	避免柱壁屈服 + 端板断裂
	J-H10-E	加强组件端板屈服 + 梁翼缘断裂	避免柱壁屈服 + 端板断裂
	J-H14-F	端板屈服 + 螺栓断裂	避免柱壁屈服 + 端板断裂
	J-H14-E	端板屈服 + 钢梁翼缘断裂	避免柱壁屈服 + 端板断裂

除破坏模式外，H 型钢组件对节点抗震性能参数的影响更加明显。图 5-15 和图 5-16 分别为本章 4 个 H 型钢组件加强节点与第 3 章无加强节点 T-H-N 的转角-弯矩滞回曲线和骨架曲线对比。与无加强节点 T-H-N 相比，H 型钢组件加强节点的转角-弯矩滞回曲线捏缩更加明显，如图 5-15 所示。这主要由 H 型钢组件与钢管柱之间的安装间隙引起。虽然在钢管柱内设置 H 型钢组件会导致节点滞回曲线一定程度的捏缩，但是其对节点刚度和承载力的提升却尤为明显，如图 5-15 和图 5-16 所示。此外，H 型钢组件可能会导致节点的变形能力下降，这种可能性大小与 H 型钢组件的板厚有关。

表 5-6 所列数据为本章 H 型钢组件加强节点与第 3 章无加强节点 T-H-N 在低周往复荷载下所得转角-弯矩骨架曲线的特征值对比，其中，节点性能强化系数 $\gamma_{S,S}$、$\gamma_{S,My}$、$\gamma_{S,Mp}$、$\gamma_{S,\theta y}$、$\gamma_{S,\theta u}$、$\gamma_{S,Cs}$ 和 $\gamma_{S,Cd}$ 分别表示加强节点与无加强节点的初始刚度比、屈服弯矩比、峰值弯矩比、屈服转角比、极限转角比、强屈比系数比和延性系数比。

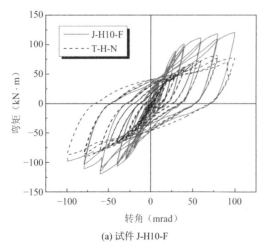

(a) 试件 J-H10-F

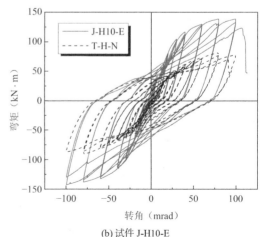

(b) 试件 J-H10-E

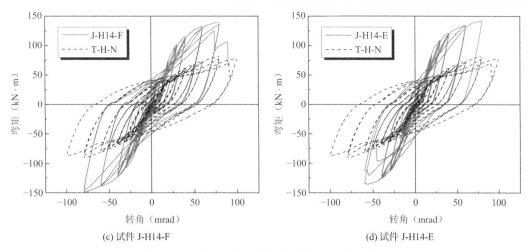

(c) 试件 J-H14-F　　　　　　　　(d) 试件 J-H14-E

图 5-15　对比无加强节点的转角-弯矩滞回曲线

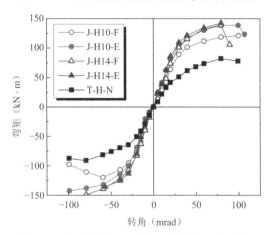

图 5-16　对比无加强节点的转角-弯矩骨架曲线

加强节点与无加强节点在低周往复荷载下曲线特征值对比　　　　　表 5-6

试件	$\gamma_{S,S}$	$\gamma_{S,My}$	$\gamma_{S,Mp}$	$\gamma_{S,\theta y}$	$\gamma_{S,\theta u}$	$\gamma_{S,Cs}$	$\gamma_{S,Cd}$
T-H-N	1.000	1.000	1.000	1.000	1.000	1.000	1.000
J-H10-F	1.410	1.666	1.391	1.106	1.001	0.835	0.906
J-H10-E	1.482	1.833	1.625	1.104	1.037	0.886	0.939
J-H14-F	1.552	1.906	1.665	1.150	0.850	0.873	0.740
J-H14-E	1.613	2.005	1.606	1.150	0.688	0.801	0.598

　　总体来看，H 型钢组件可以使节点在低周往复荷载下的初始刚度提高 41.0%～61.3%，屈服弯矩提高 66.6%～100.5%，峰值弯矩提高 39.1%～66.5%，但是也会令节点的强屈比系数下降 11.4%～19.9%，延性系数下降 6.1%～40.2%。图 5-17 为本章 4 个 H 型钢组件加强节点的性能强化系数分布散点图。在低周往复荷载下，H 型钢组件对节点屈服承载力的提高幅度最大，峰值承载力次之，初始刚度最小，而对节点的变形能力、强度储备和延性都表现为削弱效果。而且，随着 H 型钢组件的延长和加厚，其对节点各项力学性能参数的增强或削弱程度更甚。

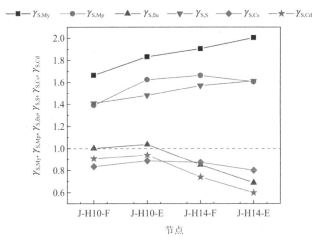

图 5-17　加强节点性能强化系数分布规律

图 5-18 展示了本章 4 个 H 型钢组件加强节点和第 3 章无加强节点 T-H-N 在低周往复荷载下的强度退化和刚度退化系数发展曲线对比。从强度退化系数发展曲线来看，H 型钢组件加强节点与无加强节点之间并无明显差异，如图 5-18（a）所示。但是，两类节点在刚度退化系数方面表现出了一定的不同。与无加强节点 T-H-N 相比，4 个 H 型钢组件加强节点的刚度退化系数较大，节点刚度退化程度较轻。这是因为 H 型钢组件与钢管柱之间的安装间隙减轻了同级荷载下节点的塑性损伤，推迟了节点的刚度退化。因此，在钢管柱内设置 H 型钢组件不仅不会对节点的强度退化性能造成影响，还会减弱节点的刚度退化。

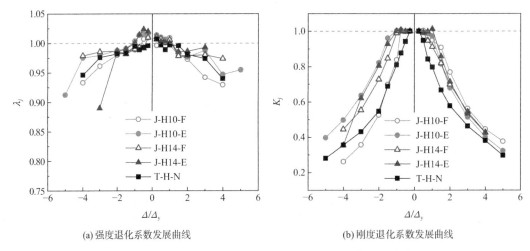

(a) 强度退化系数发展曲线　　　　　　　　(b) 刚度退化系数发展曲线

图 5-18　加强节点与无加强节点强度和刚度退化系数发展曲线对比

本章 4 个 H 型钢组件加强节点和第 3 章无加强节点 T-H-N 在低周往复荷载下的等效黏滞阻尼系数发展曲线和累积能量耗散如图 5-19 所示。当节点位移小于 $1.5\Delta_y$ 时，H 型钢组件加强节点的等效黏滞阻尼系数小于无加强节点，当节点位移超过 $1.5\Delta_y$ 后则相反，如图 5-19（a）所示。总体来看，节点 J-H14-E 的等效黏滞阻尼系数发展曲线与无加强节点相近。而且，采用受剪和受弯承载力足够的外伸 H 型钢组件不会对节点滞回曲线的饱满程度造成影响。

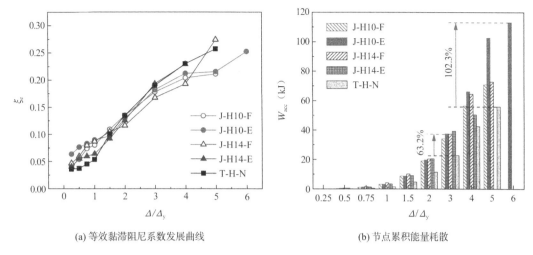

(a) 等效黏滞阻尼系数发展曲线　　　　　　　(b) 节点累积能量耗散

图 5-19　加强节点与无加强节点耗能能力对比

此外，H 型钢组件加强节点在 4.0Δ_y之前的累积能量耗散值平均超出无加强节点63.2%，其中节点 J-H10-E 的能量耗散总值超过无加强节点 102.3%，如图 5-19（b）所示。这表明，设计合理的 H 型钢组件不仅不会影响节点滞回曲线的饱满程度，还会提高节点的耗能能力。

5.5　本章小结

本章通过试验研究了 4 个采用 H 型钢组件的 T 形方颈单边螺栓连接钢梁-钢管柱加强节点在低周往复荷载下的抗震性能，探究了 H 型钢组件的长度和板厚对节点抗震性能的影响。试验研究了 H 型钢组件加强节点在低周往复荷载下的破坏模式、转角-弯矩滞回关系、转角-弯矩骨架曲线、转动能力与延性、强度退化、刚度退化、耗能能力、各部位屈服顺序等，揭示了此类节点的工作及破坏机理。通过对比加强节点与第 3 章无加强节点在低周往复荷载下的各项性能参数，对钢管柱内置 H 型钢组件措施的抗震性能进行全面评估。本章主要结论如下：

（1）试验共出现 3 种破坏模式，分别是加强组件端板屈服伴随梁翼缘断裂、端板屈服伴随螺栓断裂和端板屈服伴随梁翼缘断裂。H 型钢组件加强节点在低周往复荷载下不会出现栓孔冲切破坏，也不会发生柱壁变形，试验现象主要表现为上下层钢管柱拼缝错位和钢梁翼缘脆性断裂。其中上下层钢管柱拼缝错位由 H 型钢组件的剪切变形和其与钢管柱之间的安装间隙引起。因此，H 型钢组件的截面设计应使其具备足够的受弯和受剪承载力，并且建议其长度取外伸类型。此外，设置端板加劲肋是避免端板连接节点发生脆性破坏的关键措施。

（2）无论是在单调荷载还是低周往复荷载下，钢管柱内设置 H 型钢组件可使 T 形方颈单边螺栓连接钢梁-钢管柱节点由半刚性部分强度连接转为半刚性全强度连接。

（3）与无加强节点相比，钢管柱内设置 H 型钢组件可以避免 T 形方颈单边螺栓连接节点在低周往复荷载下发生钢管柱壁变形和螺栓拔出破坏，也可以显著提高节点的刚度和承载力，但是会削弱节点的变形能力、强度储备和延性。而且，随着 H 型钢组件的延长和加厚，其对节点各项力学性能参数的增强或削弱程度更甚。

（4）与无加强节点相比，钢管柱内设置 H 型钢组件不仅不会对节点的强度退化性能和等效黏滞阻尼系数造成影响，还会减弱节点的刚度退化并提高其耗能能力，最大提高幅度达 102.3%。

第 6 章

T 形方颈单边螺栓连接钢梁-方钢管柱
节点数值模拟研究

6.1 概 述

本书第 2 章至第 5 章通过单调荷载试验和低周往复荷载试验分别研究了 T 形方颈单边螺栓连接钢梁-钢管柱无加强节点和加强节点的静力抗弯性能和抗震性能。试验结果表明，T 形方颈单边螺栓连接节点具有与传统螺栓连接节点相当的初始刚度，并且在整个生命周期内的承载力不低于传统螺栓连接节点的 85%。除此之外，钢管柱内设置 H 型钢组件可以避免钢管柱壁变形和螺栓拔出破坏，显著提高节点的各项力学性能指标。

虽然前文通过试验初步获得了 T 形方颈单边螺栓连接钢梁-钢管柱节点的结构响应，但是也带来了一些关键科学问题，如：T 形方颈单边螺栓所使用的长圆形螺栓孔的承载和破坏机理、耗能机理以及加强组件与钢管柱之间的协同工作机理等，这些问题均难以在有限的试验中得到解决。而且，高成本的特点注定了试验只能研究对节点性能影响最为关键的参数，无法全面、系统地揭示此类连接的性能。因此，成本较低的有限元数值模拟分析作为一种高效经济的研究手段被广泛采用。大型通用有限元分析软件 ABAQUS[165] 具有丰富的单元和材料模型库，可以模拟典型的工程材料性能，解决复杂的非线性问题，被广泛应用于结构分析、热传导分析、声学分析、热力耦合分析和流体渗透分析等诸多工程领域。

本章通过 ABAQUS/Standard（隐式分析）和 ABAQUS/Explicit（显式分析）[165] 两个模块，进一步评估了 T 形方颈单边螺栓连接钢梁-钢管柱节点的结构性能，共包含 5 个部分：（1）建立 T 形方颈单边螺栓连接钢梁-钢管柱节点有限元模型；（2）通过与试验结果对比验证了本章所建立有限元模型的准确性和可靠性；（3）利用有限元模型分析结果揭示此类连接的关键结构响应机理；（4）开展 T 形方颈单边螺栓连接节点的参数分析研究，包含此类连接特有的螺栓和栓孔参数、与传统螺栓连接通用的构件参数以及加强节点的相关参数；（5）通过大量的数值模拟结果，对比 T 形方颈单边螺栓连接节点与传统螺栓连接节点的结构性能，对比拼接钢管柱加强节点和完整钢管柱加强节点的结构性能，完成对 T 形方颈单边螺栓连接钢梁-钢管柱节点和节点加强方式的最终评估。

6.2 有限元模型的建立

6.2.1 几何模型

根据本书第 2 章至第 5 章中相关试验节点的几何信息，建立 T 形方颈单边螺栓连接钢梁-钢管柱无加强节点和加强节点的有限元几何模型，如图 6-1 和图 6-2 所示。由于本书所研究钢梁-钢管柱节点的几何形状、边界条件和荷载条件均具有对称性，因此本节所有有限元模型均取二分之一，以节约计算成本，提高计算精度[166]。

T 形方颈单边螺栓连接钢梁-钢管柱节点有限元模型由 4 个部件组成，分别为钢管柱、钢梁、端板和 T 形方颈单边螺栓，如图 6-1 所示。在节点大变形下，T 形方颈单边螺栓的方颈段与栓孔的"硬"接触会导致孔内应力集中，出现计算无法收敛的情况。考虑到方颈段的主要作用是限制栓杆在紧固过程中的旋转，对节点力学性能的贡献甚微，因此有限元模型中取消 T 形方颈单边螺栓方颈段的设置，并将栓杆、螺母与垫圈建为 1 个部件（Part）。除 T 形方颈单边螺栓外，钢管柱、钢梁和端板建模均采用试验节点实测几何参数，包含钢管柱圆倒角。

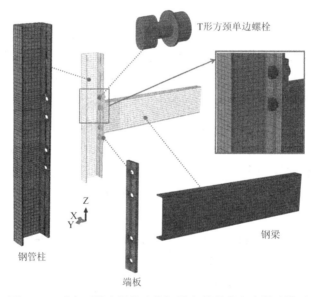

图 6-1　T 形方颈单边螺栓连接钢梁-钢管柱节点有限元模型

T 形方颈单边螺栓连接钢梁-钢管柱加强节点有限元模型包括上层钢管柱、下层钢管柱、钢梁、端板、加强组件和 T 形方颈单边螺栓，如图 6-2 所示。其中，加强组件按照试件设计尺寸真实建模，因此其与钢管柱之间存在有 2mm 的安装间隙。试件钢梁与端板通过角焊缝连接，有限元模型中忽略焊缝的几何尺寸，通过绑定"Tie"接触代替，并且不考虑焊接残余应力和焊缝热影响区材性的变化。此外，本章所建立的有限元模型均未引入初始几何缺陷。

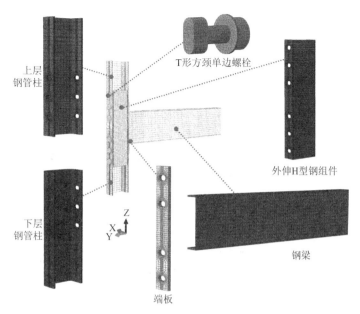

图 6-2　T 形方颈单边螺栓连接钢梁-钢管柱加强节点有限元模型

6.2.2　材料本构关系

本书中，试件各部件钢材主要为低碳软钢和高强度合金钢，其中低碳软钢的应变ε-应力σ本构关系采用五段线模型[167]，如图 6-3（a）所示，其数学表达式为：

$$\sigma = \begin{cases} E_s\varepsilon & (\varepsilon \leqslant \varepsilon_e) \\ -A\varepsilon^2 + B\varepsilon + C & (\varepsilon_e < \varepsilon \leqslant \varepsilon_{e1}) \\ f_y & (\varepsilon_{e1} < \varepsilon \leqslant \varepsilon_{e2}) \\ f_y\left(1 + 0.6\dfrac{\varepsilon - \varepsilon_{e2}}{\varepsilon_{e3} - \varepsilon_{e2}}\right) & (\varepsilon_{e2} < \varepsilon \leqslant \varepsilon_{e3}) \\ 1.6f_y & (\varepsilon > \varepsilon_{e3}) \end{cases} \tag{6-1}$$

式中，E_s为钢材弹性模量，f_y为钢材屈服强度，A、B、C、ε_e、ε_{e1}、ε_{e2}、ε_{e3}按以下公式取值：

$$A = \frac{0.2f_y}{(\varepsilon_{e1} - \varepsilon_e)^2}, \ B = 2A\varepsilon_{e1}, \ C = 0.8f_y + A(\varepsilon_e)^2 - B\varepsilon_e$$

$$\varepsilon_e = \frac{0.8f_y}{E_s}, \ \varepsilon_{e1} = 1.5\varepsilon_e, \ \varepsilon_{e2} = 10\varepsilon_{e1}, \ \varepsilon_{e3} = 100\varepsilon_{e1}$$

高强度螺栓由高强度合金钢制成，采用双折线模型模拟，应力-应变关系如图 6-3（b）所示，数学表达式如下：

$$\sigma = \begin{cases} E_s\varepsilon & (\varepsilon \leqslant \varepsilon_y) \\ f_y + 0.01E_s(\varepsilon - \varepsilon_y) & (\varepsilon > \varepsilon_y) \end{cases} \tag{6-2}$$

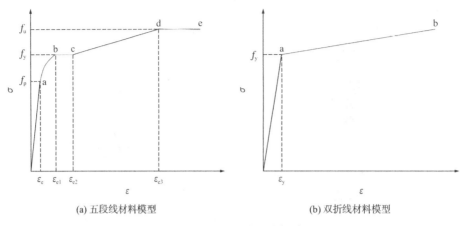

(a) 五段线材料模型 (b) 双折线材料模型

图 6-3 钢材应力-应变本构关系

ABAQUS 有限元分析软件中定义材料的塑性行为时，需要将名义应力σ_{nom}和名义应变ε_{nom}换算为真实应力σ_{true}和真实应变ε_{true}。对于金属材料，真实应力、真实应变和塑性应变可以通过以下公式计算得到：

$$\sigma_{true} = \sigma_{nom}(1 + \varepsilon_{nom}) \tag{6-3}$$

$$\varepsilon_{true} = \ln(1 + \varepsilon_{nom}) \tag{6-4}$$

$$\varepsilon_{pl} = \varepsilon_{ture} - \frac{\sigma_{ture}}{E} \tag{6-5}$$

6.2.3 接触属性

在有限元分析过程中，各部件之间的接触关系是导致模型非线性程度增加的关键。T 形方颈单边螺栓连接钢梁-钢管柱节点共设置有两类接触，其中端板与钢梁之间通过绑定（Tie）连接定义，T 形方颈单边螺栓与端板、钢管柱、加强组件，端板与钢管柱，钢管柱与加强组件之间采用面面（Face to Face）接触。在面面接触属性设置中，法向行为采用硬（Hard）接触，即接触对之间可以传递压力，但在拉力作用下会出现接触分离；切向行为采用库伦（Coulomb）摩擦模型，摩擦面抗滑移系数取国家标准《钢结构设计标准》GB 50017—2017[153]推荐的最小值 0.3。

6.2.4 单元类型及网格划分

本章有限元模型各部件均采用 3 维 8 节点一阶缩减积分单元（C3D8R）。采用 C3D8R 实体单元的有限元模型在分析过程中存在沙漏现象，会导致结构刚度降低。沙漏现象是指 3 维 8 节点一阶缩减积分单元受弯时，由于质心处只有 1 个积分点，检测不出厚度方向的单个单元应变，呈现出虽有变形但无应变的现象。解决沙漏现象最简单的方式便是在板件厚度方向划分多层网格，一般取不少于 4 层的偶数层。虽然提高节点密度、减小网格尺寸有助于提高有限元模型的分析精度，但是也会降低计算效率。因此，选择合理的网格尺寸至关重要。对于节点有限元模型中接触密集、易产生应力集中和大变形的关键部位，如 T 形方颈单边螺栓、长圆形螺栓孔周、端板、钢管柱连接面、钢梁连接端，采用较小的网格尺寸；而受力均匀、远离节点核心区的部位，如钢梁中部和末端、钢管柱侧壁和背壁，则采用较大的网格尺寸。

扫码关注
兑换增值服务

查工程建设

法规标准

就   上

建标知网

法规标准

电 子 版

免费阅读

[法规标准，高效检索]

[版本对比，一目了然]

[附件资料，便捷下载]

[常见问题，专家解答]

[法律实务，跨界分享]

建标知网
—— www.kscecs.com ——

建工社
重磅福利

购买我社
正版图书
扫码关注
一键兑换
普通会员

| 兑换方式 |

刮开纸质图书所贴增值贴涂层

扫码关注

（增值贴示意图见下）

点击

[会员服务]

选择

[兑换增值服务]

进行兑换

新人礼包免费领

中国建筑出版传媒有限公司
China Architecture Publishing & Media Co.,Ltd.
中国建筑工业出版社

此外，在有限元模型网格划分时还应注意较小网格和较大网格之间的连续过渡，网格三个方向的尺寸应尽量相近，避免相邻网格尺寸变化幅度大，确保高质量的网格划分。本章划分网格后的有限元模型如图 6-1 和图 6-2 所示，其中各部件网格尺寸汇总于表 6-1 中。

有限元模型的单元类型和网格尺寸　　　　　　　　　　　表 6-1

组件	单元类型	网格尺寸
钢梁	C3D8R	全局 20mm，局部 5mm
端板	C3D8R	全局 5mm，局部 3mm
端板加劲肋	C3D8R	全局 5mm
T 形方颈单边螺栓	C3D8R	全局 3mm
钢管柱	C3D8R	全局 20mm，局部 5mm
H 型钢组件	C3D8R	全局 10mm，局部 5mm
双槽钢组件	C3D8R	全局 10mm，局部 5mm

6.2.5　边界条件

本章有限元模型的边界条件设置如图 6-4 所示。在钢管柱顶底两端滑动铰支座和固定铰支座的中心处设置参考点 RP-1 和 RP-2，并与钢管柱两端通过耦合"Coupling"约束连接。其中，参考点 RP-1 在 X 轴和 Y 轴方向的线位移被限制，绕 Y 轴和 Z 轴的转动位移也被限制，模拟滑动铰支座边界；参考点 RP-2 在三轴方向的线位移均被限制，绕 Y 轴和 Z 的转动位移被限制，模拟固定铰支座边界。由于节点有限元模型为二分之一模型，需要在其对称面施加对称边界条件，即限制 Y-Z 平面内所有单元节点沿 X 轴方向的线位移。

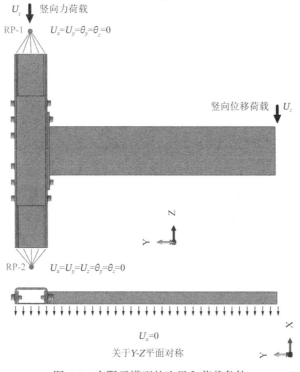

图 6-4　有限元模型的边界和荷载条件

6.2.6　荷载条件

本章有限元模型的荷载条件包括 3 部分，依次为施加螺栓预紧力、施加钢管柱轴力和施加节点弯矩。其中，螺栓预紧力通过 ABAQUS 中的"Bolt load"在 Step-1 施加，如图 6-5 所示；钢管柱顶轴力通过参考点 RP-1 在 Step-2 施加；节点弯矩通过钢梁末端截面在 Step-3 施加，如图 6-4 所示。

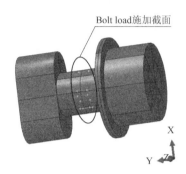

图 6-5　螺栓预紧力示意

6.3　有限元模型的验证

6.3.1　单调荷载下试验结果验证

对第 2 章的 4 个 T 形方颈单边螺栓连接钢梁-钢管柱无加强节点和第 4 章的 6 个加强节点进行有限元分析，将数值模拟得到的节点在单调荷载下的破坏模式与试验结果进行对比，如图 6-6 和图 6-7 所示。可以看出，无加强节点 S-C-N 的塑性变形集中于钢管柱连接面和端板，而且钢梁压翼缘处存在轻微的屈曲变形，与试验一致，如图 6-6（a）所示。无加强节点 T-V-N 和 T-H-N 的变形同样集中于钢管柱连接面和端板处，与节点 S-C-N 的不同之处主要表现为钢管柱连接面上栓孔周围的塑性应变分布。标准圆形螺栓孔周围的等效塑性应变分布均匀，在 4 个受拉螺栓之间形成"两横两纵"均匀带状分布，如图 6-6（a）所示。然而，长圆形螺栓孔之间的等效塑性应变在横纵方向并非均匀分布，都表现为螺栓头长轴方向塑性应变较大，与试验中钢管柱连接面的变形一致，如图 6-6（b）和（c）所示。对于节点 T-V-S，端板在加劲肋的作用下并未发生大变形，节点变形集中于钢管柱连接面，如图 6-6（d）所示。在钢管柱连接面，受拉区外排螺栓孔周的等效塑性应变超过内排螺栓孔，受压区则在端板加劲肋的作用下呈现棱锥形内凹变形，均与试验结果一致，如图 6-6（d）所示。

对于双槽钢组件加强节点 J-C08-F 和 J-C08-E，钢管柱变形、槽钢组件变形，以及上下层钢管柱拼缝错位是有限元模型得到的主要现象，与试验现象吻合，尤其是双槽钢组件的变形部位和变形后形状，如图 6-7（a）和（b）所示。H 型钢组件加强节点 J-H08-F 和 J-H08-E 的有限元模型分析结果与试验破坏模式的对比展示于图 6-7（c）和（d）中，两个节点的变形均表现为钢梁屈服和 H 型钢组件屈服。其中，H 型钢组件翼缘在螺栓拉拔作用下出现弯曲变形，腹板则在中部位置出现剪切变形，均与试验结果相吻合。采用加厚 H 型钢组件的节点 J-H14-F 和 J-H14-E 仅出现了钢梁屈服变形，H 型钢组件的翼缘和腹板均未进入塑性发展阶段，与试验结果一致，如图 6-7（e）和（f）所示。

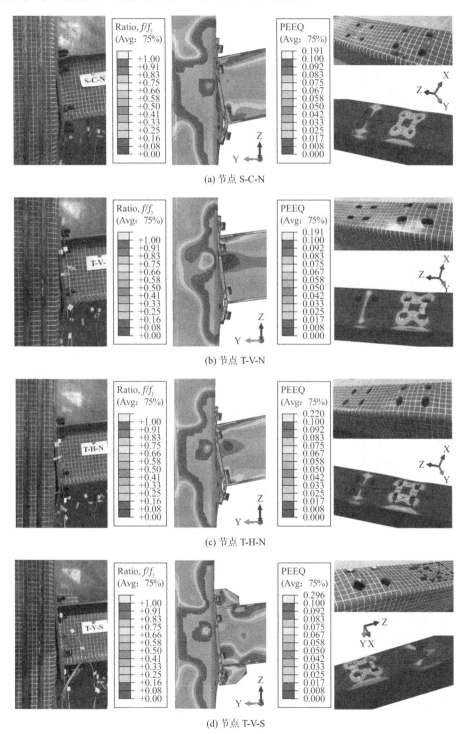

(a) 节点 S-C-N

(b) 节点 T-V-N

(c) 节点 T-H-N

(d) 节点 T-V-S

图 6-6　无加强节点在单调荷载下的破坏模式对比

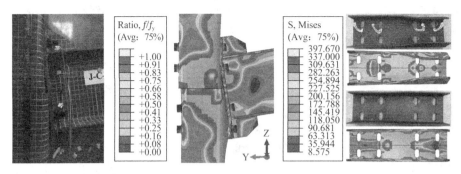

(a) 节点 J-C08-F

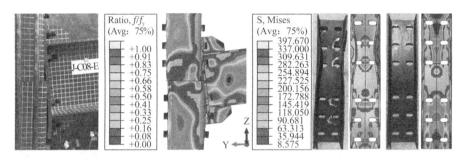

(b) 节点 J-C08-E

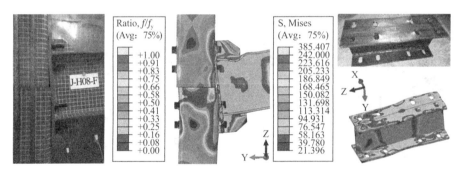

(c) 节点 J-H08-F

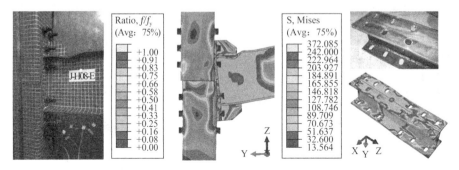

(d) 节点 J-H08-E

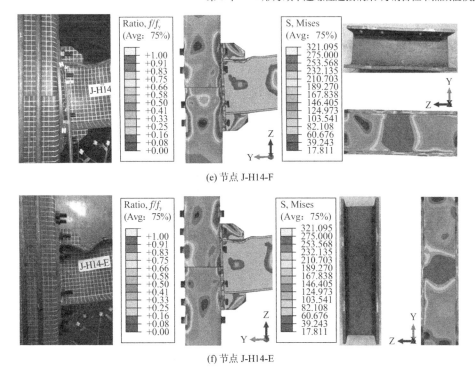

(e) 节点 J-H14-F

(f) 节点 J-H14-E

图 6-7   加强节点在单调荷载下的破坏模式对比

虽然图 6-6 和图 6-7 所展示的 4 个无加强节点和 6 个加强节点有限元模型分析结果均与试验现象吻合较好，但是也存在一些不足，如无加强节点 T-V-N 的有限元模型未出现钢管柱壁螺栓孔冲切破坏。这是因为模型验证所采用的 ABAQUS/Standard 分析模块无法对材料的断裂性能进行模拟。因此，本章在对 T 形方颈单边螺栓头长宽比的参数分析中结合了 ABAQUS/Explicit 模块进行分析。之所以没有全部采用 ABAQUS/Explicit 模块进行分析，是因为其计算非常消耗时间，输出结果需要精细化处理后方可采用[166]，而且本书主要聚焦于 T 形方颈单边螺栓连接钢梁-钢管柱节点的准静态结构性能。

总体来看，本章所建立的 T 形方颈单边螺栓连接钢梁-钢管柱无加强节点和加强节点三维有限元模型可以准确预测此类节点的破坏模式和各部件的屈服顺序。

根据有限元模型分析结果，提取转角-弯矩关系曲线并与试验所得曲线进行对比，本书第 2 章 T 形方颈单边螺栓连接钢梁-钢管柱无加强节点和第 4 章加强节点的对比结果如图 6-8 和图 6-9 所示。可以看出，所有节点有限元模型所得曲线的初始刚度均大于试验曲线。这主要是因为有限元模型的几何尺寸、材料本构、边界条件完全理想化，忽略了试件的初始几何缺陷、材料性能缺陷、试件的拼装间隙和与支座间的间隙。对于图 6-8 所示的 4 个无加强节点的对比，有限元模型所得节点屈服强度与试验结果相近，而且屈服后曲线基本重合。其中节点 T-V-S 的有限元转角-弯矩关系曲线并未在 90mrad 位移时出现陡降，这是因为 ABAQUS/Standard 分析模块无法模拟螺栓孔冲切破坏。

由于有限元模型收敛性问题，双槽钢组件加强节点 J-C08-F 和 J-C08-E 的转角-弯矩关系曲线未达到试验曲线的极限转角，如图 6-9（a）和（b）所示。与无加强节点和 H 型钢组件加强节点相比，双槽钢组件加强节点的收敛性较差。主要原因是双槽钢组件加强节点组成部件较多，各部件间存在大量的接触分离行为，并且槽钢大变形使得其与钢管柱之间的接触分离更加频繁。虽然双槽钢组件加强节点的收敛性较差，但是90mrad位移可以满足本书对T形方颈单边螺栓连接钢梁-钢管柱节点抗弯性能的研究需求。

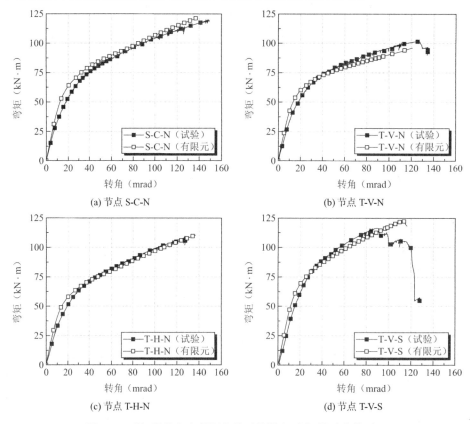

(a) 节点 S-C-N   (b) 节点 T-V-N

(c) 节点 T-H-N   (d) 节点 T-V-S

图 6-8　无加强节点在单调荷载下的转角-弯矩关系曲线对比

H型钢组件加强节点有限元模型所得转角-弯矩关系曲线与试验曲线的对比展示于图 6-9（c）、（d）、（e）和（f）中。可见，不仅有限元结果的初始刚度高于试验结果，而且其屈服承载力也明显高于试验结果，这与无加强节点和双槽钢组件加强节点的结果不同。究其原因，是H型钢组件加强节点发生了钢梁屈服破坏，这种破坏模式下节点屈服承载力受钢梁屈曲临界荷载的影响，而本章所建立有限元模型未引入初始几何缺陷。

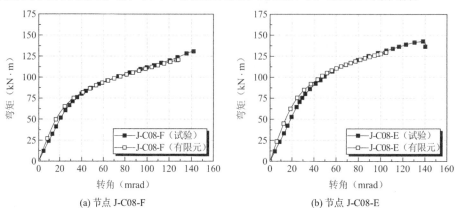

(a) 节点 J-C08-F   (b) 节点 J-C08-E

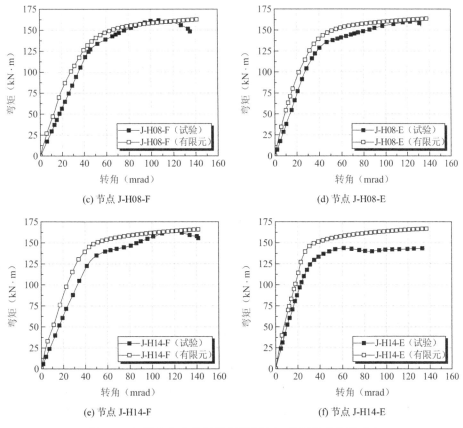

(c) 节点 J-H08-F　　　　　　　　　　　(d) 节点 J-H08-E

(e) 节点 J-H14-F　　　　　　　　　　　(f) 节点 J-H14-E

图 6-9　加强节点在单调荷载下的转角-弯矩关系曲线对比

　　为对本章所建立有限元模型在单调荷载下的准确性和可靠度进行量化评估，表 6-2 列出了 4 个无加强节点和 6 个加强节点的有限元和试验曲线特征值对比。有限元模型初始刚度与试验值之间的误差为 8.6%～28.2%，平均为 22.00%。其中，加强节点在初始刚度方面的误差高于无加强节点，这是加强组件与钢管柱之间的安装间隙导致的。与初始刚度相比，有限元模型屈服弯矩和峰值弯矩与试验值之间的误差则小很多，分别为 −4.4%～11.3% 和 −9.3%～16.0%，平均误差 2.96% 和 0.68%。

单调荷载下试验和有限元所得曲线特征值对比　　　　　　　　　表 6-2

节点	$S_{\text{j,ini}}$（kN·m/mrad）			M_{y}（kN·m）			M_{p}（kN·m）		
	试验	有限元	误差	试验	有限元	误差	试验	有限元	误差
S-C-N	3.428	4.091	19.3%	69.27	71.30	2.9%	119.61	121.15	1.3%
T-V-N	3.456	4.215	22.0%	69.15	66.12	−4.4%	101.41	96.05	−5.3%
T-H-N	3.434	3.728	8.6%	63.42	62.29	−1.8%	107.72	110.37	2.5%
T-V-S	3.420	4.208	23.0%	76.41	78.24	2.4%	117.06	122.54	4.7%
J-C08-F	2.374	2.879	21.3%	82.60	81.68	−1.1%	130.64	120.71	−7.6%
J-C08-E	2.636	3.394	28.8%	100.70	97.04	−3.6%	142.50	129.18	−9.3%

节点	$S_{j,ini}$（kN·m/mrad）			M_y（kN·m）			M_p（kN·m）		
	试验	有限元	误差	试验	有限元	误差	试验	有限元	误差
J-H08-F	2.856	3.678	28.8%	131.85	140.80	6.8%	161.65	162.89	0.8%
J-H08-E	3.673	4.551	23.9%	131.47	142.33	8.3%	160.04	163.71	2.3%
J-H14-F	3.089	3.946	27.7%	131.27	142.88	8.8%	163.17	165.42	1.4%
J-H14-E	4.467	5.219	16.8%	129.37	144.05	11.3%	143.43	166.37	16.0%
平均值			22.00%			2.96%			0.68%
标准差			0.0590			0.0533			0.0679

综合来看，本章所建立的 T 形方颈单边螺栓连接钢梁-钢管柱无加强节点和加强节点模型可以准确预测此类连接在单调荷载下的结构响应，可以用于相关领域的探索性研究工作和实际工程设计。

6.3.2 低周往复荷载下试验结果验证

对第 3 章的 4 个 T 形方颈单边螺栓连接钢梁-钢管柱无加强节点和第 5 章的 4 个加强节点进行低周往复荷载下有限元数值模拟分析，有限元所得转角-弯矩滞回曲线与试验曲线的对比如图 6-10 和图 6-11 所示。对于无加强节点，有限元所得滞回曲线较试验结果更加饱满，但是其承载力与试验结果相近。这可能是因为试验节点螺栓在往复荷载下出现松动，进而导致端板与钢管柱之间间隙增大，而有限元模型中忽略螺栓松动的影响。对于加强节点，滞回曲线的捏缩主要来源于上下层钢管柱之间的滑移和其与加强组件之间的间隙，螺栓松动的影响反而相对较小。由于有限元模型对上下层钢管柱独立建模并引入加强组件的安装间隙，因此加强节点有限元模型所得滞回曲线与试验曲线的捏缩程度相近，承载力吻合较好。此外，考虑到节点在低周往复荷载下的破坏模式与单调荷载下相近，本章不再对低周往复荷载下节点的破坏模式进行赘述。

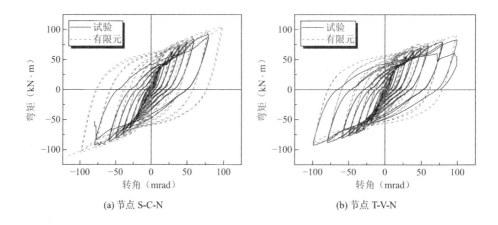

(a) 节点 S-C-N   (b) 节点 T-V-N

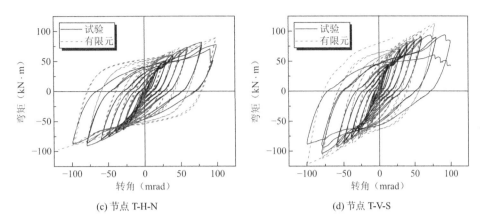

(c) 节点 T-H-N　　　　　　　(d) 节点 T-V-S

图 6-10　无加强节点在低周往复荷载下的转角-弯矩滞回曲线对比

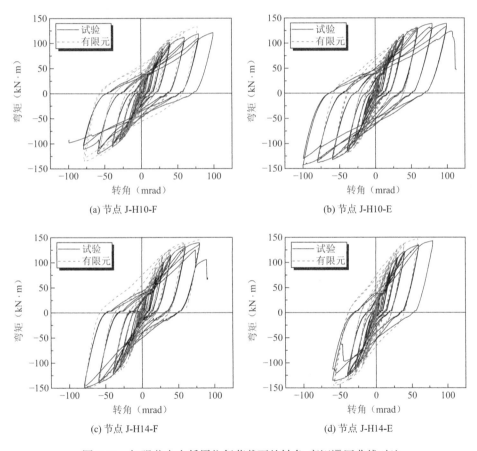

(a) 节点 J-H10-F　　　　　　(b) 节点 J-H10-E

(c) 节点 J-H14-F　　　　　　(d) 节点 J-H14-E

图 6-11　加强节点在低周往复荷载下的转角-弯矩滞回曲线对比

　　表 6-3 汇总了第 3 章 4 个 T 形方颈单边螺栓连接钢梁-钢管柱无加强节点和第 5 章 4 个加强节点在低周往复荷载下的骨架曲线特征值对比。可以看出，低周往复荷载下有限元分析结果中初始刚度误差依旧最大，平均值为 12.40%；屈服弯矩和峰值弯矩误差较小，平均值分别为−0.64% 和 8.64%。

低周往复荷载下试验和有限元所得曲线特征值对比 表 6-3

节点	$S_{j,ini}$（kN·m/mrad）			M_y（kN·m）			M_p（kN·m）		
	试验	有限元	误差	试验	有限元	误差	试验	有限元	误差
S-C-N	2.858	3.398	18.9%	69.01	66.47	−3.7%	92.13	111.21	20.7%
T-V-N	2.868	3.310	15.4%	64.06	62.96	−1.7%	88.07	90.58	2.9%
T-H-N	2.581	3.155	22.2%	58.69	56.87	−3.1%	86.60	97.11	12.1%
T-V-S	2.708	3.446	27.3%	72.54	69.52	−4.2%	98.48	116.21	18.0%
J-H10-F	3.639	3.593	−1.3%	97.76	100.77	3.1%	120.43	134.30	11.5%
J-H10-E	3.824	4.201	9.9%	107.56	103.65	−3.6%	140.74	135.47	−3.7%
J-H14-F	4.005	3.814	−4.8%	111.88	114.51	2.4%	144.15	147.62	2.4%
J-H14-E	4.163	4.654	11.8%	117.69	124.37	5.7%	139.11	146.41	5.2%
平均值			12.40%			−0.64%			8.64%
标准差			0.1030			0.0356			0.0782

综上，本章所建立的 T 形方颈单边螺栓连接钢梁-钢管柱节点三维有限元模型不仅能够准确预测节点在单调荷载和低周往复荷载下的破坏模式、各部件受力状态和屈服顺序，还能得到可靠的节点转角-弯矩关系曲线和滞回曲线，具有较高的准确度和可靠性，可以用于该类节点的工作机理分析和参数化研究工作中。

6.4 工作机理分析

通过对有限元模型结果的分析，可以直观地获取节点各部件在不同荷载阶段下的应力应变状态，弥补试验中无法测量或观察到的数据和现象，进一步完善对节点结构性能的研究内容，揭示长圆形螺栓孔承载及破坏机理、耗能机理和加强组件与上下层钢管柱协同工作机理，为前文部分试验结果的猜想性解释提供依据。

6.4.1 长圆形螺栓孔承载及破坏机理

T 形方颈单边螺栓连接钢梁-钢管柱节点与传统螺栓连接节点最大的区别在于螺栓及其安装孔，因此两类连接的结构性能差异均来源于此。对于螺栓而言，在制造材料相同的前提下，T 形方颈单边螺栓的承载性能并不弱于传统螺栓，但是与其匹配的长圆形螺栓孔的承载及破坏机理却不同于标准圆形螺栓孔。

图 6-12 展示了无加强节点 S-C-N、T-V-N 和 T-H-N 在 90mrad 位移下钢管柱受拉区螺栓孔周围的等效塑性应变分布。标准圆形螺栓孔周围的塑性应变分布均匀，且螺栓孔沿径向呈现均匀膨鼓变形，如图 6-12（a）所示。而长圆形螺栓孔在螺栓 T 形头外拔作用下周围塑性应变在螺栓头长轴方向聚集，呈现出明显的应力集中现象，如图 6-12（b）和（c）所示。

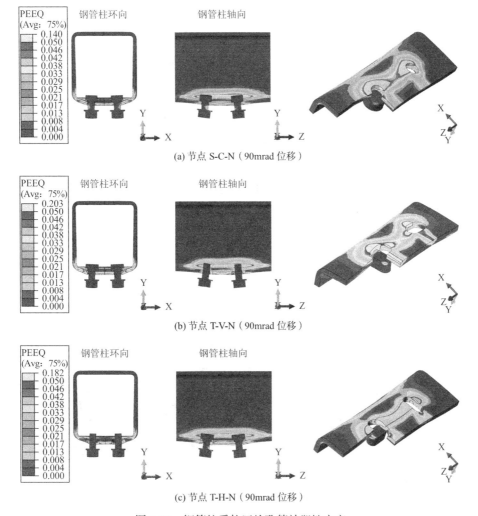

(a) 节点 S-C-N（90mrad 位移）

(b) 节点 T-V-N（90mrad 位移）

(c) 节点 T-H-N（90mrad 位移）

图 6-12　钢管柱受拉区栓孔等效塑性应变

　　从承载机理来看，标准圆形螺栓孔在六角螺栓头外拔作用下承受沿环向均匀分布的冲切荷载，而长圆形螺栓孔则仅在栓孔短轴、螺栓 T 形头长轴方向承受。由于钢管柱螺栓孔的抗冲切承载力由螺栓头与柱壁接触面边长决定，这导致长圆形螺栓孔的抗冲切承载力小于标准圆形螺栓孔。显然，增大螺栓 T 形头长宽比可以增加其与钢管柱壁接触面边长，进而提高螺栓孔的抗冲切承载力。但是增大的螺栓头势必需要更大的螺栓孔方能顺利安装，而这又会削弱钢管柱壁的结构性能。因此，合适的、最优的螺栓 T 形头长宽比不仅可以提高螺栓孔的抗冲切承载力，还能保证节点的力学性能不被影响。

6.4.2　长圆形螺栓孔耗能机理

　　本书第 3 章对 T 形方颈单边螺栓连接钢梁-钢管柱无加强节点的试验研究表明，此类连接在低周往复荷载下的极限转角、延性系数和耗能能力相比传统螺栓连接分别提高 25.1%、31.3%～37.9% 和 47.6%～52.9%，并且系列的试验现象也暗示了该类连接抗震性能的提高可能与长圆形螺栓孔有关。此外，王宇亮等[168]、韩建强等[169]和张艳霞等[170]针对高强度螺栓连接长孔摩擦阻尼器的试验研究也发现了这一现象。

为进一步揭示长圆形螺栓孔的耗能机理，本节将对节点 S-C-N、T-V-N 和 T-H-N 的螺栓在栓孔内滑移的行为进行讨论。图 6-13 展示了 3 个节点在 140mrad 位移下端板与钢管柱壁之间的相对滑移现象，节点 S-C-N、T-V-N 和 T-H-N 分别滑移 4.14mm、6.81mm 和 5.07mm。由于标准圆形螺栓孔的安装间隙为 2mm，允许端板与柱壁之间最大滑移 4mm，超过 4mm 的滑移距离来自圆形螺栓孔和栓杆的变形，图 6-13 中传统螺栓的剪切变形验证了这一点。对于采用长圆形栓孔横向布置方案的节点 T-H-N，端板与柱壁之间的理论滑移距离同样为 4mm，超出的 1.07mm 同样来自于螺栓孔和栓杆的变形，其中栓孔变形贡献最大。显然，长圆形螺栓孔在短轴方向的承压刚度小于标准圆形螺栓孔，这是节点 T-H-N 端板与柱壁之间滑移距离大于节点 S-C-N 的根本原因。对于采用长圆形螺栓孔竖向布置方案的节点 T-V-N，140mrad 位移并未使栓孔承压，螺栓杆也未受剪，可见依然有较大的滑移空间。

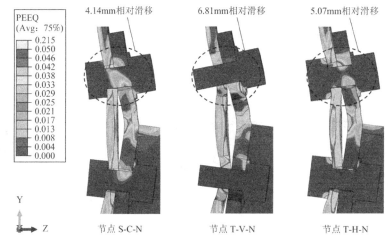

图 6-13　端板与钢管柱壁之间的相对滑移（140mrad 位移）

在低周往复荷载下，节点 S-C-N、T-V-N 和 T-H-N 的端板柱壁相对滑移曲线如图 6-14 所示。可以看出低周往复荷载下节点 T-V-N 的滑移距离最大，节点 S-C-N 最小，与单调荷载下现象相同。

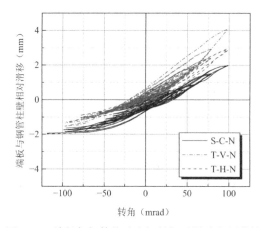

图 6-14　端板与钢管柱壁之间的相对滑移发展曲线

本书第 3 章对节点 S-C-N、T-V-N 和 T-H-N 进行的低周往复荷载试验均发生了端板脆性断裂破坏。其中节点 S-C-N 端板与柱壁之间的滑移距离受限，节点大位移时端板不仅承受弯矩，还受到较大的拉力，因此其脆性破坏早于节点 T-V-N 和 T-H-N。根据图 3-20（a），T 形方颈单边螺栓连接节点超出传统螺栓连接节点的耗能值主要来源于其较高延性带来的多级加载能力。

因此，在 T 形方颈单边螺栓连接钢梁-钢管柱节点中，长圆形螺栓孔耗能的关键并非端板与钢管柱壁之间的摩擦阻尼，而是端板与柱壁之间的滑移赋予节点的较高延性。

6.4.3　加强组件与上下层钢管柱协同工作机理

相比无加强节点，T 形方颈单边螺栓连接钢梁-钢管柱加强节点组成部件众多，荷载传递路径复杂，是柱柱拼接节点和梁柱节点的组合。为进一步研究上下层钢管柱与内部加强组件之间的协同工作机理，本节通过有限元模型对第 4 章 6 个加强节点的受力进行分析。

图 6-15 展示了双槽钢组件和 H 型钢组件加强钢管柱在 90mrad 节点位移下的等效塑性应变分布云图。对于双槽钢组件加强节点，钢梁连接侧槽钢与钢管柱连接面协同变形，共同工作，主要承担来自拉区螺栓的外拔力和钢管柱拼缝处的水平剪力；而背侧槽钢则主要承担钢管柱拼缝处的水平剪力。从图 6-15（a）可以看出，钢梁连接侧槽钢在拉区螺栓两侧形成两个塑性铰，而背侧槽钢仅在钢管柱拼接处形成。这是因为双槽钢组件相互独立，对侧槽钢仅能通过钢管柱传递梁端荷载。此外，由于平齐槽钢组件较短，节点 J-C08-F 钢梁连接侧槽钢尚无法完全形成第二个塑性铰，如图 6-15（a）所示。

对于 H 型钢组件加强节点，钢梁端螺栓拉力由 H 型钢组件翼缘传递至腹板，再传至另一侧组件翼缘和钢管柱背侧，而梁端压力则直接通过 H 型钢组件腹板传递至钢管柱背侧。因此，图 6-15（b）所示 8.5mm 板厚 H 型钢组件拉区翼缘在螺栓拉力作用下出现弯曲变形，腹板在拉压力偶作用下出现剪切变形。与 H 型钢组件腹板的剪切刚度相比，同厚度翼缘的抗弯刚度则明显降低，图 6-15（c）所示 14mm 板厚 H 型钢组件的翼缘变形佐证了这一结论。从加强组件受力来看，H 型钢组件依靠其截面剪切刚度将梁端弯矩传递至钢管柱背侧，充分发挥其截面材料性能，而双槽钢组件则几乎只有钢梁连接侧槽钢承担梁端弯矩，无法有效传递至钢管柱背侧。

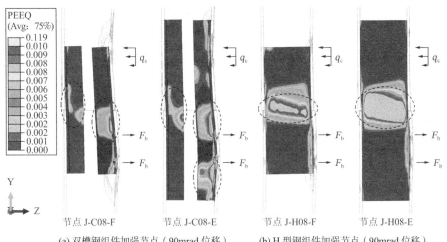

节点 J-C08-F　　　节点 J-C08-E　　　　节点 J-H08-F　　　节点 J-H08-E

(a) 双槽钢组件加强节点（90mrad 位移）　　(b) H 型钢组件加强节点（90mrad 位移）

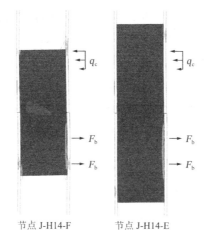

节点 J-H14-F　　　　节点 J-H14-E

(c) 加厚 H 型钢组件加强节点（90mrad 位移）

图 6-15　钢管柱和加强组件等效塑性应变

综上，H 型钢组件在钢管柱中的荷载传递路径清晰简单，材料性能利用充分，与钢管柱协同工作效率较高，是一种较为理想的加强组件截面。此外，在 H 型钢组件的截面设计中，要同时保证其腹板和翼缘分别具备足够的抗剪和抗弯刚度，方可避免组件变形，提高节点核心区的荷载传递效率。

6.5　参数分析

本书第 2 章至第 5 章针对 T 形方颈单边螺栓连接钢梁-钢管柱节点的试验研究表明，节点在低周往复荷载下的基本结构性能可以由单调荷载下的结构响应来体现。而且，从李德山[129]、王一焕[166]和袁峥嵘[171]针对梁柱节点的有限元分析结果中可知，采用单调加载获得的节点转角-弯矩关系曲线与试验骨架曲线的吻合程度好于低周往复加载获得的滞回曲线。因此，考虑到参数分析中有限元模型众多，时间成本较高，低周往复加载收敛性差的问题，本节所有节点模型均采用单调加载模式。

T 形方颈单边螺栓连接钢梁-钢管柱节点的参数分析包括无加强节点和加强节点两部分，分别以第 2 章节点 T-V-N 和第 4 章节点 J-H14-E 作为基准模型。基准模型的几何尺寸、材料属性、边界及荷载条件均与前文试件一致。

6.5.1　螺栓孔布置方案的影响

由第 2 章 T 形方颈单边螺栓连接钢梁-钢管柱无加强节点的单调加载试验结果可知，与 T 形方颈单边螺栓配套使用的长圆形螺栓孔具有方向性，且采用不同栓孔布置模式的节点结构性能存在一定程度的差异。例如，采用长圆形栓孔竖向布置方案可以提高节点的延性和耗能能力，采用横向布置方案则可以实现承压型连接，减小节点在竖向剪力下的滑移。由于试件数量受限，第 2 章仅对采用竖向布置方案和横向布置方案的节点进行了试验研究，并未研究栓孔横竖向混合布置方案的可行性。因此，本节对长圆形螺栓孔横向布置（H 型布置）、竖向布置（V 型布置）、横竖横混合布置（HVH 型布置）和竖横竖混合布置（VHV 型布置）方案下节点的抗弯性能进行研究，四种布置方案如图 6-16 所示。

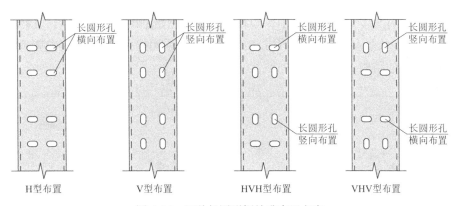

图 6-16　四种长圆形螺栓孔布置方案

图 6-17 展示了采用四种长圆形栓孔布置方案的钢管柱在 130mrad 节点位移下的等效塑性应变分布图。可见在四种栓孔布置方案下，钢管柱塑性变形的差异主要表现在受拉区。其中采用栓孔 V 型布置和 H 型布置的钢管柱塑性应变发展分别集中于钢管柱环向和轴向，栓孔周围塑性变形发展并不均匀。与 V 型布置和 H 型布置相比，栓孔 VHV 型布置和 HVH 型布置下钢管柱栓孔周围的塑性应变分布更为均匀。因此，从钢管柱栓孔周围的应变分布角度来看，采用栓孔混合布置方案更加合适。

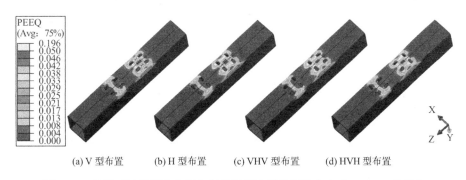

图 6-17　采用不同螺栓孔布置方案的钢管柱等效塑性应变（130mrad 位移）

考虑到栓孔布置方案可能会对节点的抗剪性能造成影响，因此本节对四种栓孔布置方案的参数分析中考虑了钢梁长度的变化。图 6-18 为 400mm 和 1400mm 梁长下四种栓孔布置方案节点的转角-弯矩关系曲线。可以看出，四种栓孔布置方案对节点抗弯性能的影响规律几乎不受梁长变化（节点弯剪比变化）的影响。这可能是因为螺栓预紧力的存在使节点成为摩擦型连接，进而难以体现横孔与竖孔受剪承载力的区别。

图 6-18 所示四种栓孔布置方案下节点转角-弯矩关系曲线的特征值汇总于表 6-4 中。整体来看，栓孔布置方案对节点抗弯性能的影响较小，其中初始刚度和承载力的变化范围分别保持在 15% 和 10% 之内。根据转角-弯矩关系曲线的走势和幅值，四种栓孔布置方案下的节点可以划分为 3 类，其中采用 V 型布置和 VHV 型布置方案节点的转角-弯矩关系曲线

几乎重合，归为同类。比较之下，V型布置和VHV型布置方案下节点具有最大的初始刚度和屈服弯矩，但是峰值弯矩最低；H型布置方案则赋予节点最小的初始刚度、最小的屈服弯矩以及高于V型布置和VHV型布置的峰值弯矩；HVH型布置方案下节点的抗弯性能达到最优，不仅拥有与V型布置和VHV型布置相当的初始刚度和屈服弯矩，其峰值弯矩也达到最大。因此，从节点单调荷载下的抗弯性能来看，采用栓孔HVH型混合布置方案可以使节点获得最优的结构响应，应优先推荐使用。

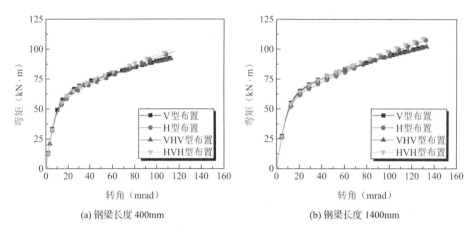

(a) 钢梁长度400mm   (b) 钢梁长度1400mm

图6-18 螺栓孔布置方案对节点抗弯性能的影响

不同栓孔布置模式下节点的曲线特征值对比   表6-4

长圆形栓孔布置方案		$S_{j,ini}$（kN·m/mrad）	M_y（kN·m）	M_p（kN·m）	破坏模式
梁长400mm	V型布置	4.646	63.50	92.93	柱壁端板屈服
	H型布置	4.141	59.49	98.04	
	VHV型布置	4.556	63.11	92.45	
	HVH型布置	4.435	62.87	99.57	
梁长1400mm	V型布置	4.215	66.12	96.55	柱壁端板屈服
	H型布置	3.728	62.29	105.37	
	VHV型布置	4.153	65.67	96.78	
	HVH型布置	4.025	64.52	106.30	

6.5.2 螺栓与栓孔间安装间隙的影响

螺栓与栓孔间的安装间隙δ_b一般由构件的装配精度决定。装配精度越低，安装间隙越大，构件的装配效率越高。对于传统大六角头螺栓，标准圆形螺栓孔与栓杆之间安装间隙的增大不会影响栓孔的抗冲切承载力，但是T形方颈单边螺栓与长圆形栓孔间安装间隙的增大会直接导致螺栓头与孔周接触面边长减小，造成栓孔抗冲切承载力下降。

为探究T形方颈单边螺栓与长圆形螺栓孔间的安装间隙δ_b对节点力学性能的影响，本节以第2章节点T-V-N和T-H-N为基准模型，对不同装配精度下节点的抗弯性能进行有限元分析。表6-5所列为国家标准《紧固件 螺栓和螺钉通孔》GB/T 5277—1985[150]规定的不同装配精度下钢结构高强度螺栓安装间隙表。

钢结构高强度螺栓安装间隙δ_b（单位：mm）　　　　　表 6-5

	螺栓公称直径	M12	M16	M20	M22	M24	M27	M30
装配精度	精装配	1.0	1.0	1.0	1.0	1.0	1.0	1.0
	中等装配	1.5	1.5	2.0	2.0	2.0	3.0	3.0
	粗装配	2.5	2.5	4.0	4.0	4.0	5.0	5.0

图 6-19 展示了不同装配精度下钢管柱在 130mrad 节点位移时的受拉区孔周等效塑性应变分布图。可见 T 形方颈单边螺栓与长圆形螺栓孔间的安装间隙大小对孔周等效塑性应变的分布范围和幅值几乎没有影响，但是对栓孔的理论抗冲切面积和膨鼓变形影响明显。对于 V 型布置方案，栓孔在 1.0mm、2.0mm 和 4.0mm 安装间隙下短轴方向宽度分别增大 5.9mm、6.2mm 和 7.1mm；而 H 型布置方案下则分别增大 3.8mm、3.9mm 和 5.0mm，如图 6-19 所示。可见无论是 V 型布置还是 H 型布置，螺栓与栓孔间安装间隙的增大会导致栓孔短轴方向变形快速发展，使 T 形螺栓头的有效锚固迅速降低。对比栓孔 V 型布置方案，H 型布置方案下栓孔短轴方向外扩变形平均减小 2.2mm，锚固作用损失较小。对比精装配，中等装配精度下栓孔短轴方向外扩变形仅增大 0.1～0.3mm，而粗装配下则增大 1.2mm。因此，综合考虑栓孔对螺栓头的锚固效果和构件的装配精度，采用中等装配精度的 H 型布置更加合适。

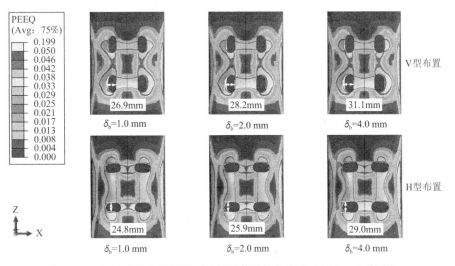

图 6-19　不同螺栓安装间隙下钢管柱等效塑性应变（130mrad 位移）

图 6-20 展示了 V 型和 H 型布置下不同装配精度节点的转角-弯矩关系曲线，其特征值汇总于表 6-6 中。节点的初始刚度、屈服弯矩和峰值弯矩都随螺栓与栓孔间安装间隙的增大而减小，其中峰值弯矩的减小幅度最大，但是仍保持在 10% 之内。此外，国家标准《紧固件 螺栓和螺钉通孔》GB/T 5277—1985[150]规定的三级装配精度不会对 T 形方颈单边螺栓连接钢梁-钢管柱节点的破坏模式造成影响。

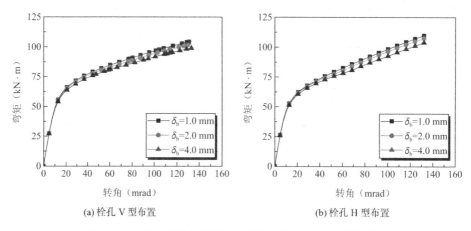

(a) 栓孔 V 型布置   (b) 栓孔 H 型布置

图 6-20　T 形方颈单边螺栓安装间隙对节点抗弯性能的影响

不同螺栓安装间隙下节点的曲线特征值对比　　　　　　表 6-6

长圆形栓孔布置方案	δ_b（mm）	$S_{j,ini}$（kN·m/mrad）	M_y（kN·m）	M_p（kN·m）	破坏模式
V 型布置	1.0	4.293	66.76	99.51	柱壁端板屈服
	2.0	4.215	66.12	96.05	
	4.0	4.088	64.07	93.43	
H 型布置	1.0	3.826	62.69	111.59	柱壁端板屈服
	2.0	3.728	62.29	110.37	
	4.0	3.660	61.77	106.98	

6.5.3　螺栓杆旋转偏差的影响

　　T 形方颈单边螺栓的方颈设计主要是为了在螺栓紧固过程中实现自锁，限制栓杆的旋转，进而避免额外辅助工具的使用。然而，螺栓与栓孔间安装间隙的存在使得栓杆必须在旋转一定角度后方可自锁，本书将之称为 T 形方颈单边螺栓旋转偏差角α_b，如图 6-21 所示。

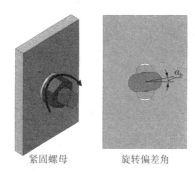

紧固螺母　　　　　旋转偏差角

图 6-21　T 形方颈单边螺栓旋转偏差角示意

　　在不考虑施拧过程中螺栓和栓孔变形的情况下，T 形方颈单边螺栓旋转偏差角理论值可由式(6-6)计算得到，常用α_b值汇总于表 6-7 中。

$$\alpha_{b} = \arcsin\left(\frac{d_{b} + \delta_{b}}{\sqrt{2}d_{b}}\right) - 45° \qquad (6\text{-}6)$$

式中，d_{b} 和 δ_{b} 分别为螺栓直径和螺栓与栓孔间安装间隙。

从表 6-7 中可知，精装配、中等装配和粗装配下钢结构用 T 形方颈单边螺栓旋转偏差角分别处于 1.98°～5.03°、5.03°～7.74° 和 9.88°～13.74° 范围之内。随着装配精度的降低，螺栓旋转偏差角增大，最大为 13.74°。

T 形方颈单边螺栓最大旋转偏差 α_{b}（单位：°）　　表 6-7

	螺栓公称直径	M12	M16	M20	M22	M24	M27	M30
装配精度	精装配	5.03	3.74	2.98	2.70	2.47	2.20	1.98
	中等装配	7.74	5.70	6.10	5.51	5.03	6.82	6.10
	粗装配	13.74	9.88	13.10	11.73	10.63	11.98	10.63

为研究 T 形方颈单边螺栓旋转偏差角对节点结构性能的影响，本节以第 2 章节点 T-V-N 和 T-H-N 为基准模型，对不同螺栓旋转偏差角下节点的抗弯性能进行有限元分析。图 6-22 为 V 型布置和 H 型布置方案下 0°～20° 螺栓旋转偏差角范围内节点的转角-弯矩关系曲线。由图可知，不超过 20° 的螺栓旋转偏差角不会对节点的转角-弯矩关系曲线产生影响，节点表现出稳定的力学性能。

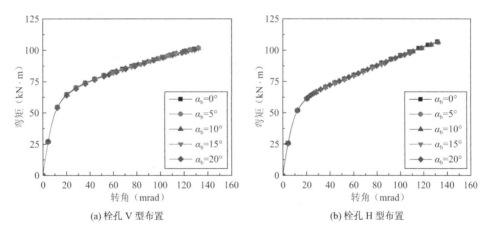

(a) 栓孔 V 型布置　　　　　　　　　　(b) 栓孔 H 型布置

图 6-22　T 形方颈单边螺栓旋转偏差对节点抗弯性能的影响

6.5.4　螺栓孔内偏移的影响

在对 T 形方颈单边螺栓连接节点的试验中发现，栓杆易在施拧过程中沿栓孔长轴方向发生孔内偏移。对于 V 型布置的螺栓孔，栓杆在施拧过程中受重力影响倾向于向下偏移，理论偏移距离 O_{b} 最大为 4mm，如图 6-23（a）所示。而对于 H 型布置的螺栓孔，栓杆孔内偏移方向和距离较为随机，本节取所有螺栓向栓群内偏移和向栓群外偏移两种最不利或最有利的极端情况进行研究，如图 6-23（b）所示。

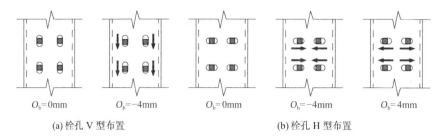

(a) 栓孔 V 型布置　　　　(b) 栓孔 H 型布置

图 6-23　T 形方颈单边螺栓孔内偏移示意

图 6-24 为 V 型布置和 H 型布置方案下栓杆在不同方向孔内偏移后钢管柱受拉区孔周等效塑性应变分布图。对于采用栓孔 V 型布置方案的节点，栓杆在孔内向下偏移 4mm 不会对钢管柱壁塑性应变分布造成影响。然而对于采用 H 型布置方案的节点，螺栓群在孔内的同向偏移会造成栓孔间竖向塑性铰线间距的改变，如图 6-24 所示。

不同方向和距离的螺栓孔内偏移对节点转角-弯矩关系曲线的影响如图 6-25 所示。

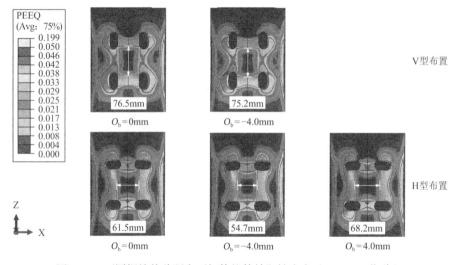

图 6-24　不同螺栓偏移距离下钢管柱等效塑性应变（130mrad 位移）

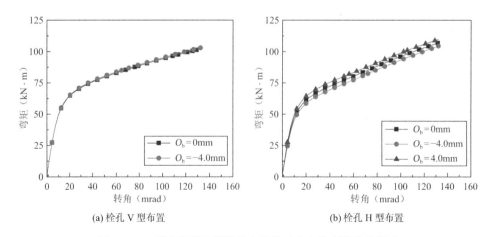

(a) 栓孔 V 型布置　　　　(b) 栓孔 H 型布置

图 6-25　T 形方颈单边螺栓孔内偏移对节点抗弯性能的影响

由图 6-25 可知，栓孔 V 型布置模式下，螺栓在孔内向下偏移确实不会影响节点的抗弯性能。然而 H 型布置模式下螺栓在孔内的同向偏移对节点结构响应的影响则更为明显。从表 6-8 所列曲线特征值可知，栓孔 H 型布置下螺栓向栓群内偏移会使节点的初始刚度、屈服弯矩和峰值弯矩分别下降 8.7%、3.9% 和 2.4%；螺栓向栓群外偏移则提高 6.8%、4.2% 和 2.4%。从数据来看，螺栓孔内偏移的最不利情况会导致节点损失小于 10% 的初始刚度和小于 5% 的受弯承载力。因此，在 T 形方颈单边螺栓群施拧过程中应尽可能避免 H 型布置方案下所有螺栓都向栓群中心偏移的情况；若无法避免，设计中也可忽略其对节点力学性能的影响。

不同螺栓偏移距离下节点的曲线特征值对比　　　表 6-8

长圆形栓孔布置方案	O_b（mm）	$S_{j,ini}$（kN·m/mrad）	M_y（kN·m）	M_p（kN·m）	破坏模式
V 型布置	0	4.215	66.12	96.05	柱壁端板屈服
	−4.0	4.231	66.24	96.32	
H 型布置	0	3.728	62.29	110.37	柱壁端板屈服
	−4.0	3.403	59.86	107.71	
	4.0	3.980	64.90	113.05	

6.5.5　螺母和垫圈尺寸的影响

由于长圆形螺栓孔在长轴方向的尺寸较大，市面上常见的螺母和垫圈无法完全将其覆盖，这可能会导致板件大变形下孔周塑性铰线有效长度的减小、螺母陷入大变形栓孔中以及钢管柱内灌注混凝土时出现漏浆[172]。为此，本节以第 2 章节点 T-V-N 和 T-H-N 为基本模型研究螺母尺寸对 T 形方颈单边螺栓连接钢梁-钢管柱节点抗弯性能的影响。表 6-9 列出了国家标准《1 型六角螺母》GB/T 6170—2015[173] 和《钢结构用高强度大六角螺母》GB/T 1229—2006[174] 规定的螺母尺寸。

六角螺母对边宽度 w_n（单位：mm）　　　表 6-9

	螺栓公称直径	M12	M16	M20	M22	M24	M27	M30
	GB/T 6170—2015	18.0	24.0	30.0	34.0	36.0	41.0	46.0
适用规范	GB/T 1229—2006	20.2	26.2	33.0	35.0	40.0	45.0	49.0
		21.0	27.0	34.0	36.0	41.0	46.0	50.0

考虑到六角螺母在端板大变形下的模型收敛性较圆形螺母更差，本节将表 6-9 所列六角螺母对边宽度 w_n 通过等面积替换为有限元模型中圆形螺母的等效直径 d_n，等效替换公式如下：

$$d_n = \sqrt{\frac{2\sqrt{3}}{\pi}} w_n \tag{6-7}$$

图 6-26 是采用不同尺寸螺母节点的转角-弯矩关系曲线，可见无论是对边宽度 30mm、33mm 和 34mm 的标准螺母还是 36mm 和 38mm 的非标准螺母，均不会对 T 形方颈单边螺栓连接钢梁-钢管柱节点的抗弯性能产生较大影响。

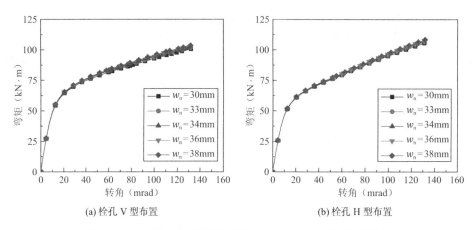

(a) 栓孔 V 型布置　　　　　　　　　　　(b) 栓孔 H 型布置

图 6-26　T 形方颈单边螺栓螺母尺寸对节点抗弯性能的影响

6.5.6　螺栓头长宽比的影响

T 形方颈单边螺栓 T 形头长宽比对节点抗弯性能的影响较大，尤其是极限转角。随着 T 形头长宽比的增加，栓孔抗冲切承载力提高，但是更大的开孔面积使板件的受弯承载力下降，因此寻找最优的螺栓 T 形头长宽比是 T 形方颈单边螺栓标准化的关键。T 形头长宽比由下式计算：

$$\lambda_b = l_a/l_b \tag{6-8}$$

式中，l_a 和 l_b 分别为 T 形方颈单边螺栓 T 形头长轴长度和短轴宽度。

表 6-10 列出了本节所用有限元模型中 T 形头尺寸、长宽比及其装配精度。本节以第 2 章节点 T-V-N 和 T-H-N 为基本模型，所有节点螺栓直径均为 20mm，T 形头长宽比取值 1.6～2.3，螺栓与栓孔间安装间隙均为中等装配精度 2.0mm。

有限元模型中 T 形头尺寸及其装配精度　　　　　　　　　　表 6-10

示意图	几何参数		T 形头长短轴尺寸及安装精度							
	螺栓头	l_a（mm）	32.0	34.0	36.0	38.0	40.0	42.0	44.0	46.0
		l_b（mm）	20.0	20.0	20.0	20.0	20.0	20.0	20.0	20.0
		λ_b	1.6	1.7	1.8	1.9	2.0	2.1	2.2	2.3
	安装孔	δ_b（mm）	2.0	2.0	2.0	2.0	2.0	2.0	2.0	2.0

采用 ABAQUS/Standard 分析模块得到的不同 T 形头长宽比下节点转角-弯矩关系曲线如图 6-27 所示。由图可知，无论是栓孔 V 型布置还是 H 型布置，随着螺栓 T 形头长宽比由 1.6 增至 2.3，节点的受弯承载力获得提高，但是提高幅度逐渐减小，直至 2.2 和 2.3 时节点转角-弯矩关系曲线几乎重合。此外，相比栓孔 H 型布置方案，T 形头长宽比变化对 V

型布置方案下节点抗弯性能的影响更大。这是因为在同样的节点位移下，V 型布置的螺栓孔短轴方向的膨鼓变形大于 H 型布置的栓孔，本书第 6.5.2 节图 6-19 可为此提供论据支持。

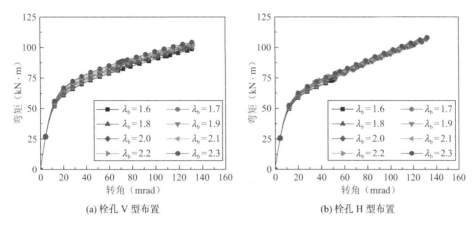

(a) 栓孔 V 型布置　　　　　　　　　　　(b) 栓孔 H 型布置

图 6-27　螺栓 T 形头长宽比对节点抗弯性能的影响（隐式分析）

由于长圆形螺栓孔在 T 形头拉拔作用下产生的膨鼓变形会削弱栓孔的抗冲切承载力，因此 T 形头长宽比较小时更易发生螺栓拔出破坏，节点的变形能力和延性更差。然而图 6-27 所示节点的转角-弯矩关系曲线并未出现下降，因此 ABAQUS/Standard 分析模块无法准确评估 T 形头长宽比对节点抗弯性能的影响。

为此，本节在对 T 形头长宽比的参数分析中结合了 ABAQUS/Explicit 模块进行模拟。图 6-28 展示了 T 形头长宽比为 1.8 时 ABAQUS/Standard 分析和 ABAQUS/Explicit 分析结果的对比。在 ABAQUS/Standard 分析模块下，节点位移达到 130mrad 时钢管柱壁变形仍在发展，并不会出现栓孔冲切破坏。而 ABAQUS/Explicit 模块下的钢管柱螺栓孔在节点位移 90mrad 时就已发生冲切破坏。因此，采用 ABAQUS/Explicit 模块进行 T 形头长宽比的参数分析将会得到更加准确的有限元结果。

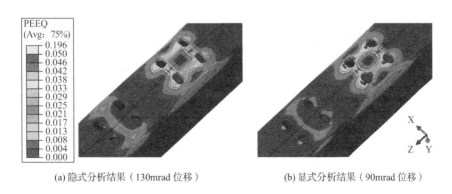

(a) 隐式分析结果（130mrad 位移）　　　　　(b) 显式分析结果（90mrad 位移）

图 6-28　螺栓头长宽比为 1.8 时采用隐式分析和显式分析的结果对比

图 6-29 为通过 ABAQUS/Explicit 模块得到的不同 T 形头长宽比下节点的转角-弯矩关系曲线。可以看出各节点均出现了陡降段，这代表着 T 形方颈单边螺栓冲切柱壁栓孔拔出。而且，节点的承载力同样表现出随 T 形头长宽比增大而提高的规律。

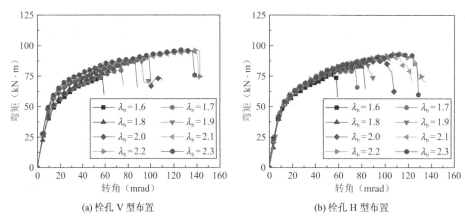

(a) 栓孔 V 型布置　　　　　　　　　(b) 栓孔 H 型布置

图 6-29　螺栓 T 形头长宽比对节点抗弯性能的影响（显式分析）

表 6-11 汇总了图 6-29 所示通过 ABAQUS/Explicit 模块得到的节点转角-弯矩关系曲线特征值。由表可知，除承载力外，T 形头长宽比对节点转动能力的影响更大。随着 T 形头长宽比的增加，无论是采用栓孔 V 型布置还是 H 型布置的节点，其极限转角持续提高。1.6 和 2.3T 形头长宽比下节点的极限转角分别为 54.21～58.01mrad 和 123.66～136.38mrad，转动能力提高 128.1%～135.1%。

基于 ABAQUS 显式分析的不同螺栓头长宽比下节点曲线特征值对比　　　　表 6-11

长圆形栓孔布置方案	λ_b（mm）	$S_{j,ini}$（kN·m/mrad）	M_y（kN·m）	M_p（kN·m）	θ_u（mrad）	极限状态
V 型布置	1.6	4.019	54.41	72.83	58.01	螺栓拔出
	1.7	4.066	56.38	79.87	74.09	螺栓拔出
	1.8	4.123	58.29	86.75	86.37	螺栓拔出
	1.9	4.172	62.42	87.16	92.20	螺栓拔出
	2.0	4.201	65.15	90.11	98.70	螺栓拔出
	2.1	4.232	65.74	94.31	140.48	螺栓拔出
	2.2	4.265	65.92	96.11	142.76	螺栓拔出
	2.3	4.287	66.07	96.12	136.38	螺栓拔出
H 型布置	1.6	3.353	58.84	76.59	54.21	螺栓拔出
	1.7	3.449	59.66	80.42	74.92	螺栓拔出
	1.8	3.544	60.37	82.34	81.64	螺栓拔出
	1.9	3.637	61.32	84.11	85.76	螺栓拔出
	2.0	3.724	62.21	87.38	100.06	螺栓拔出
	2.1	3.815	62.69	89.65	113.46	螺栓拔出
	2.2	3.950	63.07	93.33	121.75	螺栓拔出
	2.3	3.992	63.22	92.03	123.66	螺栓拔出

通过观察分析图 6-29 中曲线和表 6-11 中数据不难发现，栓孔 V 型布置下 T 形头长宽

比达 2.1 后节点的初始刚度、屈服弯矩、峰值弯矩和极限转角增速明显降低，甚至出现了极限转角下降的情况。而且，在栓孔 H 型布置下 T 形头长宽比达 2.2 后也出现了此种现象。这意味着在 T 形方颈单边螺栓连接钢梁-钢管柱节点中，T 形头的最优长宽比应为 2.1～2.2。考虑螺栓的标准化生产和其连接的力学性能，T 形头最优长宽比宜取值 2.2。

6.5.7　摩擦面抗滑移系数的影响

本书第 6.4.2 节揭示了 T 形方颈单边螺栓连接节点端板与钢管柱壁间的滑移距离明显大于传统螺栓连接节点的现象，因此节点各部件摩擦面抗滑移系数可能会影响节点的抗弯性能。本节以第 2 章节点 T-V-N 和 T-H-N 为基准模型，对采用不同钢材摩擦面抗滑移系数的节点进行单调加载分析。表 6-12 为国家标准《钢结构设计标准》GB 50017—2017[153]推荐的不同处理方式下钢材摩擦面抗滑移系数 μ 的取值。

钢材摩擦面的抗滑移系数 μ[153]　　　　　　　　　　表 6-12

连接处构件接触面的处理方法	构件的钢材牌号		
	Q235 钢	Q355 钢或 Q390 钢	Q420 钢或 Q460 钢
喷硬质石英砂或铸钢棱角砂	0.45	0.45	0.45
抛丸（喷砂）	0.40	0.40	0.40
钢丝刷清除浮锈或未经处理的干净轧制面	0.30	0.35	—

栓孔 V 型布置和 H 型布置方案下，采用不同摩擦面抗滑移系数节点的转角-弯矩关系曲线如图 6-30 所示。结果表明，钢材摩擦面抗滑移系数对节点抗弯性能的影响很小，μ 值由 0.30 增至 0.45 仅使节点的承载力提高 3.2%～3.9%。这也表明摩擦阻尼并非是 T 形方颈单边螺栓连接节点耗能能力优越的缘由，而应归功于端板与柱壁之间的较大滑移赋予节点的较高延性，这同样可以在本书第 6.4.2 节中找到论据支持。

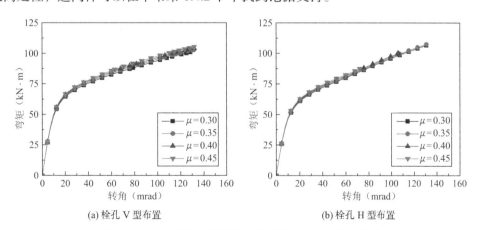

(a) 栓孔 V 型布置　　　　　　　　　　(b) 栓孔 H 型布置

图 6-30　钢材摩擦面抗滑移系数对节点抗弯性能的影响

6.5.8　加强组件截面尺寸及形状的影响

前文关于 T 形方颈单边螺栓连接钢梁-钢管柱节点的参数分析均以无加强节点为研究

对象，从本节开始则着重研究加强节点。本书第 4 章对加强节点抗弯性能的试验研究表明，外伸 H 型钢组件加强节点可以避免螺栓拔出破坏，具有较好的结构性能，属于半刚性全强度连接，符合螺栓连接节点的目标类型。试验研究还发现，H 型钢组件加强节点的结构性能在很大程度上受 H 型钢组件截面尺寸的影响。由于第 4 章和第 5 章中 H 型钢组件加强节点试件数量有限，难以系统全面揭示 H 型钢组件截面尺寸对节点抗弯性能的影响，因此本节以第 4 章节点 J-H14-E 为基准模型，建立不同翼缘和腹板厚度组合下的 H 型钢组件加强节点有限元模型并对其进行单调加载分析。

图 6-31 和图 6-32 分别展示了 H 型钢组件翼缘厚度 $t_{h,f}$ 和腹板厚度 $t_{h,w}$ 对加强节点抗弯性能的影响。整体来看，加强节点的初始刚度和受弯承载力均随 H 型钢组件翼缘和腹板厚度的增大而提高，并且上下层钢管柱间拼缝错位宽度也随之减小，直至收敛于 2 倍 H 型钢组件安装间隙 4mm。可见上下层钢管柱间的拼缝错位确实源自组件变形和组件安装间隙，进一步证实了第 4.3 节对此现象的猜想性解释。此外，由图 6-31（a）和图 6-32（a）可知，14mm 的 H 型钢组件翼缘厚度可以使节点的刚度和承载力达到最大，而 10mm 的腹板厚度即可实现同样的目标。因此，综合考虑节点的力学性能和经济性，H 型钢组件的截面设计原则同钢梁一致，应为厚翼缘薄腹板截面。

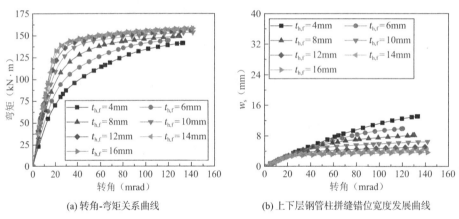

(a) 转角-弯矩关系曲线　　　　　　　　(b) 上下层钢管柱拼缝错位宽度发展曲线

图 6-31　H 型钢组件翼缘厚度对加强节点抗弯性能的影响（组件腹板厚度 14mm）

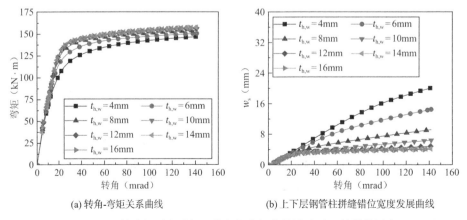

(a) 转角-弯矩关系曲线　　　　　　　　(b) 上下层钢管柱拼缝错位宽度发展曲线

图 6-32　H 型钢组件腹板厚度对加强节点抗弯性能的影响（组件翼缘厚度 14mm）

图 6-33 为 140mrad 节点位移下不同翼缘和腹板厚度 H 型钢组件的等效塑性应变结果。当 H 型钢组件腹板厚度为 14mm 时，组件的塑性变形全部集中于钢梁连接侧拉区翼缘，并且是欧洲规范 Eurocode 3: Part 1-8[145]所推荐组件法中的完全翼缘屈服模式（4 条塑性铰线）。当 H 型钢组件翼缘厚度为 14mm 时，不再发生完全翼缘屈服，并将变形传递至组件腹板中部。随着 H 型钢组件腹板厚度增加，腹板的剪切变形逐渐减小直至消失。因此，在 H 型钢组件的截面设计中应同时满足翼缘在节点拉区螺栓作用下不屈服和腹板在梁端水平剪力下不屈服两个条件，方可避免 H 型钢组件变形，实现"强柱弱梁""强节点弱构件"连接。

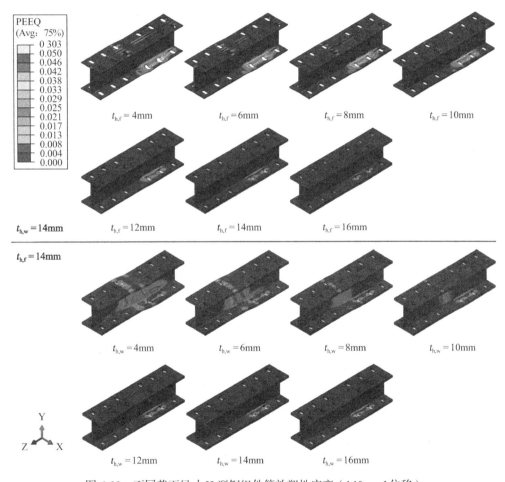

图 6-33　不同截面尺寸 H 型钢组件等效塑性应变（140mrad 位移）

在平面单榀框架中，H 型钢组件可以有效连接钢管柱两侧壁面，传递梁端荷载至钢梁对侧壁面，但是钢管柱两个侧壁却无法直接传递组件荷载。并且，实际工程多为空间框架结构，中节点、边节点和角节点均为空间节点，使用 H 型钢组件无法实现相邻壁面之间的荷载传递。为此，本节以第 4 章节点 J-H08-E 为基准模型，对十字钢组件加强节点的抗弯性能进行了有限元分析，模型的各项几何信息如图 6-34 所示。如图，十字钢组件可以通过 T 形方颈单边螺栓与钢管柱四侧柱壁相连，并且每侧均可连接钢梁。

  图 6-35 为 H 型钢组件和十字钢组件加强节点的转角-弯矩关系曲线和上下层钢管柱拼缝错位宽度发展曲线对比。由图可知，两类组件加强节点的转角-弯矩关系曲线十分贴近，其中十字钢组件加强节点的承载力略高。相比节点的转动刚度和承载力，十字钢组件对限制上下层钢管柱拼缝错位发展的作用更加明显，如图 6-35（b）所示。

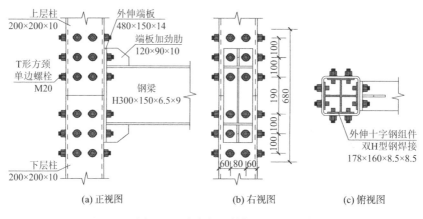

(a) 正视图   (b) 右视图   (c) 俯视图

图 6-34 十字钢组件加强节点

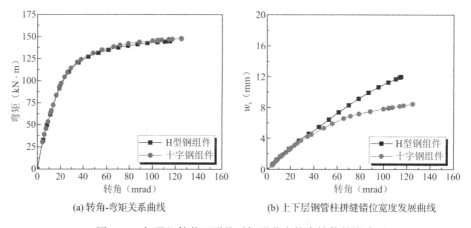

(a) 转角-弯矩关系曲线   (b) 上下层钢管柱拼缝错位宽度发展曲线

图 6-35 加强组件截面形状对加强节点抗弯性能的影响

  H 型钢组件和十字钢组件在 120mrad 节点位移下的等效塑性应变分布如图 6-36 所示。可以看出十字钢组件钢梁连接侧翼缘的塑性变形分布与 H 型钢组件几乎一致，并且十字钢组件节点平面内腹板的变形也与 H 型钢组件相似。反观十字钢组件节点平面外的翼缘和腹板则没有任何塑性应变产生。因此，图 6-35 和图 6-36 均表明十字钢组件在平面节点内的荷载传递路径与 H 型钢组件相同，而且二者对节点力学性能的加强效果相同。相比 H 型钢组件，十字钢组件的优势是可以应用于空间框架节点中，实现钢管柱两个侧柱壁间荷载的传递。需要说明的是，十字钢组件并不能在钢管柱相邻壁面间传递荷载，这是此类加强组件相比钢管柱内焊横隔板加强措施的劣势。此外，十字钢组件的设计应按照两个方向的 H 型钢组件分别计算。

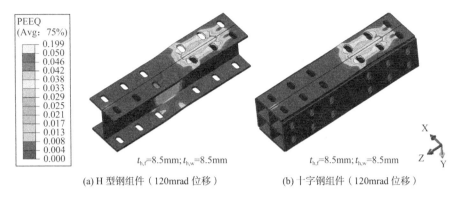

(a) H 型钢组件（120mrad 位移）　　　　(b) 十字钢组件（120mrad 位移）

图 6-36　不同截面形状加强组件等效塑性应变

6.5.9　加强组件与钢管柱间安装间隙的影响

为了保证现场施工的顺利，H 型钢组件的截面高度一般会设计有负公差，本书称为加强组件与钢管柱之间的安装间隙δ_c，在第 4 章和第 5 章的试件设计中取值 2mm。本节以第 4 章节点 J-H14-E 为基准模型，建立不同安装间隙下 H 型钢组件加强节点有限元模型并对其进行单调加载分析，所得转角-弯矩关系曲线和钢管柱拼缝错位发展曲线如图 6-37 所示。随着加强组件与钢管柱间安装间隙的增大，节点出现了明显的初始刚度下降和拼缝错位宽度增大的现象，而且变化速度持续加快。虽然加强组件与钢管柱间安装间隙会影响节点的初始刚度和钢管柱拼缝错位宽度，但是不会改变节点的承载力，如图 6-37（a）所示。因此，基于加强组件与钢管柱间安装间隙对节点结构性能的影响，本书建议δ_c的设计取值不应超过 2mm。

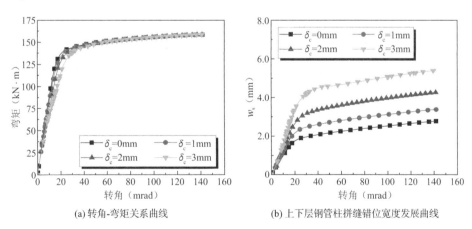

(a) 转角-弯矩关系曲线　　　　(b) 上下层钢管柱拼缝错位宽度发展曲线

图 6-37　加强组件与钢管柱之间的安装间隙对加强节点抗弯性能的影响

6.5.10　新型加强组件的影响

在第 4 章和第 5 章的试验中发现，H 型钢组件需要在持续吊装过程中完成与下层钢管柱的栓孔对齐和螺栓安装，这一过程中起重设备将会被持续占用，无法进行其余吊装作业，在很大程度上影响了施工效率。为此，本节在 H 型钢组件中部外焊一段钢管短柱形成新型加强组件，其在节点中的应用如图 6-38 所示。相比 H 型钢组件，新型加强组件可以直接吊装至下层钢管柱顶放置，不会持续占用起重设备，栓孔对齐和螺栓安装效率均得到大幅提升。此外，新型加强组件的应用使节点中部可以多布设一排螺栓，进一步限制钢管柱拼缝错位的发展。

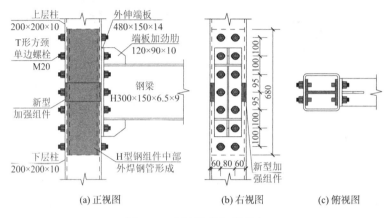

图 6-38　新型组件加强节点

本节以第 4 章节点 J-H14-E 为基准模型，建立新型组件加强节点有限元模型，并对其进行单调加载分析，所得转角-弯矩关系曲线和钢管柱拼缝错位发展曲线如图 6-39 所示。由图可知，新型组件加强节点的抗弯性能与 H 型钢组件加强节点一致，这是因为 H 型钢外焊短截钢管并不会改变其在钢管柱内的受力状态和节点的荷载传递路径。但是新型组件加强节点钢管柱的拼缝错位确实得到一定程度的限制，如图 6-39（b）所示。

实际上，图 6-35（a）所示十字钢组件加强节点和图 6-39（a）所示新型组件加强节点的转角-弯矩关系曲线几乎与 H 型钢组件加强节点重合，但是二者的钢管柱拼缝错位宽度却明显小于 H 型钢组件加强节点。因此作者认为，在加强组件刚度和强度足够的条件下，钢管柱拼缝错位是一种视觉上的错位，并不会对节点的抗弯性能造成影响，完全可以通过装饰装修手段得到解决。

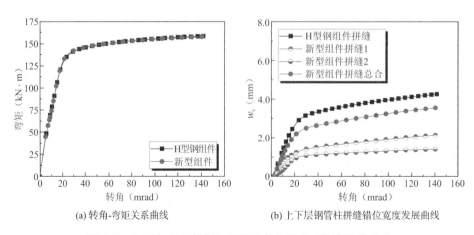

图 6-39　新型加强组件与 H 型钢组件加强节点抗弯性能对比

图 6-40 为 H 型钢组件和新型组件的 Mises 应力分布云图,可见外焊短截钢管确实不会对 H 型钢组件的受力状态产生明显影响。因此,相比 H 型钢组件,采用新型加强组件不仅不会对节点的抗弯性能产生影响,还可以减小钢管柱拼缝的视觉错位,更重要的是提高了现场起重设备的吊装效率和节点的安装效率。

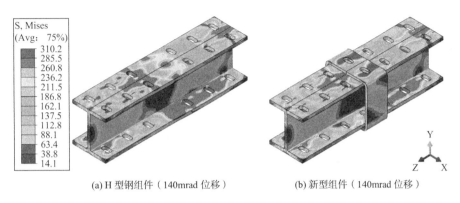

(a) H 型钢组件（140mrad 位移）　　　　(b) 新型组件（140mrad 位移）

图 6-40　H 型钢组件与新型组件 Mises 应力分布

6.5.11　钢管柱拼接位置的影响

在本书第 4 章和第 5 章对加强节点的试验研究中,上下层钢管柱拼缝设计于节点中心,而此处为节点区域水平剪力最大位置。由于钢管柱拼缝距离两侧螺栓排较远,因此在水平剪力下出现了明显的视觉错位。考虑到上下层钢管柱拼缝位置可能会影响其错位宽度的发展,本节以第 4 章节点 J-H14-E 为基准模型,分别建立拼缝位于钢梁压翼缘处和拉翼缘处的有限元模型并对其进行单调加载分析。图 6-41 为钢管柱拼缝的不同位置示意。

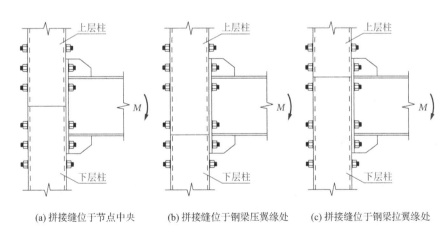

(a) 拼接缝位于节点中央　　　(b) 拼接缝位于钢梁压翼缘处　　　(c) 拼接缝位于钢梁拉翼缘处

图 6-41　上下层钢管柱拼接位置示意

上下层钢管柱拼缝位置对加强节点抗弯性能的影响如图 6-42 所示。由图可知,拼缝位置由节点中心转移至钢梁拉压翼缘处不会对节点的转角-弯矩关系曲线造成影响,但是可以大幅减小拼缝错位的宽度。这进一步证明了在加强组件刚度和强度足够的条件下钢管柱拼缝错位是一种视觉上的错位。

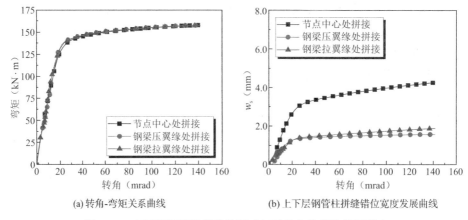

(a) 转角-弯矩关系曲线　　　　　　(b) 上下层钢管柱拼缝错位宽度发展曲线

图 6-42　上下层钢管柱拼接位置对加强节点抗弯性能的影响

图 6-43 为不同钢管柱拼缝位置下内部 H 型钢组件的 Mises 应力分布云图。从图中可以看出钢管柱拼缝位置由节点中心转移至钢梁拉压翼缘处不仅不会对 H 型钢组件钢梁连接侧翼缘（图中下方翼缘）的应变分布造成影响，还可以降低腹板的应力水平。这是因为钢梁拉压翼缘处钢管柱所受水平剪力小于节点中心处，而节点中心处原本由 H 型钢独立承担的剪力改为与钢管柱共同分担。因此，将钢管柱拼缝位置由节点中心转移至钢梁拉压翼缘处不仅不会改变节点的抗弯性能，还可以减小拼缝的视觉错位，改善加强组件的受力，应优先推荐采用。

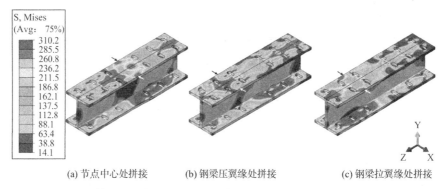

(a) 节点中心处拼接　　　　　(b) 钢梁压翼缘处拼接　　　　　(c) 钢梁拉翼缘处拼接

图 6-43　上下层钢管柱拼接位置对 H 型钢组件 Mises 应力分布的影响（140mrad 位移）

6.6　结构性能评估

在对 T 形方颈单边螺栓连接钢梁-钢管柱无加强节点和加强节点进行了一系列参数化研究后，本节通过有限元分析方法对比了 T 形方颈单边螺栓连接和传统螺栓连接、断柱加强方式和无损加强方式的结构性能，完成了对 T 形方颈单边螺栓连接钢梁-钢管柱节点的最终评估。需要强调的是，本节仅评估节点的力学性能，不考虑传统螺栓和加强组件在无损钢管柱内的安装难题。

6.6.1　T 形方颈单边螺栓连接

T 形方颈单边螺栓连接节点与传统螺栓连接节点的不同表现为螺栓结构和栓孔形状，

其中两类螺栓的有效截面积相同，在材料相同的情况下不会影响节点的力学性能。因此，栓孔所在钢管柱和端板是对比两类节点结构性能的关键部件。本节以第 2 章节点 S-C-N、T-V-N 和 T-H-N 为基准模型，建立不同钢管柱宽度 w_c、钢管柱壁厚度 t_c、端板宽度 w_e 和端板厚度 t_e 组合下的有限元模型并对其进行单调加载分析。

图 6-44 和图 6-45 分别展示了钢管柱宽度和壁厚对两类节点结构响应的影响。由图可知，两类节点的转动刚度和承载力均与钢管柱宽度呈负相关，与钢管柱壁厚呈正相关。此外，两类连接三个节点的力学性能参数大小关系始终未变，且差值范围稳定，可知其并不受钢管柱宽度和壁厚的影响。

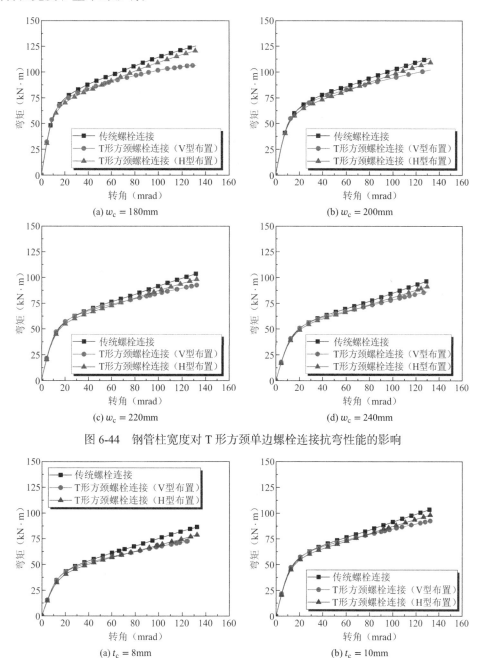

图 6-44　钢管柱宽度对 T 形方颈单边螺栓连接抗弯性能的影响

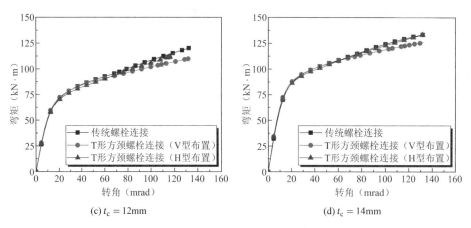

(c) $t_c = 12$mm

(d) $t_c = 14$mm

图 6-45　钢管柱壁厚对 T 形方颈单边螺栓连接抗弯性能的影响

图 6-46 和图 6-47 则展示了端板宽度和厚度对两类节点转角-弯矩关系曲线的影响。与钢管柱几何参数相似，端板宽度和厚度对 T 形方颈单边螺栓连接和传统螺栓连接的影响规律相同，同样不会改变三个节点之间的结构性能参数相对大小关系。因此，在充分考虑 T 形方颈单边螺栓连接的最不利因素后可以确认，两类连接的力学性能参数差异稳定，保持在一定范围之内。

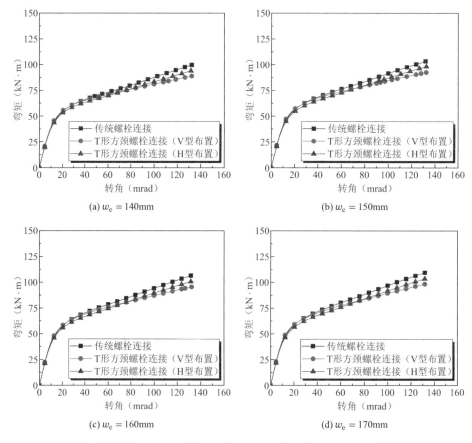

(a) $w_e = 140$mm

(b) $w_e = 150$mm

(c) $w_e = 160$mm

(d) $w_e = 170$mm

图 6-46　端板宽度对 T 形方颈单边螺栓连接抗弯性能的影响

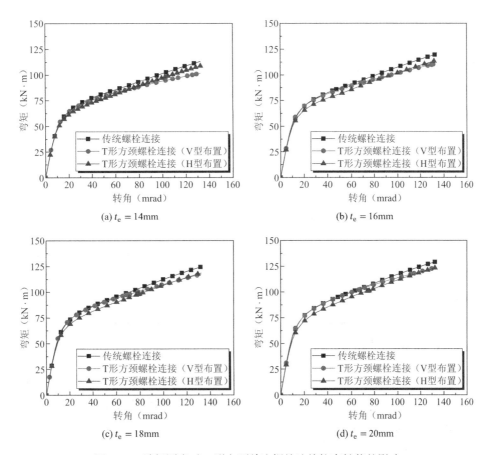

(a) $t_e = 14\text{mm}$　　　(b) $t_e = 16\text{mm}$

(c) $t_e = 18\text{mm}$　　　(d) $t_e = 20\text{mm}$

图 6-47　端板厚度对 T 形方颈单边螺栓连接抗弯性能的影响

表 6-13 汇总了图 6-44～图 6-47 中两类连接所有的转角-弯矩关系曲线特征值。表中 $M_{y,T}$ 和 $M_{p,T}$ 分别为 T 形方颈单边螺栓连接节点的屈服弯矩和峰值弯矩，而 $M_{y,S}$ 和 $M_{p,S}$ 则为传统螺栓连接节点的屈服弯矩和峰值弯矩。通过对表 6-12 所列数据的统计分析可以发现，T 形方颈单边螺栓连接钢梁-钢管柱节点具备不低于传统螺栓连接节点 90% 的屈服承载力和 85% 的峰值承载力，并且保证率不低于 95%，这与第 2 章和第 3 章的试验结果一致。

T 形方颈单边螺栓连接节点与传统螺栓连接节点曲线特征值对比　　表 6-13

序号	钢管柱尺寸		端板尺寸		$M_{y,T}$ （kN·m）		$M_{y,S}$ （kN·m）	$M_{p,T}$ （kN·m）		$M_{p,S}$ （kN·m）	$M_{y,T}/M_{y,S}$		$M_{p,T}/M_{p,S}$	
	w_c （mm）	t_c （mm）	w_e （mm）	t_e （mm）	V 型	H 型		V 型	H 型		V 型	H 型	V 型	H 型
1	180	10	150	14	72.4	68.9	74.2	106.5	120.9	125.3	0.976	0.929	0.850	0.965
2	200	10	150	14	66.9	61.5	67.1	101.8	108.9	113.3	0.997	0.917	0.898	0.961
3	220	10	150	14	59.3	54.9	58.7	92.7	98.3	103.8	1.010	0.935	0.893	0.947
4	240	10	150	14	53.3	50.6	52.9	86.7	91.6	97.0	1.008	0.957	0.894	0.944
5	220	8	150	14	43.1	41.5	43.3	75.3	78.9	86.7	0.995	0.958	0.869	0.910
6	220	12	150	14	76.5	71.5	76.5	109.9	111.7	120.2	1.000	0.935	0.914	0.929

续表

序号	钢管柱尺寸		端板尺寸		$M_{y,T}$（kN·m）		$M_{y,S}$（kN·m）	$M_{p,T}$（kN·m）		$M_{p,S}$（kN·m）	$M_{y,T}/M_{y,S}$		$M_{p,T}/M_{p,S}$	
	w_c（mm）	t_c（mm）	w_e（mm）	t_e（mm）	V型	H型		V型	H型		V型	H型	V型	H型
7	220	14	150	14	90.4	88.3	89.9	125.8	133.2	133.4	1.006	0.982	0.943	0.999
8	220	10	140	14	57.5	53.4	57.1	89.0	94.2	99.7	1.007	0.935	0.893	0.945
9	220	10	160	14	60.9	56.1	61.3	95.5	100.9	106.6	0.993	0.915	0.896	0.947
10	220	10	170	14	61.2	56.1	61.3	98.4	103.7	109.7	0.998	0.915	0.897	0.945
11	200	10	150	16	69.4	65.3	69.5	110.3	113.7	119.6	0.999	0.940	0.922	0.951
12	200	10	150	18	73.7	70.5	73.5	117.5	118.7	124.7	1.003	0.959	0.942	0.952
13	200	10	150	20	78.9	72.5	78.8	123.7	123.4	129.1	1.001	0.920	0.958	0.956
最小值											0.915		0.850	
平均值											0.9688		0.9243	
标准差											0.0342		0.0353	

6.6.2 钢管柱拼接

在"强节点弱构件"的设计目标指引下，梁柱节点核心区通常会设置加强措施，因此本书针对 T 形方颈单边螺栓连接钢梁-钢管柱节点提出内置组件加强法。考虑到通长钢管柱内置加强组件操作难度较大，本书所研究加强节点均采用断柱安装方法，即钢管柱于加强组件高度范围内断开，并通过螺栓完成拼接。为评估断柱加强方式对加强节点结构性能的影响，本节以第 4 章节点 J-H14-E 为基准模型，建立了完整钢管柱节点的有限元模型，并考虑了不同截面 H 型钢组件的影响。

图 6-48 展示了不同 H 型钢组件截面下断柱拼接节点和完整钢管柱节点的转角-弯矩关系曲线对比。由图可知，断柱拼接节点的转动刚度和承载力均低于完整钢管柱节点，尤其是转动刚度。但是随着 H 型钢组件翼缘和腹板的加厚，两类节点的承载力趋于一致。表 6-14 汇总了两类节点的转角-弯矩关系曲线特征值，可以看出在加强组件刚度和强度足够的条件下，断柱拼接节点具有完整钢管柱节点 70% 以上的初始刚度和 95% 以上的承载力。

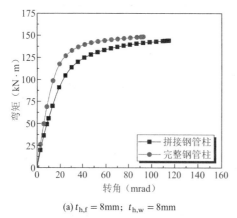

(a) $t_{h,f} = 8\text{mm}$；$t_{h,w} = 8\text{mm}$

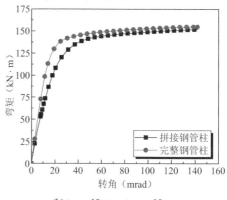

(b) $t_{h,f} = 10\text{mm}$；$t_{h,w} = 10\text{mm}$

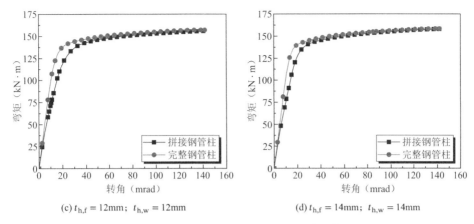

(c) $t_{h,f} = 12mm$；$t_{h,w} = 12mm$　　　　　(d) $t_{h,f} = 14mm$；$t_{h,w} = 14mm$

图 6-48　钢管柱拼接对 T 形方颈单边螺栓连接抗弯性能的影响

节点采用断柱加强方式和无损加强方式所得曲线特征值对比　　　　　表 6-14

序号	H 型钢组件尺寸		$S_{j,ini}$ (kN·m/mrad)		M_y (kN·m)		M_p (kN·m)		$S_{j,ini,B}/S_{j,ini,I}$	$M_{y,B}/M_{y,I}$	$M_{p,B}/M_{p,I}$
	$t_{h,f}$ (mm)	$t_{h,w}$ (mm)	断柱	完整柱	断柱	完整柱	断柱	完整柱			
1	8	8	4.093	6.345	114.6	126.9	144.1	148.3	0.645	0.903	0.972
2	10	10	4.484	6.599	132.1	138.2	152.0	155.1	0.679	0.956	0.980
3	12	12	4.968	6.867	136.4	139.3	155.9	157.1	0.723	0.979	0.992
4	14	14	5.305	7.188	136.8	138.5	158.1	158.1	0.738	0.988	1.000

6.7　本章小结

　　本章应用有限元分析软件 ABAQUS 建立了 T 形方颈单边螺栓连接钢梁-钢管柱三维非线性有限元模型，通过对比单调荷载和低周往复荷载下的试验结果完成模型验证，揭示了长圆形螺栓孔承载及破坏机理、耗能机理和加强组件与上下层钢管柱协同工作机理，探讨了 T 形方颈单边螺栓连接和断柱加强方式下节点特有的构造和几何参数对节点结构性能的影响，评估了 T 形方颈单边螺栓连接钢梁-钢管柱节点的力学性能。本章主要结论如下：

　　（1）本章所建立的 T 形方颈单边螺栓连接钢梁-钢管柱节点三维有限元模型不仅能够准确预测节点在单调荷载和低周往复荷载下的破坏模式、各部件受力状态和屈服顺序，还能得到与试验结果吻合度较高的节点转角-弯矩关系曲线和滞回曲线，具有较高的准确度和可靠性，为该类节点的工作机理分析、参数化研究和结构性能评估提供了可靠途径。

　　（2）在 T 形方颈单边螺栓连接钢梁-钢管柱无加强节点中，T 形头长宽比对节点破坏模式和承载力的影响较大，合适的、最优的螺栓 T 形头长宽比不仅可以提高螺栓孔的抗冲切承载力，还能保证节点的力学性能不被栓孔影响。此外，长圆形螺栓孔耗能的关键并非端板与钢管柱壁之间的摩擦阻尼，而是端板与柱壁之间的滑移赋予节点的较高延性。在加强节点中，H 型钢组件于钢管柱中的荷载传递路径清晰简单，材料性能利用充分，与钢管柱协同工作效率高，是一种较为理想的加强组件截面。在 H 型钢组件的截面设计中应同时满足翼缘在节点拉区螺栓作用下不屈服和腹板在梁端水平剪力下不屈服两个条件，方可避免H型钢组件变形，实现"强柱弱梁""强节点弱构件"连接。

（3）在对T形方颈单边螺栓连接钢梁-钢管柱的参数化研究中提出以下设计建议：

①T形方颈单边螺栓的螺母和垫圈尺寸、栓杆的旋转偏差和孔内滑移以及钢材摩擦面抗滑移系数对节点力学性能的影响均很小，设计中可忽略；

②长圆形栓孔HVH型混合布置可以使节点获得最优的结构响应，应优先推荐；

③考虑栓孔对螺栓头的锚固效果和构件的装配精度，推荐栓孔采用《紧固件 螺栓和螺钉通孔》GB/T 5277—1985[150]规定的中等装配精度；

④考虑螺栓的标准化生产和其连接的力学性能，T形头最优长宽比取值2.2；

⑤建议加强组件与钢管柱间安装间隙设计值不超过2.0mm；

⑥加强节点中，钢管柱拼缝应优先设计在钢梁翼缘处；

⑦H型钢组件的截面设计原则同钢梁一致，应为厚翼缘薄腹板截面；

⑧十字钢组件在平面节点中的荷载传递路径与H型钢组件相同，在空间节点中应按照两个方向的H型钢组件分别设计，而且无法传递钢管柱相邻壁面间的荷载；

⑨H型钢组件中部截面外焊短截钢管形成的新型组件在不影响节点力学性能的情况下，减小了钢管柱拼缝的视觉错位，提高了现场起重设备的吊装效率和节点的安装效率。

（4）通过对长圆形栓孔所在钢管柱和端板进行几何参数分析，进一步确定T形方颈单边螺栓连接钢梁-钢管柱节点具备不低于传统螺栓连接节点90%的屈服承载力和85%的峰值承载力，并且保证率不低于95%。此外，在加强组件刚度和强度足够的条件下，断柱拼接节点具有完整钢管柱节点70%以上的初始刚度和95%以上的承载力。虽然T形方颈单边螺栓连接和断柱加强措施的力学性能尚无法完全替代传统螺栓连接和钢管柱无损加强，但是其施工效率是后者无法比拟的。

第 7 章

T 形方颈单边螺栓连接钢梁-方钢管柱
节点设计方法研究

7.1 概 述

本书第 2 章至第 5 章通过一系列试验，探索了 T 形方颈单边螺栓连接钢梁-钢管柱无加强节点和加强节点在单调和低周往复荷载下的结构响应，展现出了此类连接可观的研究价值和应用潜力。此外，本书第 6 章采用有限元数值分析，进一步揭示了 T 形方颈单边螺栓连接钢梁-钢管柱节点的工作机理，研究了此类连接特有的构造和几何参数对节点结构性能的影响，并完成了此类连接的力学性能评估。广义来讲，无论是试验研究还是有限元数值模拟均属于"试验"性质的研究，即结构的力学性能必须通过制造试件（建立模型）并施加外力荷载（求解器运算）获得，且一次"试验"仅可获得唯一结果。而理论研究以分析模型和计算公式为载体，可以在短时间内快速获取结构在任意参数组合下的力学性能，这也是结构设计的最终指导办法。

本章在前文各章节研究结果和国内外相关研究成果的基础上应用组件分析法和薄板塑性铰线理论提出了 T 形方颈单边螺栓连接钢梁-钢管柱节点的转角-弯矩关系简化模型，可用于此类连接的结构性能预测。本章共包含 3 个部分：（1）建立 T 形方颈单边螺栓连接钢梁-钢管柱节点的初始转动刚度分析模型并推导计算公式；（2）提出 T 形方颈单边螺栓连接钢梁-钢管柱节点的受弯承载力分析模型并推导计算公式；（3）建立 T 形方颈单边螺栓连接钢梁-钢管柱节点的转角-弯矩关系简化模型。

7.2 初始转动刚度

由本书第 2 章至第 5 章的试验结果可知，T 形方颈单边螺栓连接钢梁-钢管柱节点属于半刚性连接，既可以传递一定的弯矩，也能发生转动，不可直接简化为刚接或铰接。半刚性节点初始转动刚度的求解是精确计算结构内弯矩和剪力分配的前提，也是转角-弯矩关系模型的关键参数，更是 T 形方颈单边螺栓连接设计的重要依据，因此必须明确此类连接的初始转动刚度计算方法。对于工字钢截面梁柱节点的初始刚度，国内外学者已经做了大量的研究工作，形成了比较完整的理论体系和计算方法，其中组件法是应用最为广泛的分析方法，并且被欧洲规范 Eurocode 3: Part 1-8[145]推荐。虽然现行规范 Eurocode 3: Part 1-8[145]对工字钢截面梁柱节点的初始刚度计算十分详细，包含栓接和焊接节点，但是缺乏钢梁-钢管柱连接的初始刚度计算方法。本节基于组件法思想，建立了T形方颈单边螺栓连接钢梁-钢管柱无加强节点和加强节点的初始刚度分析模型，推导了相关的计算公式。

采用组件法计算节点初始刚度的基本流程为：（1）将外荷载作用下的节点拆解为若干独立的基本部件；（2）分别计算各基本部件的抗拉、压、弯、剪刚度，并通过弹簧单元模拟；（3）根据节点受力特点将各基本部件的刚度进行串联或并联，进而获得节点整体的初始转动刚度。

7.2.1 节点组件拆分

节点的组件拆分是其初始转动刚度计算的前提。对于T形方颈单边螺栓连接钢梁-钢管柱无加强节点，其初始转动刚度源于T形方颈单边螺栓的抗拉刚度k_{bt}、受拉端板的抗弯刚度k_{teb}、受拉柱壁的抗弯刚度k_{tcb}、受压端板的抗弯刚度k_{ceb}和受压柱壁的抗弯刚度k_{ccb}的贡献。而T形方颈单边螺栓连接钢梁-钢管柱加强节点的初始转动刚度则由T形方颈单边螺栓的抗拉刚度k_{bt}、受拉带肋端板的抗弯刚度$k_{teb,s}$、受拉加强柱壁的抗弯刚度$k_{tcb,s}$、受压带肋端板的抗弯刚度$k_{ceb,s}$、受压加强柱壁的抗弯刚度$k_{ccb,s}$、加强组件腹板的抗剪刚度k_{sws}和加强组件受拉翼缘抗弯刚度k_{sfb}组成。考虑到外伸H型钢组件对节点结构性能的贡献优于双槽钢组件，本章针对加强节点提出的理论模型和计算公式仅适用于加强组件为外伸H型钢的情况。

7.2.2 组件刚度计算

1）单边螺栓抗拉刚度k_{bt}

由于螺栓的抗拉刚度主要源自栓杆、螺栓头和螺母，因此T形方颈单边螺栓的抗拉刚度k_{bt}可以参照欧洲规范 Eurocode 3: Part 1-8[145]推荐的公式计算：

$$k_{bt} = 1.6\frac{E_s A_{be}}{L_{be}} \tag{7-1}$$

式中，E_s为钢材弹性模量，A_{be}为栓杆有效截面积，L_{be}为螺栓有效长度，计算公式如下：

$$L_{be} = \begin{cases} t_e + t_c + t_w + 0.5(t_h + t_n) & \text{无加强节点} \\ t_e + t_c + t_w + t_{h,f} + 0.5(t_h + t_n) & \text{加强节点} \end{cases} \tag{7-2}$$

式中，t_e、t_c、t_w、$t_{h,f}$、t_h和t_n分别是端板厚度、柱壁厚度、垫圈厚度、加强组件翼缘厚度、T形螺栓头厚度和螺母厚度。

2）受拉端板抗弯刚度k_{teb}

（1）无肋端板

受拉端板抗弯刚度k_{teb}的计算参考欧洲规范 Eurocode 3 Part 1-8[145]推荐的T形件子模型法，节点端板等效为T形件的过程如图7-1所示。钢梁翼缘外侧的端板部分可以等效为竖向放置的T形件，如图7-1（a）所示，而钢梁翼缘内侧的端板则等效为横向放置的T形件，如图7-1（b）所示。

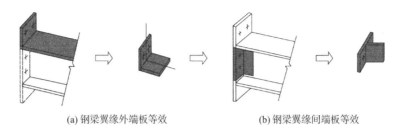

(a) 钢梁翼缘外端板等效　　　　　　　(b) 钢梁翼缘间端板等效

图 7-1　等效 T 形件的由来[166]

根据欧洲规范 Eurocode 3: Part 1-8[145]，受拉端板抗弯刚度 k_{teb} 可由下式得出：

$$k_{\text{teb}} = \frac{0.9 E_s l_{\text{eff}} t_e^3}{m_e^3} \tag{7-3}$$

式中，l_{eff} 为等效 T 形件翼缘塑性铰线有效长度，查找欧洲规范 Eurocode 3: Part 1-8[145] 获取；t_e 为端板厚度；m_e 为等效 T 形件单侧翼缘塑性铰线间有效距离，当变形板件位于螺母一侧时，m_e 可以通过下式计算：

$$m_e = \begin{cases} m - 0.5 d_n - h_f & \text{标准圆形螺栓孔} \\ m - 0.5 d_n - h_f & \text{长圆形螺栓孔长轴垂直腹板，螺母一侧板件} \\ m - 0.5(d_b + \delta_b) - h_f & \text{长圆形螺栓孔长轴平行腹板，螺母一侧板件} \end{cases} \tag{7-4}$$

式中，m 为等效 T 形件腹板边缘至栓孔中心距离，d_n 为六角螺母等效直径，可根据式(6-7)计算，h_f 为等效 T 形件翼缘与腹板间角焊缝焊脚高度。

由于 T 形件翼缘上栓孔的形状和尺寸会影响螺栓的夹紧范围和塑性铰线的有效长度[172]，因此等效 T 形件中不同类型栓孔下 m_e 和 l_{eff} 的取值汇总于表 7-1 中。

T 形件中不同栓孔下 m_e 和 l_{eff} 的取值　　　　　　　表 7-1

m 取值	栓孔类型及布置		m_e 取值	l_{eff} 取值
	标准圆形螺栓孔		$m - 0.5 d_n - h_f$	塑性铰线
	长圆形螺栓孔长轴垂直腹板		$m - 0.5 d_n - h_f$	塑性铰线
	长圆形螺栓孔长轴平行腹板		$m - 0.5(d_b + \delta_b) - h_f$	塑性铰线

（2）带肋端板

对于带肋端板，钢梁翼缘外侧部分受翼缘和加劲肋约束，钢梁翼缘内侧部分受翼缘和腹板约束，均为两边支撑板件，如图 7-2（a）所示。根据施刚[175]的研究，两边支撑板件的抗弯刚度计算采用叠加法，即将其分解为两个方向的单边支撑板件，并根据无肋端板分析模型单独计算其抗弯刚度 k_{teb1} 和 k_{teb2}，最后通过分解系数组合两个方向的单边支撑板件抗弯刚度得到两边支撑板件的抗弯刚度 $k_{teb,s}$，如图 7-2（b）所示，具体计算公式如下：

$$k_{teb,s} = \beta_1 k_{teb1} + \beta_2 k_{teb2} \tag{7-5}$$
$$\beta_1 = 1 - A_2/(l_{eff,1} m_{e,1}) \tag{7-6}$$
$$\beta_2 = 1 - A_1/(l_{eff,2} m_{e,2}) \tag{7-7}$$

式中，k_{teb1} 和 k_{teb2} 为两边支撑板分别按照两个方向上的单边支撑板计算得到的抗弯刚度，β_1 和 β_2 为两边支撑板在两个方向的分解系数，A_1、A_2、$l_{eff,1}$ 和 $l_{eff,2}$ 为图 7-2 所示面积和长度，$m_{e,1}$ 和 $m_{e,2}$ 分别为图 7-2 所示 m_1 和 m_2 对应的有效距离，计算方法参照式(7-4)。

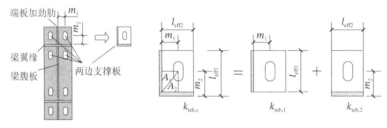

(a) 加劲端板刚度计算单元提取　　　　　(b) 两边支撑板刚度分解

图 7-2　加劲端板受拉刚度计算模型

3）受拉柱壁抗弯刚度 k_{tcb}

（1）无加强组件

无加强钢管柱连接面在螺栓拉力作用下有外凸变形的趋势，而钢管柱侧壁则有内凹变形的趋势，这是柱壁连接面的转动所致。因此，钢管柱侧壁不仅为其连接面提供拉伸约束，还提供转动约束，其简化分析模型的边界条件可由轴向拉伸弹簧和转动弹簧替代，如图 7-3 所示。图中，F_s 为螺栓拉力，d_n 和 d_b 分别是螺母直径和栓杆直径，λ_b 为 T 形方颈单边螺栓 T 形头长宽比，w_c 和 h_c 分别是钢管柱截面外包宽度和高度，t_c 为钢管柱壁厚，R_{cf} 为钢管柱截面外倒角半径，w_{ce} 和 g_b 分别是钢管柱壁受弯有效宽度和螺栓列距，g_{be} 为螺栓群内刚性区域宽度，k_t 和 k_r 分别为钢管柱侧壁的平面内拉压刚度和平面外转动刚度。

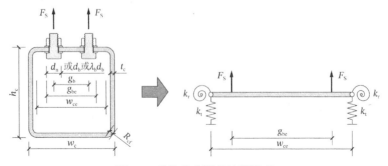

图 7-3　受拉柱壁刚度计算模型

由于钢管柱侧壁的平面内拉压刚度 k_t 远大于其平面外转动刚度 k_r，因此可将 k_t 视为无限大，仅考虑 k_r 对钢管柱壁抗弯刚度的影响。利用叠加原理，将钢管柱连接面在螺栓拉力 F_s 作用下的位移视为简支板在集中力作用下的位移（正位移）与钢管柱侧壁约束弯矩作用下的位移（负位移）两部分的叠加，则受拉柱壁的抗弯刚度 k_{tcb} 为[42,176]：

$$k_{tcb} = \frac{E_s f_1 t_c^3}{w_{ce}^2 \cos \dfrac{\pi g_{be}}{2 w_{ce}}} \tag{7-8}$$

$$f_1 = \frac{11.5 w_{ce} k_r + 5.7 E_s t_c^3}{2.024 w_{ce} k_r S_1 - w_{ce} k_r + E_s S_1 t_c^3} \tag{7-9}$$

$$S_1 = 0.143 \left(\frac{g_{be}}{w_{ce}}\right)^2 - 0.306 \left(\frac{g_{be}}{w_{ce}}\right) + 1.076 \tag{7-10}$$

$$k_r = \frac{4 E_s I_{cw}}{h_c} \left(\frac{1.5 w_c + h_c}{2 w_c + h_c}\right) \tag{7-11}$$

式中，I_{cw} 为单位宽度钢管柱壁截面惯性矩。对于 w_{ce} 和 g_{be}，按下列公式计算：

$$w_{ce} = w_c - 2 R_{cf} \tag{7-12}$$

$$g_{be} = \begin{cases} g_b + d_n & \text{标准圆形螺栓孔} \\ g_b + d_b & \text{长圆形螺栓孔长轴垂直柱轴线} \\ g_b + \lambda_b d_b & \text{长圆形螺栓孔长轴平行柱轴线} \end{cases} \tag{7-13}$$

（2）内置加强组件

对于内置加强组件的钢管柱，在螺栓力 F_s 作用下柱壁的平面外变形由钢管柱连接面和背壁提供，如图 7-4 所示。

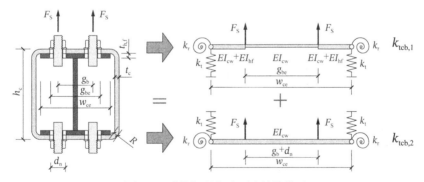

图 7-4　受拉加强柱壁刚度计算模型

钢管柱连接面的刚度计算参照无加强钢管柱，如图 7-3 所示。由于受拉钢管柱壁的抗弯刚度主要由简支板在集中力作用下的抗弯刚度和侧壁约束下的转动刚度贡献，其中简支板的变形集中于螺栓群外侧，而加强钢管柱侧壁约束刚度与无加强钢管柱相同（钢管柱倒角处及侧壁厚度未发生变化），因此可以得出加强钢管柱连接面抗弯刚度 k_{tcb1}，如图 7-4 所示。考虑到钢管柱与加强组件翼缘为直接摞叠，其截面抗弯刚度取 $EI_{cw} + EI_{hf}$，其中 I_{cw} 和 I_{hf} 分别为单位宽度钢管柱壁截面惯性矩和单位宽度加强组件翼缘截面惯性矩。此外，加强钢管柱背壁的几何特征和受力特点与无加强钢管柱连接面相同，故可以采用如图 7-3 所示模型计算其抗弯刚度。

因此,加强钢管柱壁的抗弯刚度$k_{tcb,s}$可以通过式(7-14)~式(7-17)求得:

$$k_{tcb,s} = \cfrac{1}{\cfrac{1}{k_{tcb1}} + \cfrac{1}{k_{tcb2}}} \tag{7-14}$$

式中,k_{tcb1}和k_{tcb2}分别为加强钢管柱连接面和背壁的抗弯刚度。

$$k_{tcb1} = \frac{E_s f_1 (t_c^3 + t_{h,f}^3)}{w_{ce}^2 \cos \dfrac{\pi g_{be}}{2w_{ce}}} \tag{7-15}$$

$$f_1 = \frac{11.5 w_{ce} k_r + 5.7 E_s (t_c^3 + t_{h,f}^3)}{2.024 w_{ce} k_r S_1 - w_{ce} k_r + E_s S_1 (t_c^3 + t_{h,f}^3)} \tag{7-16}$$

式中,S_1和k_r由式(7-10)和式(7-11)求得。

$$k_{tcb,2} = k_{tcb} \tag{7-17}$$

式中,k_{tcb}运用式(7-8)~式(7-13)计算,其中g_{be}取$g_b + d_n$。

4)受压端板抗弯刚度k_{ceb}

(1)无肋端板

无肋端板在受压状态下的抗弯刚度计算模型同样采用等效 T 形件,如图 7-5 所示。由于端板外伸部分为单边约束,因此在集中荷载P作用下,端板所受来自柱壁的等效分布荷载q_{ec}近似三角形分布。进一步简化,无肋端板在受压状态下的抗弯刚度可等效为长度l_{ec}的悬臂梁在分布荷载q_{ec}作用下的抗弯刚度求解,如图 7-5 所示。

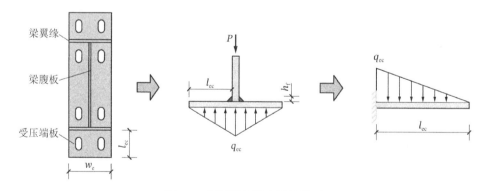

图 7-5 受压端板刚度计算模型

因此,推导得到无肋端板在受压状态下的抗弯刚度k_{ceb}计算公式:

$$k_{ceb} = \frac{5 E_s w_e t_e^3}{2(l_{ec} - h_f)^3} \tag{7-18}$$

式中,w_e和t_e分别是端板的宽度和厚度,h_f为端板与钢梁翼缘之间角焊缝焊脚高度。

(2)带肋端板

带肋端板在受压状态下的抗弯刚度参考其在受拉时的叠加法计算,即将两边支撑的带肋端板分解为两个方向的单边支撑板件单独计算其抗弯刚度k_{ceb1}和k_{ceb2},再通过分解系数组合两个方向的单边支撑板件抗弯刚度得到两边支撑板件的抗弯刚度$k_{\text{ceb,s}}$，如图 7-6 所示。

$$k_{\text{ceb,s}} = \beta_1 k_{\text{ceb1}} + \beta_2 k_{\text{ceb2}} \tag{7-19}$$

式中，β_1 和 β_2 为两边支撑板在两个方向的分解系数，由式(7-6)和式(7-7)计算得到。

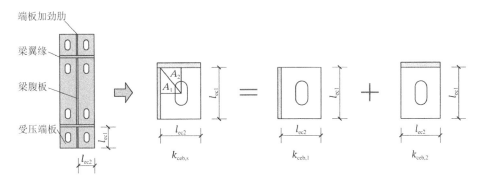

图 7-6　加劲端板受压刚度计算模型

5）受压柱壁抗弯刚度k_{ccb}

（1）无肋端板连接

对于内置 H 型钢组件的钢管柱，受压区一般不会发生变形（图 4-9～图 4-12），本书认为加强柱壁在受压状态下的抗弯刚度无限大，不予计算。而对于无加强的钢管柱，其在受压状态下的变形有两种情况，一种是无肋端板挤压下的"线形"变形，一种是带肋端板挤压下的"点状"变形，分别如图 2-14（c）和图 2-16（c）所示。

无肋端板挤压下的钢管柱壁受弯刚度计算与其在受拉状态下的计算方法类似。利用叠加原理，将钢管柱连接面在钢梁翼缘压力作用下的位移视为简支板在分布力作用下的位移（正位移）与钢管柱侧壁约束弯矩作用下的位移（负位移）两部分的叠加，如图 7-7 所示。

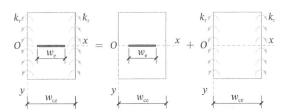

图 7-7　无加劲端板连接下受压柱壁刚度计算模型

则无肋端板挤压下无加强钢管柱壁抗弯刚度k_{ccb}为[42]：

$$k_{\text{ccb}} = E_{\text{s}} S_2 \left(\frac{t_{\text{c}}}{w_{\text{ce}}}\right)^3 \tag{7-20}$$

$$S_2 = \frac{(4.7 E_{\text{s}} t_{\text{c}}^3 + 9.555 w_{\text{ce}} k_{\text{r}}) w_{\text{e}}}{0.112(4.7 E_{\text{s}} t_{\text{c}}^3 + 9.555 w_{\text{ce}} k_{\text{r}}) \sin\dfrac{\pi w_{\text{e}}}{2 w_{\text{ce}}} - 0.828 k_{\text{r}} w_{\text{e}} \cos\dfrac{\pi w_{\text{e}}}{2 w_{\text{ce}}}} \tag{7-21}$$

（2）带肋端板连接

带肋端板挤压下柱壁的抗弯刚度计算模型与无肋端板连接相似，二者的不同之处在于受压区域的位置和面积。对于带肋端板连接，钢管柱壁的受压区域集中于端板加劲肋末端，宽度为端板加劲肋板厚 t_{es}，如图 7-8 所示。

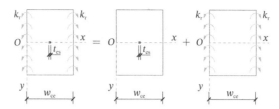

图 7-8　加劲端板连接下受压柱壁刚度计算模型

则带肋端板挤压下无加强钢管柱壁抗弯刚度 $k_{ccb,s}$ 为：

$$k_{ccb,s} = E_s S_3 \left(\frac{t_c}{w_{ce}}\right)^3 \tag{7-22}$$

$$S_3 = \frac{(4.7E_s t_c^3 + 9.555 w_{ce} k_r) t_{es}}{0.112(4.7E_s t_c^3 + 9.555 w_{ce} k_r)\sin\dfrac{\pi t_{es}}{2w_{ce}} - 0.828 k_r t_{es}\cos\dfrac{\pi t_{es}}{2w_{ce}}} \tag{7-23}$$

6）加强组件腹板抗剪刚度 k_{sws}

加强组件腹板抗剪刚度 k_{sws} 参考欧洲规范 Eurocode 3: Part 1-8[145]推荐的无加劲肋型钢柱腹板剪切刚度，计算公式如下：

$$k_{sws} = \frac{0.38 E_s A_{vs}}{\beta_j Z} \tag{7-24}$$

$$A_{vs} = (h_h - 2t_{h,f})t_{h,w} \tag{7-25}$$

式中，A_{vs} 为加强组件腹板剪切面积；β_j 为节点域剪切刚度计算转换系数，对称加载的中柱节点取 $\beta_j = 0$，反对称加载的中柱节点取 $\beta_j = 2$，边柱节点取 $\beta_j = 1$，如表 7-2 所列；Z 为节点受拉中心和受压中心的间距；h_h 为 H 型钢组件截面高度；$t_{h,f}$ 和 $t_{h,w}$ 分别为 H 型钢组件翼缘和腹板厚度。

β_j 值的选取　　　　　　　　　　　　表 7-2

节点形式	节点所受荷载	β_j 值
M_1	M_1	1
M_1　M_2	$M_1 = M_2$	0
	$M_1/M_2 > 0$	1
	$M_1/M_2 < 0$	2
	$M_1 + M_2 = 0$	2

7）加强组件受拉翼缘抗弯刚度 k_{sfb}

加强组件受拉翼缘的抗弯刚度分析参照图 7-4，与欧洲规范 Eurocode 3: Part 1-8[145]推荐的型钢柱受拉翼缘的初始刚度计算模型类似。因此，加强组件受拉翼缘的抗弯刚度 k_{sfb} 采取等效 T 形件模型计算：

$$k_{\mathrm{sfb}} = \frac{0.9E_s l_{\mathrm{eff}} t_{\mathrm{h,f}}^3}{m_{\mathrm{e}}^3} \tag{7-26}$$

式中，l_{eff} 为等效 T 形件翼缘塑性铰线有效长度，查找欧洲规范 Eurocode 3 Part 1-8[145] 获取；$t_{\mathrm{h,f}}$ 为加强组件翼缘厚度；m_{e} 为等效 T 形件单侧翼缘塑性铰线间有效距离，当变形板件位于螺栓头一侧时，m_{e} 可以通过下式计算：

$$m_{\mathrm{e}} = \begin{cases} m - 0.5d_n - h_f & \text{标准圆形螺栓孔} \\ m - 0.5d_b - h_f & \text{长圆形螺栓孔长轴垂直腹板，螺栓头一侧板件} \\ m - 0.5\lambda_b d_b - h_f & \text{长圆形螺栓孔长轴平行腹板，螺栓头一侧板件} \end{cases} \tag{7-27}$$

7.2.3　节点刚度计算模型

根据欧洲规范 Eurocode 3: Part 1-8[145] 的组件法思想，节点的初始转动刚度由各组件的初始刚度通过串联或并联计算得到。而在计算之前需要确定节点的旋转中心、明确各组件之间的串并联关系、建立节点初始转动刚度的分析模型。本节通过组件法分别建立了 T 形方颈单边螺栓连接钢梁-钢管柱无加强节点和加强节点的初始转动刚度分析模型。

1）无加强节点

对于无加强节点，试验结果和数值模拟均表明节点的旋转中心位于钢梁压翼缘处。根据各组件之间的几何关系和受力分析，可以得到无加强节点的初始转动刚度分析模型，如图 7-9 所示。在受拉区，每个螺栓排的抗拉刚度均由单边螺栓抗拉刚度 $k_{\mathrm{bt,i}}$、受拉端板抗弯刚度 $k_{\mathrm{teb,i}}$ 和受拉柱壁抗弯刚度 $k_{\mathrm{tcb,i}}$ 串联得到，且各螺栓排至节点旋转中心的距离为 z_i，如图 7-9（a）所示。而在节点受压区，其刚度由受压柱壁抗弯刚度 k_{ccb} 和受压端板抗弯刚度 k_{ceb} 并联得到。

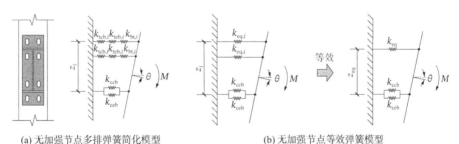

(a) 无加强节点多排弹簧简化模型　　　　(b) 无加强节点等效弹簧模型

图 7-9　T 形方颈单边螺栓连接钢梁-钢管柱无加强节点初始刚度计算模型

对于受拉区，由单边螺栓、端板和柱壁 3 个组件串联得到的单个螺栓排等效抗拉刚度 $k_{\mathrm{eq},i}$ 可以由下式求得：

$$k_{\mathrm{eq},i} = \frac{1}{\dfrac{1}{k_{\mathrm{bt,i}}} + \dfrac{1}{k_{\mathrm{teb,i}}} + \dfrac{1}{k_{\mathrm{tcb,i}}}} \tag{7-28}$$

式中，$k_{\mathrm{bt,i}}$、$k_{\mathrm{teb,i}}$ 和 $k_{\mathrm{tcb,i}}$ 分别为第 i 排螺栓处 T 形方颈单边螺栓的抗拉刚度、受拉端板的抗弯刚度和受拉柱壁的抗弯刚度。

对于节点受拉区组件形式相同、z_i 不同的螺栓排，可以用一个等效力臂 z_{eq} 来代替原来的力臂z_i，从而得到不同高度处各组件的等效刚度k_{eq}，如图 7-9（b）所示。基于图 7-9（b）中的受力关系，根据力和弯矩的平衡有以下等式成立。

$$\sum_i k_{eq,i} z_i \theta = k_{eq} z_{eq} \theta \tag{7-29}$$

$$\sum_i k_{eq,i} z_i^2 \theta = k_{eq} z_{eq}^2 \theta \tag{7-30}$$

用式(7-30)除以式(7-29)，有：

$$z_{eq} = \frac{\sum_i z_i^2}{\sum_i z_i} \tag{7-31}$$

$$k_{eq} = \frac{\sum_i k_{eq,i} z_i^2}{z_{eq}^2} \tag{7-32}$$

外力M作用下，在z_{eq}处由柱壁受弯、端板受弯和 T 形方颈单边螺栓受拉产生的节点总变形Δ_t由下式计算：

$$\Delta_t = \frac{M}{z_{eq} k_{eq}} \tag{7-33}$$

节点受压总变形Δ_c为：

$$\Delta_c = \frac{M}{z_{eq}(k_{ccb} + k_{ceb})} \tag{7-34}$$

节点处梁柱的相对转角为：

$$\theta = \frac{\Delta_t + \Delta_c}{z_{eq}} = \frac{M}{z_{eq}^2} \left(\frac{1}{k_{eq}} + \frac{1}{k_{ccb} + k_{ceb}} \right) \tag{7-35}$$

因此，T 形方颈单边螺栓连接钢梁-钢管柱无加强节点的初始转动刚度为：

$$S_{j,ini} = \frac{M}{\theta} = \frac{z_{eq}^2}{\dfrac{1}{k_{eq}} + \dfrac{1}{k_{ccb} + k_{ceb}}} \tag{7-36}$$

2）加强节点

相比无加强节点，加强节点在钢管柱内增设加强组件，在外伸端板增设端板加劲肋，并且钢管柱为分段设计。因此，根据节点受力分析可以得到 T 形方颈单边螺栓连接钢梁-钢管柱加强节点的初始转动刚度分析模型，如图 7-10 所示。

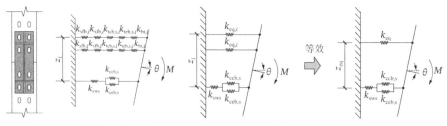

(a) 加强节点多排弹簧简化模型　　　　　　　(b) 加强节点等效弹簧模型

图 7-10　T 形方颈单边螺栓连接钢梁-钢管柱加强节点初始刚度计算模型

外力M作用下，加强节点第i排螺栓处各组件等效抗拉刚度$k_{eq,i}$由单边螺栓抗拉刚度$k_{bt,i}$、受拉带肋端板抗弯刚度$k_{teb,s,i}$、受拉加强柱壁抗弯刚度$k_{tcb,s,i}$和加强组件的 2 个受拉翼缘抗弯刚度$k_{sfb,i}$串联得到，表达式为：

$$k_{eq,i} = \cfrac{1}{\cfrac{1}{k_{bt,i}} + \cfrac{1}{k_{teb,s,i}} + \cfrac{1}{k_{tcb,s,i}} + \cfrac{1}{k_{sfb,i}} + \cfrac{1}{k_{sfb,i}}} \tag{7-37}$$

加强节点在z_{eq}处由加强组件翼缘受弯、加强柱壁受弯、带肋端板受弯和 T 形方颈单边螺栓受拉产生的节点总变形Δ_t由式(7-29)～式(7-33)计算。

则加强节点受压总变形Δ_c为：

$$\Delta_c = \frac{M}{z_{eq}} \left(\frac{1}{k_{ccb,s} + k_{ceb,s}} + \frac{1}{k_{sws}} \right) \tag{7-38}$$

节点处梁柱的相对转角为：

$$\theta = \frac{\Delta_t + \Delta_c}{z_{eq}} = \frac{M}{z_{eq}^2} \left(\frac{1}{k_{eq}} + \frac{1}{k_{ccb,s} + k_{ceb,s}} + \frac{1}{k_{sws}} \right) \tag{7-39}$$

因此，T 形方颈单边螺栓连接钢梁-钢管柱加强节点的初始转动刚度为：

$$S_{j,ini} = \frac{M}{\theta} = \frac{z_{eq}^2}{\dfrac{1}{k_{eq}} + \dfrac{1}{k_{ccb,s} + k_{ceb,s}} + \dfrac{1}{k_{sws}}} \tag{7-40}$$

为验证本书所提出的 T 形方颈单边螺栓连接钢梁-钢管柱无加强节点和加强节点的初始转动刚度分析模型及计算公式的准确性和可靠度，本节对第 2 章和第 4 章单调荷载下无加强节点和外伸 H 型钢组件加强节点的初始转动刚度进行了计算对比，所得各节点初始转动刚度的理论值S_{theory}、试验值S_{test}和有限元值S_{FE}汇总于表 7-3 中。从表中可以看出，基于本书所提节点初始转动刚度分析模型得到的理论计算值虽然超过试验值 16.3%～35.6%，但是与有限元值之间的误差均小于 13.4%。可见，理论计算值与有限元值的吻合程度较高，即本书提出的 T 形方颈单边螺栓连接钢梁-钢管柱无加强节点和加强节点的初始转动刚度分析模型及计算公式可以准确预测此类节点的初始转动刚度。

本书试件初始转动刚度理论计算值与试验值和有限元值的比较　　　表 7-3

试件	S_{theory}（kN·m/mrad）	S_{test}（kN·m/mrad）	S_{FE}（kN·m/mrad）	S_{theory}/S_{test}	S_{theory}/S_{FE}
S-C-N	4.504	3.428	4.091	1.314	1.101
T-V-N	4.381	3.456	4.215	1.268	1.039
T-H-N	4.227	3.434	3.728	1.231	1.134
T-V-S	4.638	3.420	4.208	1.356	1.102
J-H08-E	4.271	3.673	4.551	1.163	0.938
J-H14-E	5.427	4.467	5.219	1.215	1.040
平均值				1.258	1.059
标准差				0.064	0.064

为了进一步验证本书提出的 T 形方颈单边螺栓连接钢梁-钢管柱无加强节点和加强节点的初始转动刚度分析模型及计算公式，本节结合第 6 章参数分析结果，共建立 37 个不同钢管柱宽度 w_c、钢管柱壁厚 t_c、钢管柱倒角半径 R_{cf}、端板宽度 w_e、端板厚度 t_e、螺栓直径 d_b、螺栓群列距 g_b、螺栓群行距 p_b、H 型钢组件翼缘厚度 $t_{h,f}$ 和 H 型钢组件腹板厚度 $t_{h,w}$ 的有限元模型。本节所建立的有限元模型几乎包含影响节点各组件刚度大小的所有几何参数。

表 7-4 列出了 37 个有限元模型的初始转动刚度理论值和有限元值，可见两者之间的误差基本保持在 15%之内，仅有个别节点的误差较大，但是不超过 30%。考虑到节点构造复杂，各组件分析模型简化等方面的影响，作者认为这种程度的误差是可以接受的。总之，本书提出的 T 形方颈单边螺栓连接钢梁-钢管柱无加强节点和加强节点的初始转动刚度分析模型及计算公式可以准确预测此类节点的初始转动刚度。

7.3 受弯承载力

由本书第 2 章至第 5 章的试验结果可知，T 形方颈单边螺栓连接钢梁-钢管柱节点的受弯承载力与其破坏模式有关，一般取决于最早破坏的组件。对于无加强节点，受弯承载力取钢梁、单边螺栓、端板和钢管柱壁强度控制下节点受弯承载力的最小值；而加强节点则取钢梁、单边螺栓、端板、和加强组件强度控制下节点受弯承载力的最小值，即：

$$M_{yc} = \begin{cases} \min[M_{yc,be}, M_{yc,ep}, M_{yc,co}] & \text{无加强节点} \\ \min[M_{yc,be}, M_{yc,ep}, M_{yc,sc}] & \text{加强节点} \end{cases} \tag{7-41}$$

$$M_{pc} = \begin{cases} \min[M_{pc,be}, M_{pc,bo}, M_{pc,co}] & \text{无加强节点} \\ \min[M_{pc,be}, M_{pc,bo}] & \text{加强节点} \end{cases} \tag{7-42}$$

式中，M_{yc} 为节点屈服弯矩理论计算值，$M_{yc,be}$、$M_{yc,ep}$、$M_{yc,co}$ 和 $M_{yc,sc}$ 分别为钢梁、端板、钢管柱壁和加强组件强度控制下的节点屈服弯矩，M_{pc} 为节点峰值弯矩理论计算值，$M_{pc,be}$、$M_{pc,bo}$ 和 $M_{pc,co}$ 分别为钢梁、单边螺栓和钢管柱壁强度控制下的节点峰值弯矩。

由于高强度螺栓的断裂属于脆性破坏，其屈服承载力与峰值承载力相近，因此式(7-41)和式(7-42)中仅考虑单边螺栓的峰值承载力。同理，端板和加强组件屈服后延性较大，承载力持续增长，峰值承载力所对应的节点变形状态不明确，故式(7-41)和式(7-42)中仅考虑端板和加强组件的屈服承载力。

在本节中，节点受弯承载力的计算模型仅考虑节点所受弯矩荷载，不考虑梁柱中剪力和轴力对节点域承载力的影响。本节计算节点受弯承载力的基本流程为：（1）分别计算钢梁、单边螺栓、端板、钢管柱壁和加强组件强度控制下节点的屈服弯矩和峰值弯矩；（2）分别取各组件强度控制下节点屈服弯矩最小值和峰值弯矩最小值作为节点的屈服承载力和峰值承载力；（3）根据节点屈服承载力和峰值承载力范围之内各组件的屈服状态判断节点的最终破坏模式。

节点初始转动刚度理论计算值与有限元值的比较　　　　　表 7-4

序号	钢管柱			端板		螺栓群			H 型钢组件		S_{theory} (kN·m /mrad)	S_{FE} (kN·m /mrad)	S_{theory}/S_{FE}
	w_c (mm)	t_c (mm)	R_{cf} (mm)	w_e (mm)	t_e (mm)	d_b (mm)	g_b (mm)	p_b (mm)	$t_{h,f}$ (mm)	$t_{h,w}$ (mm)			
1	180	10	20	150	14	20	80	100	—	—	6.330	5.069	1.249
2	200	10	20	150	14	20	80	100	—	—	4.381	4.215	1.039
3	220	10	20	150	14	20	80	100	—	—	3.319	3.530	0.940
4	240	10	20	150	14	20	80	100	—	—	2.810	3.443	0.816
5	220	8	20	150	14	20	80	100	—	—	2.125	2.353	0.903
6	220	12	20	150	14	20	80	100	—	—	4.659	4.571	1.019
7	220	14	20	150	14	20	80	100	—	—	6.196	5.610	1.104
8	220	10	15	150	14	20	80	100	—	—	3.002	3.491	0.860
9	220	10	17.5	150	14	20	80	100	—	—	3.113	3.510	0.887
10	220	10	22.5	150	14	20	80	100	—	—	3.473	3.532	0.983
11	220	10	25	150	14	20	80	100	—	—	3.731	3.548	1.051
12	220	10	20	140	14	20	80	100	—	—	3.252	3.259	0.998
13	220	10	20	160	14	20	80	100	—	—	3.381	3.770	0.897
14	220	10	20	170	14	20	80	100	—	—	3.439	4.022	0.855
15	200	10	20	150	16	20	80	100	—	—	4.971	4.628	1.074
16	200	10	20	150	18	20	80	100	—	—	5.461	5.060	1.079
17	200	10	20	150	20	20	80	100	—	—	5.852	5.146	1.137
18	200	10	20	150	14	16	80	100	—	—	3.963	3.752	1.056
19	200	10	20	150	14	22	80	100	—	—	4.577	4.490	1.019
20	200	10	20	150	14	20	90	100	—	—	4.822	4.496	1.073
21	200	10	20	150	14	20	100	100	—	—	5.462	4.598	1.188
22	200	10	20	150	14	20	110	100	—	—	6.114	4.726	1.293
23	200	10	20	150	14	20	80	110	—	—	4.260	4.119	1.034
24	200	10	20	150	14	20	80	120	—	—	4.158	3.883	1.071
25	200	10	20	150	14	20	80	130	—	—	4.066	3.574	1.138
26	200	10	20	150	14	20	80	100	4	14	4.811	3.786	1.271
27	200	10	20	150	14	20	80	100	6	14	4.866	3.979	1.223
28	200	10	20	150	14	20	80	100	8	14	4.978	4.297	1.158
29	200	10	20	150	14	20	80	100	10	14	5.128	4.823	1.063
30	200	10	20	150	14	20	80	100	12	14	5.286	5.240	1.009
31	200	10	20	150	14	20	80	100	16	14	5.534	5.520	1.002
32	200	10	20	150	14	20	80	100	14	4	3.954	4.969	0.796

序号	钢管柱			端板		螺栓群			H 型钢组件		S_{theory} (kN·m /mrad)	S_{FE} (kN·m /mrad)	S_{theory} /S_{FE}
	w_c (mm)	t_c (mm)	R_{cf} (mm)	w_e (mm)	t_e (mm)	d_b (mm)	g_b (mm)	p_b (mm)	$t_{h,f}$ (mm)	$t_{h,w}$ (mm)			
33	200	10	20	150	14	20	80	100	14	6	4.284	5.146	0.832
34	200	10	20	150	14	20	80	100	14	8	4.720	5.253	0.899
35	200	10	20	150	14	20	80	100	14	10	5.083	5.319	0.956
36	200	10	20	150	14	20	80	100	14	12	5.353	5.367	0.997
37	200	10	20	150	14	20	80	100	14	16	5.648	5.461	1.034
平均值													1.0271
标准差													0.1255

7.3.1 钢梁强度控制的节点受弯承载力

1）屈服承载力

钢梁强度控制下节点的受弯承载力$M_{yc,be}$与钢梁相同，根据欧洲规范 Eurocode 3: Part 1-8[145]，H 形或 I 形截面热轧钢梁的塑性抗弯承载力可以通过下式求得：

$$M_{yc,be} = A_{b,f}f_{y,f}(h_w + t_{b,f}) + 0.25A_{b,w}f_{y,w}h_w \tag{7-43}$$

式中，$A_{b,f}$、$f_{y,f}$和$t_{b,f}$分别为钢梁翼缘截面积、屈服强度和厚度，$A_{b,w}$、$f_{y,w}$和h_w分别为钢梁腹板截面积、屈服强度和高度。

2）峰值承载力

对于 H 形或 I 形截面钢梁而言，其峰值承载力出现在构件屈服之后，等于钢梁屈服承载力$M_{yc,be}$与其屈服后强度系数s的乘积。

$$M_{pc,be} = sM_{yc,be} \tag{7-44}$$

图 7-11 为典型 H 形或 I 形截面钢梁的转角-弯矩关系。当钢梁处于弹性阶段时，截面应变和应力符合平截面分布；随着钢梁弯矩达到$M_{yc,be}$，构件全截面屈服进入塑性状态；当钢梁弯矩超过$M_{yc,be}$后，其翼缘应力进一步增大直至翼缘或腹板屈曲，方达到其峰值弯矩$M_{pc,be}$。因此，钢梁屈服后强度系数s受众多参数影响，尤其是钢梁的截面尺寸和钢材的力学性能。

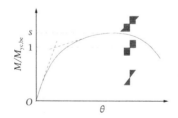

图 7-11 钢梁屈服后强度系数s示意

根据现有钢梁的极限承载力试验结果，D'Aniello 等[177]总结了 H 形或 I 形截面钢梁屈服后强度系数s的经验公式：

$$\frac{1}{s} = C_1 + C_2\lambda_{b,f}^2 + C_3\lambda_{b,w}^2 + C_4\frac{w_{b,f}}{L_V} + C_5\frac{E}{E_h} + C_6\frac{\varepsilon_h}{\varepsilon_y} \tag{7-45}$$

式中，$w_{b,f}$ 为钢梁翼缘宽度；L_V 为钢梁塑性铰与零弯矩点之间的距离；E 和 E_h 分别为钢材弹性模量和应变硬化模量；ε_y 和 ε_h 分别为钢材屈服应变和硬化段初始应变；$\lambda_{b,f}$ 和 $\lambda_{b,w}$ 分别为钢梁翼缘和腹板的宽厚比系数，可由下式求得：

$$\lambda_{b,f} = \frac{w_{b,f}}{2t_{b,f}}\sqrt{\frac{f_{y,f}}{E}} \tag{7-46}$$

$$\lambda_{b,w} = \frac{h_w}{2t_{b,w}}\sqrt{\frac{f_{y,w}}{E}} \tag{7-47}$$

式中，$t_{b,w}$ 为钢梁腹板厚度。

除此之外，D'Aniello 等[177]建议式(7-45)中的无量纲系数 C_1、C_2、C_3、C_4、C_5 和 C_6 分别取 1.710、0.167、0.006、−0.134、−0.007 和 −0.053。

7.3.2　单边螺栓强度控制的节点受弯承载力

明确节点螺栓排的受力分布模式是计算单边螺栓强度控制下梁柱节点受弯承载力的前提，而螺栓排的受力分布又与钢柱连接面和端板的抗弯刚度有关。针对 H 型钢梁柱端板连接，各国规范均有建议的螺栓排受力分布模式和计算公式，如表 7-5 所列。

各国规范中端板连接节点高强度螺栓受力模式[166]　　表 7-5

端板连接示意图	螺栓排受力	规范来源	转动中心	特征
		《钢结构高强度螺栓连接技术规程》JGJ 82—2011[147]	螺栓群形心	摩擦型连接，仅考虑螺栓群形心一侧的螺栓排拉力
		《钢结构高强度螺栓连接技术规程》JGJ 82—2011[147]	受压区外排螺栓	承压型连接，螺栓轴力呈三角分布
		英国钢结构规范（BSI-BS 5950）[178]	受压区外排螺栓	钢梁拉翼缘两侧螺栓排拉力相同
		美国钢结构规范（ANSI-AISC）[179]	受压区外排螺栓	仅考虑钢梁拉翼缘两侧螺栓排的拉力，忽略其余螺栓排贡献
		欧洲规范 Eurocode 3: Part 1-8[145]	压翼缘中心	由等效 T 形件模型计算各排螺栓所受拉力值

通常情况下，当端板的抗弯刚度远小于钢柱连接面时，节点绕钢梁压翼缘中心旋转，即欧洲规范 Eurocode 3: Part 1-8[145]所推荐的模式；当端板刚度增大后，受压区外伸端板部分的刚度不可忽略，此时节点旋转中心取受压区最外排螺栓，这与行业标准《钢结构高强度螺栓连接技术规程》JGJ 82—2011[147]中的承压型连接、英国钢结构规范（BSI—BS 5950）[178]和美国钢结构规范（ANSI-AISC）[179]的建议一致；当端板刚度持续增大并接近刚接时，节点的旋转中心接近螺栓群形心，与行业标准《钢结构高强度螺栓连接技术规程》JGJ 82—2011[147]中的摩擦型连接相同。

通过分析本书第 2 章和第 4 章的钢梁截面应变分布以及钢管柱变形发展可以发现，无肋端板和带肋端板连接节点的旋转中心分别靠近钢梁压翼缘内侧和外侧。因此，本书针对无肋端板和带肋端板连接分别取靠近钢梁压翼缘的内排螺栓和外排螺栓为节点的旋转中心。此外，现有针对 H 型钢梁柱端板连接的规范基本不考虑受压区对节点受弯承载力的贡献，这是因为 H 型钢柱所受压力由腹板承担，因此受压变形较小，压力分布范围小且靠近旋转中心。相比 H 型钢柱，中空钢管柱所受压力荷载则主要由连接面承担。在平面外压荷载下，钢管柱连接面产生较大内凹变形，导致压力分布范围变大，受压中心远离旋转中心。因此，作者认为，针对钢梁-钢管柱节点的螺栓排受力分布模式应考虑受压区贡献。基于以上节点旋转中心和螺栓排受力分布模式的分析，并结合组件法中的等效 T 形件模型，本书提出 T 形方颈单边螺栓连接钢梁-钢管柱节点在螺栓和端板强度控制下的承载力计算模型，如图 7-12 所示。

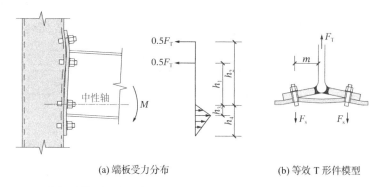

(a) 端板受力分布   (b) 等效 T 形件模型

图 7-12   T 形方颈单边螺栓和端板强度控制下的钢梁-钢管柱节点承载力计算模型

由图 7-12（a）可以得出单边螺栓强度控制下节点的峰值弯矩$M_{\text{pc,bo}}$：

$$M_{\text{pc,bo}} = \frac{F_{\text{T,bo}}(3h_1 + 3h_2 + 2h_3 + 2h_4)}{6}$$ (7-48)

式中，h_1、h_2、h_3 和 h_4 为图 7-12（a）中所标注长度；$F_{\text{T,bo}}$ 为等效 T 形件在螺栓断裂破坏模式下的受拉承载力，根据下式求得：

$$F_{\text{T,bo}} = n_t A_{\text{be}} f_{\text{u,b}}$$ (7-49)

式中，n_t、A_{be} 和 $f_{\text{u,b}}$ 分别为节点受拉区等效 T 形件模型中单边螺栓数目、单个单边螺栓的有效截面面积和单边螺栓的抗拉极限强度。

7.3.3   端板强度控制的节点受弯承载力

端板强度控制下节点的屈服弯矩$M_{\text{yc,ep}}$同样由图 7-12 得出：

$$M_{yc,ep} = \frac{F_{T,ep}(3h_1 + 3h_2 + 2h_3 + 2h_4)}{6} \tag{7-50}$$

式中，$F_{T,ep}$ 为等效 T 形件在端板屈服破坏模式下的受拉承载力。根据欧洲规范 Eurocode 3: Part 1-8[145]，梁柱端板连接得到的等效 T 形件模型有 3 种破坏模式，分别为完全翼缘屈服、翼缘屈服伴随栓杆拉断和栓杆拉断，如图 7-13 所示。

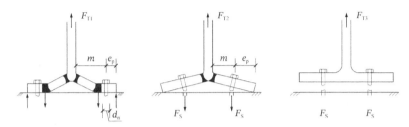

(a) 破坏模式 1：完全翼缘屈服   (b) 破坏模式 2：翼缘屈服伴随栓杆拉断   (c) 破坏模式 3：栓杆拉断

图 7-13   等效 T 形件模型的 3 种破坏模式

图 7-13 中，破坏模式 3 为单边螺栓强度控制，破坏模式 1 和 2 属于端板强度控制。因此，本节中 $F_{T,ep}$ 取等效 T 形件模型破坏模式 1 和 2 中的较小值，即：

$$F_{T,ep} = \min[F_{T1}, F_{T2}] \tag{7-51}$$

式中，F_{T1} 和 F_{T2} 分别是等效 T 形件模型在破坏模式 1 和 2 下的受拉承载力，可以通过下列公式得到：

$$F_{T1} = \frac{(8n - 2e_w)M_{Tp}}{2m_e n - e_w(m_e + n)} \tag{7-52}$$

$$n = \min[e_p, 1.25m_e] \tag{7-53}$$

$$e_w = 0.25d_n \tag{7-54}$$

$$M_{Tp} = 0.25l_{eff}t_e^2 f_{y,e} \tag{7-55}$$

$$F_{T2} = \frac{2M_{Tp} + n(\sum F_s)}{m_e + n} \tag{7-56}$$

式中，M_{Tp} 为等效 T 形件翼缘所产生塑性铰线的弯矩；m_e 为等效 T 形件单侧翼缘塑性铰线间有效距离，根据式(7-4)计算；e_p 为图 7-13 所示长度或距离；d_n 为螺母等效直径，可根据式(6-7)计算；l_{eff} 为等效 T 形件翼缘塑性铰线有效长度，按照表 7-1 计算；t_e 和 $f_{y,e}$ 分别为端板厚度和端板屈服强度。

7.3.4   钢管柱强度控制的节点受弯承载力

1）屈服承载力

钢管柱强度控制下的节点受弯承载力计算主要运用了薄板屈服线理论，其基本原理是通过试验和理论分析假定一种与荷载和边界条件相协调的破坏机构，再运用虚功原理和平衡方程确定板件平面外受弯的极限荷载[180]。因此，钢管柱连接面屈服线分布模式决定了其受弯承载力。

事实上，许多学者已经将屈服线理论用于钢管柱壁承载力的计算中，并提出了相应的屈服线分布模式。Gomes 等[181]和 Yeomans[182-183]分别针对受拉状态下的钢管柱腹板和翼缘提出了非直线型和直线型屈服线分布模式。Wang 等[172,184]则在 Gomes 等[181]和

Yeomans[182-183]的研究基础上考虑了长圆形螺栓孔对柱壁受拉状态下屈服线模式的影响并对公式进行了修正。除钢管柱受拉状态下的屈服线分布模式外，李国强等[15]和 Wang 等[101]还针对套管变形锚固式单边螺栓和螺纹栓孔锚固式单边螺栓连接钢管柱分别提出其在梁端弯矩荷载作用下的屈服线分布模式。在梁柱节点中，应用屈服线理论求解钢管柱强度控制下节点受弯承载力$M_{yc,co}$的数学表达式为：

$$M_{yc,co}\theta = \sum l_i \varphi_i U_L \tag{7-57}$$

式中，θ 为梁柱节点的转角；l_i 和 φ_i 分别为钢管柱连接面第 i 条塑性铰线的有效长度及其转角；U_L 为单位长度塑性铰线转动单位角度所消耗的能量，可通过下式计算：

$$U_L = 0.25t_c^2 f_{y,c} \tag{7-58}$$

式中，t_c 和 $f_{y,c}$ 分别为钢管柱壁厚度和屈服强度。

虽然李国强等[15]和 Wang 等[101]提出了钢管柱在梁端弯矩荷载作用下的柱壁屈服线模式，但是并未涉及开设长圆形螺栓孔的柱壁和内置加强组件的节点。由于钢管柱变形受端板和柱壁刚度的影响，因此 T 形方颈单边螺栓连接钢梁-钢管柱无加强节点存在两种柱壁屈服线模式，分别为无肋端板和带肋端板连接下的无加强柱壁屈服线模式。然而，针对钢管柱内置 H 型钢组件的节点，由于钢管柱受压区刚度远大于受拉区，因此加强钢管柱柱壁屈服线模式仅考虑受拉区柱壁变形，同样的策略也被张伯勋[185]采用。

（1）无肋端板连接屈服线模型

结合本书第 2 章无加强节点的试验现象和理论分析，无肋端板连接下钢管柱连接面的屈服线分布模式如图 7-14 所示。根据屈服线的长度和转动的角度，可以将屈服线模式划分为 12 类直线型屈服线，如图 7-14 所示。图中 w_{c0} 为钢管柱计算宽度，$w_{c0} = w_c - 2t_c$；w_e 为端板宽度；g_b 为螺栓列距；p 和 q 分别为端板边缘和边列螺栓至钢管柱侧壁内表面的距离；α' 为 3 号和 5 号屈服线的夹角；β' 为 10 号和 12 号屈服线的夹角；Δ_{t1} 和 Δ_{c1} 分别为无肋端板连接下钢管柱受拉区和受压区的外凸变形和内凹变形值。

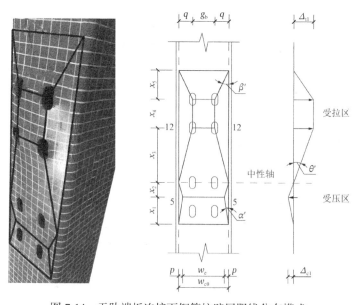

图 7-14　无肋端板连接下钢管柱壁屈服线分布模式

根据图 7-14 所示几何关系，无肋端板连接下钢管柱壁 12 类直线型屈服线的耗散能量值分别为：

$$U_1' = \frac{\Delta_{c1} w_{c0}}{x_1} U_L \tag{7-59}$$

$$U_2' = \frac{2\Delta_{c1} w_e}{x_1} U_L \tag{7-60}$$

$$U_3' = \left(\frac{2\Delta_{c1} p}{x_1} + \frac{2\Delta_{c1} x_1}{p}\right) U_L \tag{7-61}$$

$$U_4' = \left(\frac{2\Delta_{c1} p}{x_2} + \frac{2\Delta_{c1} x_2}{p}\right) U_L \tag{7-62}$$

$$U_5' = \frac{2\Delta_{c1}(x_1 + x_2)}{p} U_L \tag{7-63}$$

$$U_6' = \frac{\Delta_{t1} g_b}{x_3} U_L \tag{7-64}$$

$$U_7' = \frac{2\Delta_{t1} x_4}{q} U_L \tag{7-65}$$

$$U_8' = \frac{\Delta_{t1} g_b}{x_5} U_L \tag{7-66}$$

$$U_9' = \left(\frac{2\Delta_{t1} q}{x_3} + \frac{2\Delta_{t1} x_3}{q}\right) U_L \tag{7-67}$$

$$U_{10}' = \left(\frac{2\Delta_{t1} q}{x_5} + \frac{2\Delta_{t1} x_5}{q}\right) U_L \tag{7-68}$$

$$U_{11}' = \frac{\Delta_{t1} w_{c0}}{x_5} U_L \tag{7-69}$$

$$U_{12}' = \frac{2\Delta_{t1}(x_3 + x_4 + x_5)}{q} U_L \tag{7-70}$$

式(7-59)～式(7-70)中，x_1～x_5 为钢管柱壁屈服线分布在柱高方向上的尺寸，其中 x_2、x_3 和 x_4 为螺栓群几何参数，可由图 7-14 直接获取，而 x_1 和 x_5 则根据几何关系计算得到：

$$x_1 = \frac{p}{\tan \alpha'} \tag{7-71}$$

$$x_5 = \frac{q}{\tan \beta'} \tag{7-72}$$

因此，无肋端板连接下钢管柱壁所有屈服线所耗散的能量为：

$$U_{tal}' = \sum_{i=1}^{12} U_i' = \left[\left(\frac{\eta \tan \alpha' + 4x_2}{p} + \frac{4}{\tan \alpha'} + \frac{2p}{x_2}\right)\Delta_{c1} + \left(\frac{\kappa \tan \beta' + 4x_3 + 4x_4}{q} + \frac{4}{\tan \beta'} + \frac{\kappa - w_{c0}}{x_3}\right)\Delta_{t1}\right] U_L \tag{7-73}$$

其中，

$$\eta = 2w_{c0} + w_e \tag{7-74}$$

$$\kappa = 2w_{c0} \tag{7-75}$$

$$w_{c0} = w_c - 2t_c \tag{7-76}$$

应用势能驻值定理[15]，取 U_{tal}' 的极值，则有：

$$\frac{\partial U_{tal}'}{\partial \alpha'} = 0 \Rightarrow \tan^2 \alpha_0' = \frac{\sqrt{\eta^2 + 64p^2}}{2\eta} - \frac{1}{2} \tag{7-77}$$

$$\frac{\partial U_{tal}'}{\partial \beta'} = 0 \Rightarrow \tan^2 \beta_0' = \frac{\sqrt{\kappa^2 + 64q^2}}{2\kappa} - \frac{1}{2} \tag{7-78}$$

进而得到：

$$\tan\alpha_0' = \sqrt{\sqrt{\frac{\eta^2 + 16(w_{c0} - w_e)^2}{2\eta}} - \frac{1}{2}}$$ (7-79)

$$\tan\beta_0' = \sqrt{\sqrt{\frac{\kappa^2 + 16(w_{c0} - g_b)^2}{2\kappa}} - \frac{1}{2}}$$ (7-80)

此外，由于假定 2 号、4 号、6 号和 9 号屈服线所围成的区域为刚性区域，因此有等式：

$$\tan\theta' = \theta' = \frac{\Delta_{c1}}{x_2} = \frac{\Delta_{t1}}{x_3}$$ (7-81)

式中，θ' 为无肋端板连接下节点发生的转角。

将式(7-73)~式(7-76)、式(7-79)~式(7-81)带入式(7-57)中，得到钢管柱强度控制下无肋端板连接的屈服弯矩 $M_{yc,co1}$：

$$M_{yc,co1} = \left[\left(\frac{2\eta\tan\alpha + 8x_2}{w_{c0} - w_e} + \frac{4}{\tan\alpha} + \frac{w_{c0} - w_e}{x_2}\right)x_2 + \right.$$
$$\left. \left(\frac{2\kappa\tan\beta + 8x_3 + 8x_4}{w_{c0} - g_b} + \frac{4}{\tan\beta} + \frac{w_{c0}}{x_3}\right)x_3\right]U_L$$ (7-82)

（2）带肋端板连接屈服线模型

对于带肋端板连接，加劲端板往往具有较大的抗弯刚度。从本书第 2 章试件 T-V-S 的破坏模式来看，钢管柱受拉区和受压区的变形范围更大，并且屈服线形状也发生了改变。结合试件 T-V-S 的试验现象，带肋端板连接下钢管柱连接面的屈服线分布模式如图 7-15 所示，可划分为 9 类直线型屈服线。图中，θ'' 为带肋端板连接下节点发生的转角；α'' 为 2 号和 4 号屈服线的夹角；β'' 为 7 号和 8 号屈服线的夹角；Δ_{t2} 和 Δ_{c2} 分别为带肋端板连接下钢管柱受拉区和受压区的外凸变形和内凹变形值。

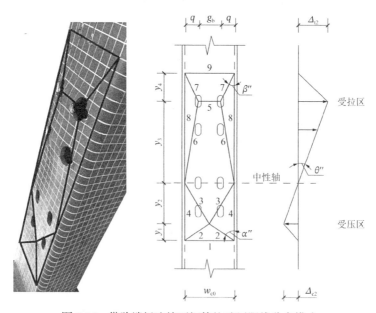

图 7-15　带肋端板连接下钢管柱壁屈服线分布模式

同理，带肋端板连接下钢管柱壁 9 类直线型屈服线的耗散能量值分别为：

$$U_1'' = \frac{\Delta_{c2}w_{c0}}{y_1}U_L \tag{7-83}$$

$$U_2'' = \left(\frac{\Delta_{c2}w_{c0}}{y_1} + \frac{4\Delta_{c2}y_1}{w_{c0}}\right)U_L \tag{7-84}$$

$$U_3'' = \left(\frac{\Delta_{c2}w_{c0}}{y_2} + \frac{4\Delta_{c2}y_2}{w_{c0}}\right)U_L \tag{7-85}$$

$$U_4'' = \frac{4\Delta_{c2}(y_1 + y_2)}{w_{c0}}U_L \tag{7-86}$$

$$U_5'' = \left(\frac{\Delta_{t2}g_b}{y_3} + \frac{\Delta_{t2}g_b}{y_4}\right)U_L \tag{7-87}$$

$$U_6'' = \left(\frac{2\Delta_{t2}q}{y_3} + \frac{2\Delta_{t2}y_3}{q}\right)U_L \tag{7-88}$$

$$U_7'' = \left(\frac{2\Delta_{t2}q}{y_4} + \frac{2\Delta_{t2}y_4}{q}\right)U_L \tag{7-89}$$

$$U_8'' = \frac{2\Delta_{t2}(y_3 + y_4)}{q}U_L \tag{7-90}$$

$$U_9'' = \frac{\Delta_{t2}w_{c0}}{y_4}U_L \tag{7-91}$$

与无肋端板连接相似，式(7-83)～式(7-91)中的 y_1～y_4 为钢管柱壁屈服线分布在柱高方向上的尺寸，其中 y_2 和 y_3 可由图 7-15 直接获取，而 y_1 和 y_4 则根据下式计算：

$$y_1 = \frac{w_{c0}}{2\tan\alpha''} \tag{7-92}$$

$$y_4 = \frac{q}{\tan\beta''} \tag{7-93}$$

同理，根据势能驻值定理[15]，有：

$$U_{tal}'' = \sum_{i=1}^{9}U_i'' = \left[\left(4\tan\alpha'' + \frac{4}{\tan\alpha''} + \frac{8y_2}{w_{c0}} + \frac{w_{c0}}{y_2}\right)\Delta_{c2} + \right.$$
$$\left.\left(\frac{\kappa\tan\beta''}{q} + \frac{4}{\tan\beta''} + \frac{g_b + 2q}{y_3} + \frac{4y_3}{q}\right)\Delta_{t2}\right]U_L \tag{7-94}$$

$$\frac{\partial U_{tal}''}{\partial\alpha''} = 0 \Rightarrow \tan^2\alpha_0'' = \frac{1 + \sqrt{5}}{2} \tag{7-95}$$

$$\frac{\partial U_{tal}''}{\partial\beta''} = 0 \Rightarrow \tan^2\beta_0'' = \frac{32q^2\sqrt{\kappa^2 + 64q^2}}{\kappa^3 + 64q^2\kappa} - 1 \tag{7-96}$$

$$\tan\alpha_0'' = \sqrt{\frac{1 + \sqrt{5}}{2}} \tag{7-97}$$

$$\tan\beta_0'' = \sqrt{1 - \frac{32q^2\sqrt{\kappa^2 + 64q^2}}{\kappa^3 + 64q^2\kappa}} \tag{7-98}$$

补充变形协调条件：

$$\tan\theta'' = \theta'' = \frac{\Delta_{c2}}{y_2} = \frac{\Delta_{t2}}{y_3} \tag{7-99}$$

最后，将式(7-94)、式(7-97)～式(7-99)带入式(7-57)中，得到钢管柱强度控制下带肋端板连接的屈服弯矩 $M_{yc,co2}$：

$$M_{yc,co2} = \left[\left(4\tan\alpha_0'' + \frac{4}{\tan\alpha_0''} + \frac{8y_2}{w_{c0}} + \frac{w_{c0}}{y_2}\right)y_2 + \right.$$
$$\left.\left(\frac{2\kappa\tan\beta_0''}{w_{c0} - g_b} + \frac{4}{\tan\beta_0''} + \frac{w_{c0}}{y_3} + \frac{8y_3}{w_{c0} - g_b}\right)y_3\right]U_L \tag{7-100}$$

（3）屈服线模型敏感性分析

本节针对无肋端板和带肋端板连接提出两种钢管柱连接面的屈服线分布模式，并推导出相应的柱壁受弯承载力计算式(7-82)和式(7-100)。可见，无肋端板连接下钢管柱壁屈服线分布模式共有 6 个几何参数变量，分别是钢管柱计算宽度w_{c0}、端板宽度w_e、螺栓列距g_b以及钢管柱壁屈服线分布在柱高方向上的尺寸x_2、x_3和x_4。而带肋端板连接下的钢管柱壁屈服线分布模式则与端板宽度w_e无关，且钢管柱壁屈服线分布在柱高方向上的尺寸变为y_2和y_3，共有 4 个几何参数变量。

为了验证本书所提 T 形方颈单边螺栓连接钢梁-钢管柱无加强节点的两种柱壁屈服线模型的可靠性和准确性，本节运用第 6 章验证的有限元模型，对两类屈服线模式的几何参数变量进行了敏感性分析。共建立 35 个以试件 T-V-N 和 T-V-S 为基本模型的节点，各节点几何参数均列于表 7-6 中。并且，为确保所有节点的柱壁均出现受弯屈服，端板厚度统一取值18mm。除此之外，由于本书所提出的钢管柱壁屈服线模式取钢管柱侧壁净宽作为其计算宽度，并未考虑钢管柱倒角尺寸对柱壁面屈服线模式的影响。因此，表 7-6 中还增加了钢管柱倒角半径R_{cf}这一参数，其取值按照国家标准《冷拔异型钢管》GB/T 3094—2012[186]执行。

从有限元结果来看，35 个节点均发生了柱壁屈服破坏或柱壁伴随端板屈服破坏，破坏模式满足两类结果的对比前提。由式(7-82)和式(7-100)计算得到的 35 个节点在钢管柱强度控制下的受弯承载力及其有限元结果也汇总于表 7-6 中。可以看出，每组节点的屈服承载力理论计算值$M_{y,theory}$和有限元值$M_{y,FE}$随几何参数变化的增减规律相同。而且，除几何变量为x_3的 G5 组外，通过屈服线模型计算得到的节点屈服承载力$M_{y,theory}$平均值都小于有限元值$M_{y,FE}$，且误差均保持在15%之内。除此之外，G7 组的有限元分析结果也表明对于符合规范《冷拔异型钢管》GB/T 3094—2012[186]要求的冷拔钢管柱，倒角尺寸不会影响其屈服承载力。这意味着本书所提出的两类无加强柱壁屈服线模型的各项几何参数设置合理，可以准确反映出节点构造尺寸对其承载力的影响，准确预测节点在钢管柱强度控制下的受弯承载力，且具有一定程度的安全储备。

钢管柱屈服线模型几何参数敏感性分析（$t_e = 18$mm）　　表 7-6

组别	序号	钢构件			螺栓群						$M_{y,theory}$ （kN·m）	$M_{y,FE}$ （kN·m）	$M_{y,theory}$ /$M_{y,FE}$	平均值
		w_{c0} （mm）	w_e （mm）	R_{cf} （mm）	g_b （mm）	x_2 （mm）	x_3 （mm）	x_4 （mm）	y_2 （mm）	y_3 （mm）				
G1	1	180	150	20	80	50	190	100	—	—	73.86	72.61	1.017	0.9190
	2	190	150	20	80	50	190	100	—	—	66.19	69.82	0.948	
	3	200	150	20	80	50	190	100	—	—	60.82	66.76	0.911	
	4	210	150	20	80	50	190	100	—	—	56.75	64.61	0.878	
	5	220	150	20	80	50	190	100	—	—	53.53	63.71	0.840	
G2	5	220	150	20	80	50	190	100	—	—	53.53	63.71	0.840	0.8689
	6	220	160	20	80	50	190	100	—	—	55.05	64.46	0.854	
	7	220	170	20	80	50	190	100	—	—	57.21	67.35	0.849	
	8	220	180	20	80	50	190	100	—	—	60.49	69.02	0.876	
	9	220	190	20	80	50	190	100	—	—	66.02	71.43	0.924	

续表

组别	序号	钢构件			螺栓群						$M_{y,theory}$ (kN·m)	$M_{y,FE}$ (kN·m)	$M_{y,theory}/M_{y,FE}$	平均值
		w_{c0} (mm)	w_e (mm)	R_{cf} (mm)	g_b (mm)	x_2 (mm)	x_3 (mm)	x_4 (mm)	y_2 (mm)	y_3 (mm)				
G3	9	220	190	20	80	50	190	100	—	—	66.02	71.43	0.924	
	10	220	190	20	90	50	190	100	—	—	68.66	71.75	0.957	
	11	220	190	20	100	50	190	100	—	—	71.74	74.76	0.960	0.9552
	12	220	190	20	110	50	190	100	—	—	75.36	76.89	0.980	
G4	13	220	190	20	100	40	190	100	—	—	66.22	65.83	1.006	
	14	220	190	20	100	45	190	100	—	—	68.93	68.84	1.001	
	11	220	190	20	100	50	190	100	—	—	71.74	74.76	0.960	0.9797
	15	220	190	20	100	55	190	100	—	—	74.65	77.18	0.967	
	16	220	190	20	100	60	190	100	—	—	77.67	80.52	0.965	
G5	17	180	150	20	80	50	160	100	—	—	62.64	55.36	1.132	
	18	180	150	20	80	50	170	100	—	—	66.26	60.68	1.092	
	19	180	150	20	80	50	180	100	—	—	70.00	66.58	1.051	1.0663
	1	180	150	20	80	50	190	100	—	—	73.86	72.61	1.017	
	20	180	150	20	80	50	200	100	—	—	77.85	74.89	1.040	
G6	16	220	190	20	100	60	190	100	—	—	77.67	80.52	0.965	
	21	220	190	20	100	60	190	110	—	—	78.66	81.24	0.968	
	22	220	190	20	100	60	190	120	—	—	79.66	81.20	0.981	0.9824
	23	220	190	20	100	60	190	130	—	—	80.65	81.29	0.992	
	24	220	190	20	100	60	190	140	—	—	81.65	81.18	1.006	
G7	25	200	150	15.0	80	50	190	100	—	—	60.82	66.55	0.914	
	26	200	150	17.5	80	50	190	100	—	—	60.82	66.61	0.913	
	3	200	150	20.0	80	50	190	100	—	—	60.82	66.76	0.911	0.9004
	27	200	150	22.5	80	50	190	100	—	—	60.82	67.92	0.895	
	28	200	150	25.0	80	50	190	100	—	—	60.82	70.01	0.869	
G8	29	180	150	20	80	—	—	—	135	290	65.09	69.93	0.931	
	30	180	150	20	80	—	—	—	145	290	71.50	78.24	0.914	
	31	180	150	20	80	—	—	—	155	290	68.99	72.84	0.947	0.931
	32	180	150	20	80	—	—	—	165	290	70.62	75.69	0.933	
G9	33	180	150	20	80	—	—	—	165	280	64.53	71.33	0.905	
	32	180	150	20	80	—	—	—	165	290	70.62	75.69	0.933	0.931
	34	180	150	20	80	—	—	—	165	300	73.66	79.32	0.929	
	35	180	150	20	80	—	—	—	165	310	78.40	81.71	0.959	

2）峰值承载力

从本书第 2 章试件 T-V-N、T-H-N 和 T-V-S 的试验结果来看，钢管柱强度控制下节点的峰值承载力$M_{pc,co}$由柱壁长圆形螺栓孔的冲切破坏决定，因此有：

$$M_{pc,co} = \frac{F_{T,co}(3h_1 + 3h_2 + 2h_3 + 2h_4)}{6} \qquad (7\text{-}101)$$

$$F_{T,co} = \frac{\sqrt{3}}{3} n_t A_{ev,bh} f_{u,c} \qquad (7\text{-}102)$$

式中，$F_{T,co}$为等效 T 形件在栓孔冲切破坏模式下的受拉承载力，$A_{ev,bh}$为长圆形螺栓孔在 T 形螺栓头作用下的有效冲切面积，$f_{u,c}$为钢管柱极限强度。

在$M_{pc,co}$的求解公式式(7-101)和式(7-102)中，仅有$A_{ev,bh}$为未知量，可由 T 形方颈单边螺栓及其配套长圆形螺栓孔的几何关系中得出，如图 7-16 所示，其中，d_b和r_b分别为 T 形方颈单边螺栓的栓杆直径和半径；λ_b为 T 形方颈单边螺栓的螺栓头长宽比；δ_b为 T 形方颈单边螺栓的安装间隙；$A_{v,bh}$为长圆形螺栓孔在 T 形螺栓头作用下的理论冲切面积，即螺栓安装完成后栓孔未变形状态下的理论计算值，可由下式求得：

$$A_{v,bh} = (\pi d_b - 2\delta_b)t_c \qquad (7\text{-}103)$$

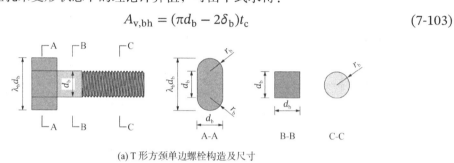

(a) T 形方颈单边螺栓构造及尺寸

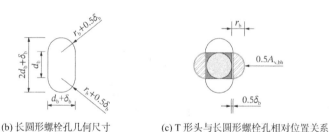

(b) 长圆形螺栓孔几何尺寸　　(c) T 形头与长圆形螺栓孔相对位置关系

图 7-16　T 形方颈单边螺栓及其安装孔的构造和尺寸

事实上，式(7-102)中的栓孔有效抗冲切面积$A_{ev,bh}$小于式(7-103)中的理论值$A_{v,bh}$，这是因为栓孔发生冲切破坏时已经出现了膨鼓变形，而栓孔膨鼓变形势必会导致 T 形螺栓头与栓孔接触面边长的减小，这在试验结果和有限元结果中均有体现，如图 7-17 所示。

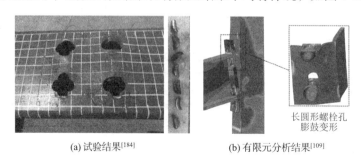

(a) 试验结果[184]　　(b) 有限元分析结果[109]

图 7-17　长圆形螺栓孔在拉力作用下的膨鼓变形

因此,在钢板材料特性不变、栓孔边界条件固定时,$A_{ev,bh}$和$A_{v,bh}$之间有如下数学关系:

$$A_{ev,bh} = \chi A_{v,bh} \tag{7-104}$$

式中,χ为螺栓孔有效冲切面积折减系数,且小于 1.0。

为求得χ,本节系统分析了 Wang 等人[172,184]和本书第 2 章中出现栓孔冲切破坏的试验结果,以及第 6 章中对螺栓头长宽比的参数分析结果,共整理了 22 个节点的有效抗冲切系数经验值χ_e并列于表 7-7 中。

有效抗冲切系经验值χ_e的回归　　　　　　　表 7-7

数据来源		编号	栓孔布置方案	λ_b	$f_{u,c}$ (MPa)	F_p (kN)	M_p (kN·m)	$A_{v,bh}$ (mm²)	$A_{ev,bh}$ (mm²)	χ_e
Wang 等[172]	试验	TV20-7-30	V 型	2.0	501.27	318.07	—	411.81	274.76	0.710
		TH20-7-30	H 型	2.0	501.27	338.24	—	411.81	292.18	0.667
Wang 等[184]	试验	TV-7-30	V 型	2.0	501.30	309.40	—	411.81	267.27	0.700
		TH-7-30	H 型	2.0	501.30	333.80	—	411.81	288.35	0.649
本书第 2 章	试验	T-V-N	V 型	2.0	392.75	—	101.41	588.30	366.58	0.662
		T-H-N	H 型	2.0	392.75	—	107.72	588.30	389.39	0.623
本书第 6 章	FEM	λ_b-V-1.6	V 型	1.6	392.75	—	73.71	418.89	266.45	0.636
		λ_b-V-1.7	V 型	1.7	392.75	—	79.87	463.71	288.72	0.623
		λ_b-V-1.8	V 型	1.8	392.75	—	86.77	506.44	313.66	0.619
		λ_b-V-1.9	V 型	1.9	392.75	—	87.39	547.78	315.90	0.577
		λ_b-V-2.0	V 型	2.0	392.75	—	90.11	588.25	325.73	0.554
		λ_b-V-2.1	V 型	2.1	392.75	—	95.30	628.32	344.49	0.548
		λ_b-V-2.2	V 型	2.2	392.75	—	96.23	668.32	347.86	0.520
		λ_b-V-2.3	V 型	2.3	392.75	—	96.12	708.32	347.46	0.491
		λ_b-H-1.6	H 型	1.6	392.75	—	76.59	418.89	276.86	0.661
		λ_b-H-1.7	H 型	1.7	392.75	—	80.42	463.71	290.70	0.627
		λ_b-H-1.8	H 型	1.8	392.75	—	83.03	506.44	300.14	0.593
		λ_b-H-1.9	H 型	1.9	392.75	—	85.50	547.78	309.07	0.564
		λ_b-H-2.0	H 型	2.0	392.75	—	88.02	588.25	318.18	0.541
		λ_b-H-2.1	H 型	2.1	392.75	—	91.01	628.32	328.99	0.524
		λ_b-H-2.2	H 型	2.2	392.75	—	93.98	668.32	339.72	0.508
		λ_b-H-2.3	H 型	2.3	392.75	—	92.87	708.32	335.71	0.474

从χ_e的计算结果中可以看出,通过不同类型试验获得的χ_e基本稳定在 0.662～0.710(栓孔 V 型分布)和 0.623～0.667(栓孔 H 型分布)之间,这意味着式(7-104)中的系数χ设置合理。但是由于 Wang 等人[172,184]和本书第 2 章中的试件均采用$\lambda_b = 2.0$的长圆形螺栓孔,因此无法获得不同λ_b值下的χ_e值。为研究χ值与λ_b之间的关系,获得适用性更加广泛的χ值,

177

图 7-18 对表 7-7 所列有限元结果进行线性拟合，得到χ与λ_b的数学表达式。

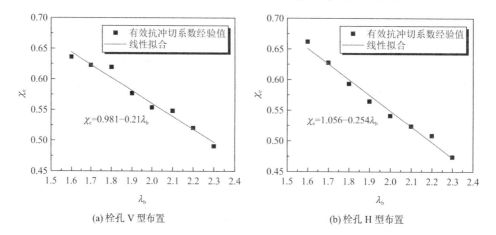

(a) 栓孔 V 型布置   (b) 栓孔 H 型布置

图 7-18 χ_e与λ_b的线性拟合

$$\chi = \begin{cases} \chi_V = 0.981 - 0.210\lambda_b \\ \chi_H = 1.056 - 0.254\lambda_b \end{cases} \tag{7-105}$$

式中，χ_V和χ_H分别为 V 型布置和 H 型布置下螺栓孔有效冲切面积折减系数。

7.3.5   加强组件强度控制的节点受弯承载力

加强组件强度控制下节点的受弯承载力计算模型如图 7-19 所示。图中，F_N为钢管柱顶底端水平反力；F_R为钢管柱底端竖向反力；F为钢梁端部施加荷载值；$M_{yc,sc}$为加强组件强度控制下节点的屈服弯矩，由下式计算：

$$M_{yc,sc} = F_{T,sc}Z \tag{7-106}$$

式中，$F_{T,sc}$为等效 T 形件在加强组件屈服破坏模式下的拉力；Z为节点受拉中心和受压中心的间距。对于无肋端板连接，Z取值钢梁截面高度H_b；对于带肋端板连接，Z取值钢梁拉翼缘至节点受压区最外排螺栓距离。

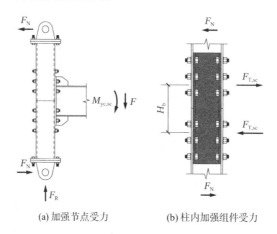

(a) 加强节点受力   (b) 柱内加强组件受力

图 7-19   加强组件强度控制下的钢梁-钢管柱节点承载力计算模型

本书第 6.5.8 节对不同翼缘和腹板厚度组合下的 H 型钢组件加强节点进行了有限元分

析，得到 H 型钢组件的破坏模式如图 6-33 所示。可以看出，所有 H 型钢组件共出现两种屈服破坏模式，分别为翼缘屈服和腹板屈服。这意味着加强组件强度控制下节点的受弯承载力 $M_{yc,sc}$ 取两种破坏模式下的较小值，即：

$$M_{yc,sc} = \min[M_{yc,scf}, M_{yc,scw}] \tag{7-107}$$

$$F_{T,sc} = \min[F_{T,scf}, F_{T,scw}] \tag{7-108}$$

式中，$M_{yc,scf}$ 和 $F_{T,scw}$ 分别为加强组件翼缘强度控制下节点的屈服弯矩和等效 T 形件的拉力，$M_{yc,scw}$ 和 $F_{T,scf}$ 分别为加强组件腹板强度控制下节点的屈服弯矩和等效 T 形件的拉力。

1）加强组件翼缘屈服

从第 4.3 节的试验照片和第 6.5.8 节的有限元参数化分析结果来看，H 型钢组件翼缘屈服破坏时，翼缘变形主要集中在钢梁连接侧受拉区，受压区与钢管柱背侧几乎没有产生变形。因此，H 型钢组件翼缘屈服的承载力计算仅考虑钢梁连接一侧受拉区域。此外，试验结果和有限元结果也表明，当 H 型钢组件翼缘发生变形时，钢管柱受拉区也同时发生变形。这表明 H 型钢组件翼缘屈服状态下节点的承载力由 H 型钢组件翼缘和钢管柱壁一同贡献。基于以上结论，本节提出加强组件翼缘强度控制下的等效 T 形件承载力计算模型，如图 7-20 所示。

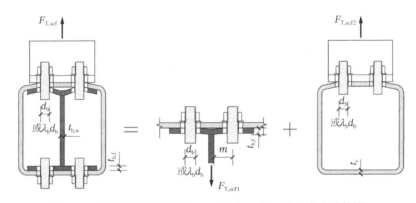

图 7-20　加强组件翼缘强度控制下的等效 T 形件承载力计算模型

图 7-20 中，加强组件翼缘强度控制下的等效 T 形件承载力 $F_{T,scf}$ 运用简单叠加法求解，数学表达式为：

$$F_{T,scf} = F_{T,scf1} + F_{T,scf2} \tag{7-109}$$

式中，$F_{T,scf1}$ 和 $F_{T,scf2}$ 分别为加强组件翼缘和钢管柱连接面对 $F_{T,scf}$ 的贡献。

式(7-109)中，$F_{T,scf1}$ 的计算采用等效 T 形件法。而且，由于钢管壁对 H 型钢组件翼缘变形的限制，所有组件的翼缘变形均为图 7-13（a）所示的完全翼缘屈服，如图 6-33 所示。因此，$F_{T,scf1}$ 可以通过下式计算：

$$F_{T,scf1} = F_{T1} = \frac{(8n - 2e_w)M_{Tp}}{2m_e n - e_w(m_e + n)} \tag{7-110}$$

$$n = \min(e_p, 1.25m_e) \tag{7-111}$$

式中，m_e取螺栓头一侧，按照式(7-27)取值；e_w和M_{Tp}分别为：

$$e_w = \begin{cases} 0.25d_b & \text{长圆形螺栓孔长轴垂直腹板} \\ 0.25\lambda_b d_b & \text{长圆形螺栓孔长轴平行腹板} \end{cases} \tag{7-112}$$

$$M_{Tp} = 0.25l_{eff}t_{h,f}^2 f_{y,sf} \tag{7-113}$$

式中，l_{eff}为等效 T 形件翼缘塑性铰线有效长度，查找欧洲规范 Eurocode 3: Part 1-8[145] 获取；$t_{h,f}$和$f_{y,sf}$分别为加强组件翼缘的厚度和屈服强度。

除$F_{T,scf1}$外，式(7-109)中钢管柱连接面对$F_{T,scf}$的贡献$F_{T,scf2}$则通过屈服线理论计算。与钢管柱强度控制下的节点受弯承载力的计算相同，合理的柱壁屈服线模式是准确计算其承载力的前提。本节基于加强节点柱壁的变形情况和理论分析，提出加强节点钢管柱连接面屈服线分布模式，如图 7-21 所示。

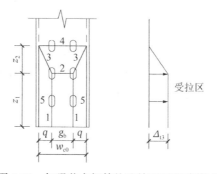

图 7-21　加强节点钢管柱连接面屈服线模式

根据虚功原理，外力$F_{T,scf2}$对钢管柱壁做的功等于柱壁屈服线所耗散的总能量，即：

$$F_{T,scf2}\Delta_{t3} = \sum l_i \varphi_i U_L \tag{7-114}$$

式中，Δ_{t3}为加强节点钢管柱受拉区的外凸变形；l_i和φ_i分别为钢管柱连接面第i条塑性铰线的有效长度及其转角；U_L为单位长度塑性铰线转动单位角度所消耗的能量，可通过式(7-58)计算。

根据图 7-21 所示几何关系，加强节点钢管柱受拉区 5 类直线型屈服线的耗散能量值分别为：

$$U_1''' = \frac{2\Delta_{t3}z_1}{q} U_L \tag{7-115}$$

$$U_2''' = \frac{\Delta_{t3}g_b}{z_2} U_L \tag{7-116}$$

$$U_3''' = \left(\frac{2\Delta_{t3}q}{z_2} + \frac{2\Delta_{t3}z_2}{q} \right) U_L \tag{7-117}$$

$$U_4''' = \frac{\Delta_{t3}w_{c0}}{z_2} U_L \tag{7-118}$$

$$U_5''' = \frac{2\Delta_{t3}(z_1 + z_2)}{q} U_L \tag{7-119}$$

式(7-115)～式(7-119)中，z_1和z_2为钢管柱壁屈服线分布在柱高方向上的尺寸，其中z_1为螺栓群几何参数，可由图 7-21 直接获取，而 z_2 则为变量。

综上，加强节点钢管柱受拉区所有屈服线耗散的总能量为：

$$U_{\text{tal}}''' = \sum_{i=1}^{5} U_i' = \left(\frac{4z_1 + 4z_2}{q} + \frac{g_b + 2q + w_{c0}}{z_2}\right)\Delta_{t3}U_L \tag{7-120}$$

应用势能驻值定理[15]，取 U_{tal}''' 的极值，则有：

$$\frac{\partial U_{\text{tal}}'''}{\partial z_2} = 0 \Rightarrow z_2 = \frac{\sqrt{q(g_b + 2q + w_{c0})}}{2} \tag{7-121}$$

因此，加强节点钢管柱连接面对 $F_{\text{T,scf}}$ 的贡献为：

$$F_{\text{T,scf2}} = \left(\frac{4z_1 + 4z_2}{q} + \frac{g_b + 2q + w_{c0}}{z_2}\right)U_L \tag{7-122}$$

2）加强组件腹板屈服

加强组件腹板屈服存在两种情况，分别是腹板受剪屈服和全截面受弯屈服。因此，加强组件腹板强度控制下等效 T 形件的拉力取两种情况中的较小值：

$$F_{\text{T,scw}} = \min[F_{\text{T,scw1}}, F_{\text{T,scw2}}] \tag{7-123}$$

式中，$F_{\text{T,scw1}}$ 和 $F_{\text{T,scw2}}$ 分别是加强组件腹板受剪屈服和受弯屈服状态下等效 T 形件的拉力。

由于国家标准《钢结构设计标准》GB 50017—2017[153]中 H 型钢柱腹板受剪承载力的计算均考虑了横向加劲肋的影响，因此 $F_{\text{T,scw1}}$ 的计算参考欧洲规范 Eurocode 3: Part 1-1[167]：

$$F_{\text{T,scw1}} = \frac{f_{\text{y,sw}}A_{\text{vs}}}{\sqrt{3}\gamma_{\text{M0}}} \tag{7-124}$$

式中，$f_{\text{y,sw}}$ 为加强组件腹板屈服强度；γ_{M0} 为分项系数，此处取值为 1.0[167]；A_{vs} 为加强组件腹板抗剪面积，按下式计算：

$$A_{\text{vs}} = \eta_s h_{\text{h,w}} t_{\text{h,w}} \tag{7-125}$$

式中，$h_{\text{h,w}}$ 和 $t_{\text{h,w}}$ 分别为 H 型钢组件的腹板高度和厚度；η_s 为抗剪面积放大系数，欧洲规范 Eurocode 3: Part 1-5[155]建议钢材牌号超过 Q460 时取 1.0，否则取 1.2。

加强组件全截面受弯屈服状态下等效 T 形件的拉力计算借鉴式(7-43)：

$$F_{\text{T,scw2}} = \frac{A_{\text{h,f}}f_{\text{y,sf}}(h_{\text{h,w}} + t_{\text{h,f}}) + 0.25A_{\text{h,w}}f_{\text{y,sw}}h_{\text{h,w}}}{h_h} \tag{7-126}$$

式中，$A_{\text{h,f}}$、$f_{\text{y,sf}}$ 和 $t_{\text{h,f}}$ 分别为加强组件翼缘截面积、屈服强度和厚度，$A_{\text{h,w}}$、$f_{\text{y,sw}}$ 和 $h_{\text{h,w}}$ 分别为加强组件腹板截面积、屈服强度和高度。

为验证本书所提出的 T 形方颈单边螺栓连接钢梁-钢管柱节点受弯承载力分析模型和计算公式的准确性和可靠性，对本书第 2 章中的无加强节点 S-C-N、T-V-N、T-H-N、T-V-S 和第 4 章中的加强节点 J-H08-E 和 J-H14-E 的受弯承载力进行了理论计算，计算结果与试验结果和有限元结果的对比列于表 7-8 中。表中，M_{theory}、M_{test} 和 M_{FE} 分别为节点受弯承载力的理论计算值、试验值和有限元值，$M_{y,\text{theory}}$、$M_{y,\text{test}}$ 和 $M_{y,\text{FE}}$ 分别为节点屈服弯矩的理论计算值、试验值和有限元值，$M_{\text{p,theory}}$、$M_{\text{p,test}}$ 和 $M_{\text{p,FE}}$ 分别为节点峰值弯矩的理论计算值、试验值和有限元值。

本书试件受弯承载力理论计算值与试验值和有限元值的比较　表 7-8

试件	M_{theory}（kN·m）		M_{test}（kN·m）		M_{FE}（kN·m）		$M_{y,theory}$ /$M_{y,test}$	$M_{p,theory}$ /$M_{p,test}$	$M_{y,theory}$ /$M_{y,FE}$	$M_{p,theory}$ /$M_{p,FE}$
	$M_{y,theory}$	$M_{p,theory}$	$M_{y,test}$	$M_{p,test}$	$M_{y,FE}$	$M_{p,FE}$				
S-C-N	61.65	—	69.27	119.61	71.30	121.15	0.890	—	0.865	—
T-V-N	61.65	91.81	69.15	101.41	66.12	96.05	0.892	0.905	0.932	0.956
T-H-N	61.65	91.81	63.42	107.72	62.29	110.37	0.972	0.852	0.990	0.832
T-V-S	67.22	107.11	76.41	117.06	78.24	122.54	0.880	0.915	0.859	0.874
J-H08-E	101.63	152.39	131.47	160.04	142.33	163.71	0.773	0.952	0.714	0.931
J-H14-E	129.97	152.39	129.37	143.43	144.05	166.37	1.005	1.062	0.902	0.916
平均值							0.902	0.937	0.877	0.902
标准差							0.074	0.070	0.085	0.044

从表 7-8 所列结果中可以看出，各节点受弯承载力的理论计算值一般小于试验值和有限元值，并且理论计算值与其余二者之间的误差基本保持在 15%之内。其中，节点 J-H08-E 的屈服弯矩理论计算值过于保守，与试验值和有限元值之间的误差分别为 22.7%和 28.6%。从理论计算结果来看，节点 J-H08-E 的屈服源自 H 型钢组件腹板的剪切屈服，这与图 4-10（c）中的试验现象和图 6-7（d）中的模拟结果一致。因此，节点 J-H08-E 的屈服弯矩理论计算值的误差主要来自于加强组件腹板受剪承载力的计算公式，即式(7-124)低估了加强组件腹板的受剪承载力。但是，考虑到结构设计的安全系数，作者认为节点 J-H08-E 的屈服承载力理论计算误差在可接受范围之内。可见，本书所提出的 T 形方颈单边螺栓连接钢梁-钢管柱节点理论分析模型及计算公式可以准确预测试验节点的受弯承载力。

为了进一步验证本书所提出的 T 形方颈单边螺栓连接钢梁-钢管柱节点受弯承载力计算方法，本节还对 21 个具有不同钢管柱尺寸、钢梁尺寸、端板尺寸、螺栓群尺寸和 H 型钢组件尺寸的节点进行了受弯承载力理论计算和有限元数值模拟。21 个节点以试件 T-H-N 和 J-H14-E 为基本模型，各节点的详细几何参数均列于表 7-9 中，理论计算结果和有限元结果的对比则汇总于表 7-10 中。表 7-10 三列破坏模式中，符号 CO、EP、BE、BH、SCF、SCW 分别表示柱壁屈服、端板屈服、钢梁屈服、柱壁螺栓孔冲切、加强组件翼缘屈服和加强组件腹板屈服破坏；三星标志、两星标志以及一星标志分别表示理论公式预测的节点破坏模式与有限元结果完全一致、部分一致和完全不同。

从表 7-10 中可以看出，节点受弯承载力理论计算值与有限元值之间的误差基本保持在 15%之内，仅有个别节点的误差较大，但是不超过 30%。此外，表内数据还表明理论公式对节点峰值承载力的预测结果优于屈服承载力。从破坏模式来看，表 7-10 中有 57.1%的节点被完全预测准确，38.1%的节点被部分成功预测，仅有 4.8%的节点预测错误。同样考虑到节点构造复杂，各组件分析模型简化等方面的影响，作者认为这种程度的承载力预测误差和破坏模式预测误差是可以接受的。总之，本书提出的 T 形方颈单边螺栓连接钢梁-钢管柱无加强节点和加强节点的承载力分析模型及计算公式可以准确预测此类节点的受弯承载力及破坏模式。

7.4　转角-弯矩关系模型

通过试验或有限元分析获得的节点转角-弯矩关系曲线，可以完整反映节点的全过程受力特点，但是在结构设计中完全通过试验和有限元方法获取节点的转角-弯矩关系曲线并不现实。因此，需要一种简单实用的节点转角-弯矩关系理论模型。目前比较典型的节点转角-弯矩关系模型有线性模型、多项式模型、B 样条模型、指数函数模型和幂函数模型[166]，其中线性模型形式简单，具有明显的弹性段和弹塑性段，并且与本书试件实测曲线形状特征相符，可以很好地反应 T 形方颈单边螺栓连接钢梁-钢管柱节点的结构性能。本节在第 7.2 节节点初始刚度和第 7.3 节受弯承载力理论计算公式的基础上，给出 T 形方颈单边螺栓连接钢梁-钢管柱节点在单调荷载下的转角-弯矩关系模型，和在低周往复荷载下的转角-弯矩滞回曲线模型。

用于验证节点受弯承载力理论模型和计算公式的有限元模型　表 7-9

序号	钢管柱		钢梁				端板	螺栓群		H 型钢组件		
	w_c（mm）	t_c（mm）	$t_{b,f}$（mm）	$t_{b,w}$（mm）	$w_{b,f}$（mm）	h_w（mm）	t_e（mm）	d_b（mm）	g_b（mm）	$w_{h,f}$（mm）	$t_{h,w}$（mm）	$t_{h,w}$（mm）
1	220	10	9	6.5	150	282	18	20	80	—	—	—
2	240	10	9	6.5	150	282	18	20	80	—	—	—
3	200	8	9	6.5	150	282	18	20	80	—	—	—
4	200	12	9	6.5	150	282	18	20	80	—	—	—
5	200	12	8	6	150	282	20	20	80	—	—	—
6	200	10	9	6.5	150	282	20	20	80	—	—	—
7	200	10	9	6.5	150	282	10	20	80	—	—	—
8	200	12	9	6.5	150	282	20	16	80	—	—	—
9	220	12	9	6.5	150	282	22	20	80	—	—	—
10	240	12	9	6.5	150	282	22	20	80	—	—	—
11	200	8	9	6.5	150	282	14	20	80	—	—	—
12	200	12	9	6.5	150	282	14	20	80	—	—	—
13	240	12	9	6.5	150	282	22	16	80	—	—	—
14	240	12	9	6.5	150	302	20	20	80	—	—	—
15	240	12	9	6.5	180	302	20	20	80	—	—	—
16	240	12	9	6.5	180	302	20	20	90	—	—	—
17	240	12	9	6.5	180	302	20	20	100	—	—	—
18	200	8	9	6.5	150	282	14	20	80	4	14	160
19	200	8	9	6.5	150	282	14	20	80	10	14	160
20	200	8	9	6.5	150	282	14	20	80	14	8	160
21	240	10	9	6.5	150	282	18	20	80	8	8	200

表 7-9 所列节点受弯承载力理论计算值与有限元值的比较　　表 7-10

序号	$M_{yc,be}$ (kN·m)	$M_{yc,ep}$ (kN·m)	$M_{yc,co}$ (kN·m)	$M_{yc,sc}$ (kN·m)	$M_{pc,be}$ (kN·m)	$M_{pc,bo}$ (kN·m)	$M_{pc,co}$ (kN·m)	$M_{y,theory}$ (kN·m)	$M_{p,theory}$ (kN·m)	理论破坏模式	$M_{y,FE}$ (kN·m)	$M_{p,FE}$ (kN·m)	有限元破坏模式	$\dfrac{M_{y,theory}}{M_{y,FE}}$	$\dfrac{M_{p,theory}}{M_{p,FE}}$	破坏模式
1	129.97	101.50	60.82	—	152.39	317.55	111.56	60.82	111.56	CO + EP	66.76	109.51	CO + EP	0.911	1.019	★★★
2	129.97	101.50	53.53	—	152.39	317.55	111.56	53.53	111.56	CO + EP	63.71	109.45	CO + EP	0.840	1.019	★★★
3	129.97	101.50	45.06	—	152.39	317.55	89.26	45.06	89.26	CO	51.20	99.47	CO + EP	0.880	0.897	★★
4	129.97	101.50	112.40	—	152.39	317.55	133.87	101.50	133.87	CO + EP + BE	88.82	143.44	CO + EP + BE	1.143	0.933	★★★
5	116.40	125.30	112.40	—	131.56	317.55	133.87	112.40	131.56	CO + EP + BE	92.42	139.63	CO + EP + BE	1.216	0.942	★★★
6	129.97	125.30	73.86	—	152.39	317.55	111.56	73.86	111.56	CO	76.41	127.37	CO + EP	0.967	0.876	★★
7	129.97	31.33	73.86	—	152.39	317.55	111.56	31.33	111.56	CO + EP	51.60	87.45	CO + EP	0.607	1.276	★★★
8	129.97	125.30	112.40	—	152.39	203.23	105.27	112.40	105.27	BH	89.49	142.68	CO + EP + BE	1.256	0.738	★
9	129.97	151.62	90.40	—	152.39	317.55	133.87	90.40	133.87	CO + BE	88.19	140.68	CO + EP + BE	1.025	0.952	★★
10	129.97	151.62	78.82	—	152.39	317.55	133.87	78.82	133.87	CO + BE	84.25	120.17	CO + EP + BE	0.936	1.114	★★
11	129.97	61.40	45.06	—	152.39	317.55	89.26	45.06	89.26	CO + EP	48.07	89.79	CO + EP	0.937	0.994	★★★
12	129.97	61.40	112.40	—	152.39	317.55	133.87	61.40	133.87	CO + EP + BE	79.59	129.85	CO + EP + BE	0.771	1.031	★★★
13	129.97	151.62	78.82	—	152.39	203.23	105.27	78.82	105.27	CO	83.60	124.38	CO + EP	0.943	0.846	★★
14	141.58	133.56	87.91	—	160.69	338.49	142.70	87.91	142.70	CO + EP + BE	87.34	145.01	CO + EP + BE	1.007	0.984	★★★
15	161.97	160.28	99.61	—	183.18	338.49	142.70	99.61	142.70	CO	91.32	145.15	CO + EP	1.091	0.983	★★
16	161.97	160.28	104.27	—	183.18	338.49	142.70	104.27	142.70	CO	93.09	159.96	CO + EP	1.120	0.892	★★
17	161.97	160.28	109.73	—	183.18	338.49	142.70	109.73	142.70	CO	96.13	147.24	CO + EP	1.141	0.969	★★
18	129.97	—	—	64.70	152.39	317.55	—	64.70	152.39	SCF + BE	83.42	141.57	SCF + BE	0.776	1.076	★★★
19	129.97	—	—	128.03	152.39	317.55	—	128.03	152.39	SCF + BE	126.75	153.87	SCF + BE	1.010	0.990	★★★
20	129.97	—	—	69.50	152.39	317.55	—	69.50	152.39	SCW + BE	129.21	154.48	SCW + BE	0.538	0.986	★★★
21	129.97	—	—	113.28	152.39	317.55	—	113.28	152.39	SCF + BE	118.77	147.01	SCF + BE	0.954	1.037	★★

7.4.1　单调荷载下

基于本书实测转角-弯矩关系曲线，单调荷载下 T 形方颈单边螺栓连接钢梁-钢管柱节点的转角-弯矩线性模型可分为两类，分别为柱壁、端板或加强组件屈服破坏下的双折线模型和钢梁屈服破坏下的三折线模型，如图 7-22 所示。

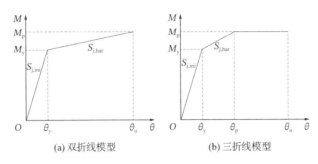

(a) 双折线模型　　　　　　　(b) 三折线模型

图 7-22　转角-弯矩关系模型

图 7-22（a）所示双折线模型由弹性段和弹塑性段组成，具体表达式为：

$$M = \begin{cases} S_{j,ini}\theta & 0 \leqslant \theta < \theta_y \\ S_{j,har}(\theta - \theta_y) + M_y & \theta_y \leqslant \theta < \theta_u \end{cases} \tag{7-127}$$

$$\theta_y = \frac{M_y}{S_{j,ini}} \tag{7-128}$$

图 7-22（b）所示三折线模型在双折线模型的基础上增加塑性段，具体表达式为：

$$M = \begin{cases} S_{j,ini}\theta & 0 \leqslant \theta < \theta_y \\ S_{j,har}(\theta - \theta_y) + M_y & \theta_y \leqslant \theta < \theta_p \\ M_p & \theta \geqslant \theta_p \end{cases} \tag{7-129}$$

$$S_{j,har} = 0.1 S_{j,ini} \tag{7-130}$$

式中，$S_{j,ini}$、M_y 和 M_p 分别为节点初始转动刚度、屈服弯矩和峰值弯矩，由 7.2 节和 7.3 节计算得到；$S_{j,har}$ 为节点硬化刚度，即转角-弯矩关系曲线弹塑性段斜率，通过对试验数据及有限元结果的回归分析可按下式取值：

$$S_{j,har} = \begin{cases} 0.08 S_{j,ini} & \text{圆形螺栓孔无肋端板连接} \\ 0.05 S_{j,ini} & \text{长圆形螺栓孔 V 型布置无肋端板连接} \\ 0.08 S_{j,ini} & \text{长圆形螺栓孔 H 型布置无肋端板连接} \\ 0.08 S_{j,ini} & \text{带肋端板连接} \end{cases} \tag{7-131}$$

为验证本书提出的单调荷载下 T 形方颈单边螺栓连接钢梁-钢管柱节点转角-弯矩关系线性模型的准确性和可靠度，图 7-23 将线性模型的理论预测结果与试验结果和有限元结果进行对比。其中图 7-23（a）～（f）为表 7-3 和表 7-8 所列试验节点的转角-位移关系曲线对比，图 7-23（g）～（u）为表 7-9 和表 7-10 所列有限元节点的转角-位移关系曲线对比。可以看出，本书所提单调荷载下转角-弯矩关系线性模型的预测结果与试验曲线和有限元曲线吻合良好，证明了该线性模型具有较好的准确性和可靠度，可以为此类节点的设计服务。

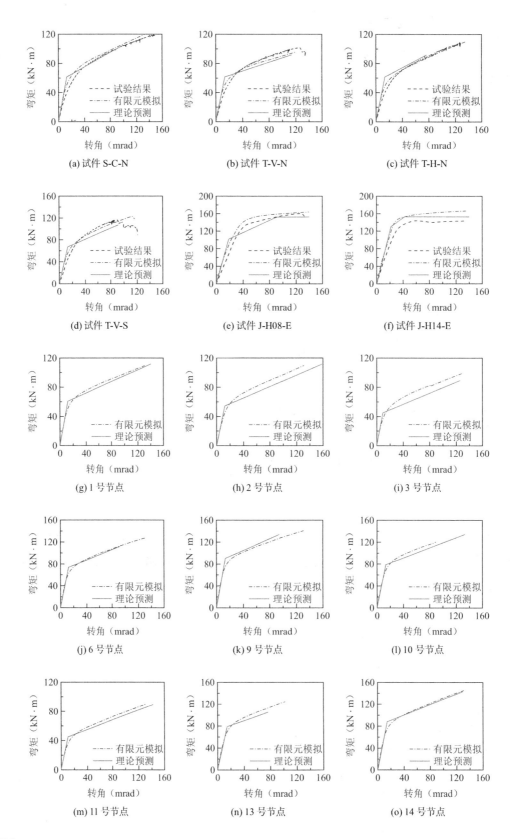

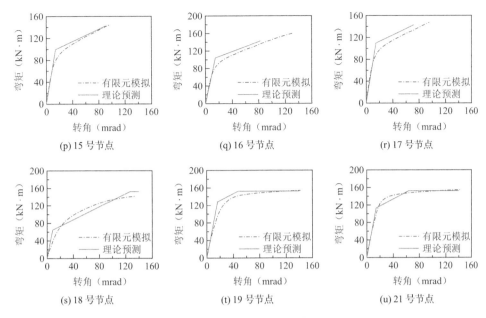

(p) 15 号节点　　　　　　(q) 16 号节点　　　　　　(r) 17 号节点

(s) 18 号节点　　　　　　(t) 19 号节点　　　　　　(u) 21 号节点

图 7-23　转角-弯矩关系曲线对比

7.4.2　低周往复荷载下

低周往复荷载下节点的力-位移关系曲线被称为滞回曲线，也被称为恢复力特性曲线，是抗震分析的基础。确定节点恢复力模型的方法有试验拟合法、系统识别法和理论计算法[187]。本节在第 7.2 节节点初始转动刚度和第 7.3 节受弯承载力计算的基础上，通过理论分析得到 T 形方颈单边螺栓连接钢梁-钢管柱节点在低周往复荷载下的恢复力模型。

本书提出的节点恢复力模型为折线形，如图 7-24 所示。开始加载时，滞回曲线从 0 点沿骨架曲线经过屈服点 1 到达 2 点，随后由 2 点卸载至 3 点，卸载刚度与初始刚度$S_{j,ini}$一致。负向加载时，滞回曲线从 3 点沿直线出发到达 4 点，继而沿骨架曲线至 5 点，之后同样以卸载刚度 $S_{j,ini}$ 卸载至 6 点。下一荷载级正向加载开始时，滞回曲线从 6 点直线到达前一荷载级峰值点 7，接着沿骨架曲线到达本级荷载最大位移 8 点处，然后卸载至 9 点。反向加载同样先直线达到 10 点，接着沿骨架曲线至 11 点后卸载至 12 点，如此循环直至达到骨架曲线峰值点为止。图 7-24 所示节点恢复力模型骨架曲线取自本书第 7.4.1 节单调荷载下转角-弯矩关系线性模型。

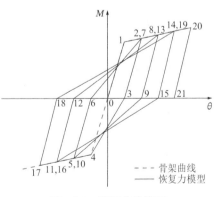

图 7-24　滞回曲线模型

为验证本书提出的 T 形方颈单边螺栓连接钢梁-钢管柱节点在低周往复荷载下滞回曲线模型的准确性和可靠度，图 7-25 将滞回曲线模型的理论预测结果与试验结果进行对比，可以看出二者吻合良好，证明了该滞回曲线模型具有较好的准确性。

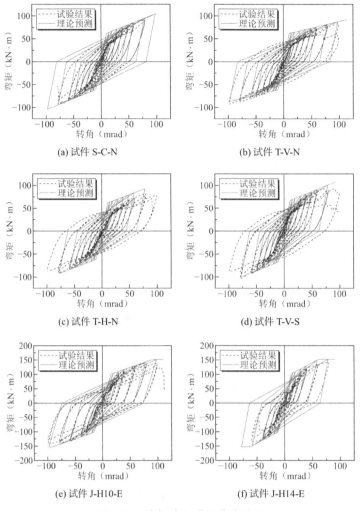

(a) 试件 S-C-N

(b) 试件 T-V-N

(c) 试件 T-H-N

(d) 试件 T-V-S

(e) 试件 J-H10-E

(f) 试件 J-H14-E

图 7-25 转角-弯矩滞回曲线对比

7.5 本章小结

本章通过理论分析,建立了 T 形方颈单边螺栓连接钢梁-钢管柱节点初始转动刚度计算模型、受弯承载力计算模型和单调荷载及低周往复荷载下的转角-弯矩关系模型,并与前文试验和有限元结果进行对比。本章主要结论如下:

(1)采用组件法,通过拆解外荷载作用下的 T 形方颈单边螺栓连接钢梁-钢管柱无加强和加强节点,计算节点各基本部件的抗拉、压、弯、剪刚度,再根据节点受力特点串联或并联各基本部件的刚度,进而建立此类节点的初始转动刚度分析模型和计算公式。

(2)基于 T 形方颈单边螺栓连接钢梁-钢管柱无加强和加强节点的破坏模式,分别提出了钢梁、单边螺栓、端板、钢管柱和加强组件强度控制下的节点受弯承载力分析模型和计算公式。

(3)在节点初始转动刚度和受弯承载力理论分析的基础上建立 T 形方颈单边螺栓连接钢梁-钢管柱节点在单调荷载下的转角-弯矩线性模型和在低周往复荷载下的滞回曲线模型。

第 8 章

结论与展望

8.1 结 论

本书针对闭口截面钢构件螺栓连接，提出了 T 形方颈单边螺栓及其配套安装方法，通过试验研究了 T 形方颈单边螺栓连接钢梁-钢管柱无加强节点和加强节点在单调和低周往复荷载下的结构性能，采用有限元软件 ABAQUS 对此类节点进行了一系列的参数化分析，最后通过理论分析建立此类节点的转角-弯矩关系模型。本书的主要研究结论如下：

（1）T 形方颈单边螺栓连接钢梁-钢管柱无加强节点在单调荷载下的试验现象与传统螺栓连接节点相似，但是最终却因螺栓拔出而失效；虽然端板加劲肋和钢管柱内灌注混凝土两种加强措施均可改变此类节点的破坏模式，但是仍然无法避免螺栓拔出破坏。T 形方颈单边螺栓的锚固失效机理可以归纳为"受拉区螺栓拉力作用→柱壁连接面外鼓变形→螺栓孔膨鼓变形→螺栓夹紧区域面积减小→栓孔抗冲切承载力下降→栓孔冲切破坏"。T 形方颈单边螺栓连接钢梁-钢管柱节点具有与传统螺栓连接节点相当的初始刚度，并且在整个生命周期内的承载力不低于传统螺栓连接节点的 85%；与长圆形螺栓孔竖向布置方案相比，横向布置方案虽然赋予节点较小的屈服承载力，但是带来了较大的峰值承载力以及更优的屈服后性能。T 形方颈单边螺栓连接钢梁-钢管柱节点属于半刚性部分强度连接，与传统螺栓连接节点分类结果相同。多级 T 形方颈单边螺栓的抗拔承载力来源于钢管柱内混凝土对其锚固头及锚固杆的锚固力和钢管柱壁对 T 形螺栓头的锚固力；在节点屈服之前，钢管柱内混凝土可提供 64%～87%的螺栓锚固力，是其轴力的主要来源。

（2）T 形方颈单边螺栓连接钢梁-钢管柱无加强节点在低周往复荷载下的试验现象同样与传统螺栓连接节点相似，其中长圆形螺栓孔竖向布置有利于端板变形发展，横向布置有利于钢管柱壁变形发展。T 形方颈单边螺栓连接节点与传统螺栓连接节点的强度退化系数、刚度退化系数、等效黏滞阻尼系数幅值相近，趋势一致；与传统螺栓连接节点相比，T 形方颈单边螺栓连接节点的极限转角、延性系数和耗能能力分别提高 25.1%、31.3%～37.9%和 47.6%～52.9%。荷载类型对此类节点破坏模式的影响主要表现为单调荷载下发生大变形的焊缝热影响区易在低周往复荷载下发生脆性断裂，单调荷载下出现的部件小变形不易在低周往复荷载下再现；此外，低周往复荷载下节点的结构响应特征值会出现不同程度的削弱，其中对 T 形方颈单边螺栓连接节点峰值承载力和极限转角的削弱程度低于传统螺栓连接节点，并且长圆形螺栓孔竖向布置会进一步降低这种削弱；低周往复荷载对所有试件均表现为转动能力削弱程度最大，峰值承载力次之，屈服承载力最小；因此在节点的抗震设计中，变形能力和延性至关重要，应首先考虑。

（3）T 形方颈单边螺栓连接钢梁-钢管柱加强节点在单调荷载下均出现上下层钢管柱拼缝错位现象，但随着组件类型由双槽钢变为 H 型钢、组件板厚由薄到厚，拼缝错位宽度逐渐降低；而且，提高 H 型钢组件的加工精度也可减小钢管柱拼缝错位宽度，降低其对结构正常使用极限状态的影响。与双槽钢组件加强节点相比，H 型钢组件加强节点的初始刚度、屈服弯矩、峰值弯矩和极限弯矩分别提高 20.3%～39.3%、30.6%～59.6%、12.3%～23.7% 和 13.7%；因此，在连接面板厚相同的情况下，H 型钢组件对节点的加强效率优于双槽钢组件。通过设置加强组件，T 形方颈单边螺栓连接钢梁-钢管柱节点由半刚性部分强度连接转为半刚性全强度连接，在保证半刚性连接的基础上，提高了节点承载力，符合螺栓连接节点的目标类型。从破坏模式来看，加强组件的应用使节点成功避免了栓孔冲切破坏，其中双槽钢组件仍无法避免钢管柱壁变形；建议 T 形方颈单边螺栓连接钢梁-钢管柱加强节点采用外伸 H 型钢组件，并且其截面应具备足够的受弯和受剪承载力以承担节点域的弯矩和水平剪力。

（4）T 形方颈单边螺栓连接钢梁-钢管柱加强节点在低周往复荷载下不会出现栓孔冲切破坏，也不会发生柱壁变形，试验现象主要表现为上下层钢管柱拼缝错位和钢梁翼缘脆性断裂；其中上下层钢管柱拼缝错位由 H 型钢组件的剪切变形和其与钢管柱之间的安装间隙引起。与无加强节点相比，钢管柱内设置 H 型钢组件不仅不会对节点的强度退化性能和等效黏滞阻尼系数造成影响，还会减弱节点的刚度退化并提高其耗能能力，最大提高幅度达 102.3%。

（5）T 形方颈单边螺栓连接钢梁-钢管柱节点的有限元参数化分析表明，长圆形螺栓孔耗能的关键并非端板与钢管柱壁之间的摩擦阻尼，而是端板与柱壁之间的滑移赋予节点的较高延性；T 形方颈单边螺栓的螺母和垫圈尺寸、栓杆的旋转偏差和孔内滑移以及钢材摩擦面抗滑移系数对节点力学性能的影响均很小，设计中可忽略；长圆形栓孔 HVH 型混合布置可以使节点获得最优的结构响应，应优先推荐；考虑栓孔对螺栓头的锚固效果以及构件的装配精度，推荐栓孔采用《紧固件　螺栓和螺钉通孔》GB/T 5277—1985[150]规定的中等装配精度；考虑螺栓的标准化生产和其连接的力学性能，T 形头最优长宽比取值 2.2；建议加强组件与钢管柱间安装间隙设计值不超过 2.0mm；加强节点中，钢管柱拼缝应优先设计在钢梁翼缘处；H 型钢组件的截面设计原则同钢梁一致，应为厚翼缘薄腹板截面；十字钢组件在平面节点中的荷载传递路径与 H 型钢组件相同，在空间节点中应按照两个方向的 H 型钢组件分别设计，而且无法传递钢管柱相邻壁面间的荷载；H 型钢组件中部截面外焊短截钢管形成的新型组件在不影响节点力学性能的情况下，减小了钢管柱拼缝的视觉错位，提高了现场起重设备的吊装效率和节点的安装效率。

（6）通过对长圆形栓孔所在钢管柱和端板进行几何参数分析，进一步确定 T 形方颈单边螺栓连接钢梁-钢管柱节点具备不低于传统螺栓连接节点 90%的屈服承载力和 85%的峰值承载力，并且保证率不低于 95%。此外，在加强组件刚度和强度足够的条件下，断柱拼接节点具有完整钢管柱节点 70%以上的初始刚度和 95%以上的承载力。虽然 T 形方颈单边螺栓连接和断柱加强措施的力学性能尚无法完全替代传统螺栓连接和钢管柱无损加强，但是其施工效率是后者无法比拟的。

（7）采用组件法，通过拆解外荷载作用下的 T 形方颈单边螺栓连接钢梁-钢管柱无加强和加强节点，计算节点各基本部件的抗拉、压、弯、剪刚度，再根据节点受力特点串联或并联各基本部件的刚度，进而建立此类节点的初始转动刚度分析模型和计算公式。基于 T 形方颈单边螺栓连接钢梁-钢管柱无加强和加强节点的破坏模式，分别提出了钢梁、单边螺栓、端板、钢管柱和加强组件强度控制下的节点受弯承载力分析模型和计算公式。在节点初始转动刚度和受弯承载力理论分析的基础上建立 T 形方颈单边螺栓连接钢梁-钢管柱节点在单调荷载下的转角-弯矩线性模型和在低周往复荷载下的滞回曲线模型。

8.2　展　望

出于多方面原因的限制，本书的研究工作尚存许多有待完善之处。作者认为，后续的研究可以从以下几个方面开展，以进一步推动 T 形方颈单边螺栓连接钢结构体系的工业化应用。

1）T 形方颈单边螺栓 T 形头最优长宽比试验研究

T 形方颈单边螺栓 T 形头长宽比对节点抗弯性能的影响较大，尤其是极限转角。随着 T 形头长宽比的增加，栓孔抗冲切承载力提高，但是更大的开孔面积使板件的受弯承载力下降，因此寻找最优的螺栓 T 形头长宽比是 T 形方颈单边螺栓标准化的关键。虽然本书第 6.5.6 节针对螺栓 T 形头长宽比进行了一系列的有限元参数分析，并且得到了 2.2 的建议值，但是缺乏相关的试验研究。因此，作者认为通过试验研究确定螺栓 T 形头最优长宽比的影响因素并给出建议取值表，是其工业化生产的第一步。

2）T 形方颈单边螺栓角钢或 T 形件连接钢梁-钢管柱节点结构性能研究

本书的研究工作集中于梁柱端板连接，未涉及其他形式的螺栓连接，例如顶底角钢连接、T 形件连接等。从本书第 3 章和第 5 章针对端板连接节点的低周往复荷载试验中可以发现，端板与钢梁之间的焊缝及其热影响区易在往复荷载下发生脆性断裂，导致节点延性降低。与端板连接相比，角钢和 T 形件可以选择热轧成型（T 形件可以通过切割热轧工字钢获得），并且与钢梁和钢管柱均通过螺栓连接，节点区域不存在焊接，因此可以避免焊缝脆性破坏的发生。

3）T 形方颈单边螺栓连接钢梁-钢管柱节点在动力荷载下的结构性能研究

严格来讲，低周往复荷载试验仍然属于拟静力试验范畴，无法准确获得结构的动力响应。因此，T 形方颈单边螺栓连接钢梁-钢管柱节点在地震作用和冲击荷载下的结构性能研究应通过拟动力试验方法实现。

4）T 形方颈单边螺栓连接钢梁-钢管柱框架结构抗震性能研究

本书研究工作集中于梁柱节点，并未进行框架层面的模型试验、数值模拟和理论分析。T 形方颈单边螺栓用于半刚性框架抗侧结构时，梁柱连接的破坏模式、承载机理、屈服顺序、刚度、延性和耗能性能是否满足要求，目前尚无可靠理论和试验数据。因此，开展 T

形方颈单边螺栓连接钢梁-钢管柱框架结构抗震性能研究是此类连接工程应用的必要条件。

5）多级 T 形方颈单边螺栓连接钢梁－钢管混凝土柱节点结构性能研究

相比纯钢结构，在钢管柱内灌注混凝土形成钢管混凝土柱可以大幅提高其竖向和侧向承载力，降低钢材使用率，是众多高层建筑的首选结构形式。本书的研究对象主要为中空钢管柱-钢梁连接节点，其中仅在第 2 章和第 3 章中有两个试验节点为钢管混凝土柱-钢梁连接，尚未形成系统的多级 T 形方颈单边螺栓连接钢梁-钢管混凝土柱节点结构性能研究。

参考文献

[1] 罗澜. 世界气象组织发布《2021 年全球气候状况》[N]. 中国气象报, 2022-05-23(003).

[2] 唐韬, 严飞. 过去 7 年是史上最热 7 年[J]. 生态经济, 2022, 38(7): 5-8.

[3] Kessler E, 刘美敏. 亚太地区温室气体排放: 不断向前发展[J]. AMBIO-人类环境杂志, 1996, 25(4): 219.

[4] 李伟, 王成鹏, 徐从海. 建设项目碳排放环境影响评价分析及建议[J]. 环境生态学, 2022, 4(5): 99-103+108.

[5] 吕雨彤, 祝连波, 林家南, 等. 国内外建筑业碳排放的研究评述——基于 Citespace 的计量分析[J]. 上海节能, 2022(6): 686-698.

[6] 李伟民. 我国装配式建筑发展关键影响因素研究[D]. 南京: 东南大学, 2020.

[7] 胡庆昌. 民族饭店高层装配式框架结构的设计[J]. 土木工程学报, 1959, 6(9): 731-764+825.

[8] 封天赐, 陈林. 装配式建筑物在 21 世纪初重生[J]. 科技展望, 2016, 26(16): 29.

[9] 建设部. 钢结构住宅建筑产业化技术导则[EB/OL]. (2001-12-19)[2022-05-04]. http://www.kscecs.com/ statute/searchStatuteDetail.action?statuteId=8977.

[10] 国务院办公厅. 关于大力发展装配式建筑的指导意见[EB/OL]. (2016-09-27)[2022-06-08]. https:// www.gov.cn/zhengce/content/2016-09/30/content_5114118.htm.

[11] 住房和城乡建设部. 住房城乡建设部关于印发《"十三五"装配式建筑行动方案》《装配式建筑示范城市管理办法》《装配式建筑产业基地管理办法》的通知 [EB/OL]. (2017-03-23)[2022-07-11]. https://www.mohurd.gov.cn/gongkai/zhengce/zhengcefilelib/201703/20170329_231283.html.

[12] 住房和城乡建设部. 住房和城乡建设部关于印发"十四五"建筑业发展规划的通知[EB/OL]. (2022-01-09)[2022-11-09]. https://www.mohurd.gov.cn/gongkai/zhengce/zhengcefilelib/202201/2022012 5_764285.html.

[13] 孙冰, 何洪, 吴昌根, 等. 全钢结构对比传统混凝土结构的优势[J]. 施工技术, 2017, 46(S2): 445-449.

[14] 陈宗科. 基于生命周期的钢结构与混凝土结构建筑的环境影响对比[C]//2020 年工业建筑学术交流会论文集(中册). 工业建筑杂志社, 2020: 312-314.

[15] 李国强, 段炼, 陆烨, 等. H 型钢梁与矩形钢管柱外伸式端板单向螺栓连接节点承载力试验与理论研究[J]. 建筑结构学报, 2015, 36(9): 91-100.

[16] 郑书朔. 矩形钢管柱与 H 型钢梁单边螺栓连接节点力学性能研究[D]. 青岛: 青岛理工大学, 2018.

[17] 汤镇州. 方钢管混凝土柱-型钢梁单边螺栓平端板节点的性能研究[D]. 广州: 华南理工大学, 2018.

[18] 俞树文, 罗宇, 赵晟, 等. 焊接残余应力及变形对各焊接结构动力特性的影响[J]. 热加工工艺, 2021, 50(21): 140-145+151.

[19] Miller D K. Lessons learned from the Northridge earthquake[J]. Engineering Structures, 1998, 20(4-6): 249-260.

[20] Tremblay R, Filiatrault A, Bruneau M, et al. Seismic design of steel buildings: lessons from the 1995 hyogo-ken Nanbu earthquake[J]. Canadian Journal of Civil Engineering, 1996, 23(3): 727-756.

[21] 鲁永贵, 尤洋, 张文超, 等. 火灾下螺纹锚固螺栓 T 形连接承载力设计方法[J]. 建筑钢结构进展, 2021, 23(9): 54-60.

[22] 班慧勇, 孔思宇, 谢崇峰, 等. 新型高强度螺栓单边连接应变松弛及抗剪性能研究[J]. 工业建筑, 2019, 49(7): 146-150+161.

[23] 徐婷, 王伟, 陈以一. 国外单边螺栓研究现状[J]. 钢结构, 2015, 30(8): 27-33.

[24] 陈珂璠, 李宇晗, 陆金钰. 单边紧固螺栓在结构工程中应用的研究进展[J]. 江苏建筑, 2016, 23(1): 27-30.

[25] 梁晓婕, 王燕. 钢结构装配式半刚性连接节点研究进展[J]. 建筑钢结构进展, 2022, 24(1): 1-14.

[26] Lindapter. Type HB: Hollo-Bolt Cavity fixings 2 product brochures[Z].

[27] 张经纬. 方钢管柱与 H 型钢梁单边螺栓连接节点抗震性能研究及有限元分析[D]. 青岛: 青岛理工大学, 2019.

[28] Pitrakkos T, Tizani W. Experimental behaviour of a novel anchored blind-bolt in tension[J]. Engineering Structures, 2013(49): 905-919.

[29] Pitrakkos T, Tizani W, Cabrera M, et al. Blind bolts with headed anchors under combined tension and shear[J]. Journal of Constructional Steel Research, 2021(179): 106546.

[30] Olivier G, Csillag F, Tromp E. Static, fatigue and creep performance of blind-bolted connectors in shear experiments on steel-FRP joints[J]. Engineering Structures, 2021(230): 111713.

[31] Tizani W, Rahman N A, Pitrakkos T. Fatigue life of an anchored blind-bolt loaded in tension[J]. Journal of Constructional Steel Research, 2014(93): 1-8.

[32] Mourad S, Korol R M, Ghobarah A. Design of Extended End-Plate Connections for Hollow Section Columns[J]. Canadian Journal of Civil Engineering, 2011, 23(1): 277-286.

[33] Wang Z, Wang Q. Yield and ultimate strengths determination of a blind bolted endplate connection to square hollow section column[J]. Engineering Structures, 2016(111): 345-369.

[34] Wang Z, Wang Q, Xue H, et al. Low cycle fatigue response of bolted T-stub connections to HSS columns-Experimental study[J]. Journal of Constructional Steel Research, 2016(119): 216-232.

[35] Debnath P P, Chan T M. Tensile behaviour of headed anchored hollo-bolts in concrete filled hollow steel tube connections[J]. Engineering Structures, 2021(234): 111982.

[36] Cabrera M, Tizani W, Mahmood M. Analysis of extended Hollo-Bolt connections: combined failure in tension[J]. Journal of Constructional Steel Research, 2020(165): 105766.

[37] 王静峰. 钢管混凝土柱-钢梁单边螺栓平端板连接节点的力学性能[D]. 北京: 清华大学, 2007.

[38] 王静峰, 韩林海, 郭水平. 半刚性钢管混凝土框架端板节点试验研究及数值模拟[J]. 建筑结构学报, 2009, 30(S2): 219-224.

[39] Wang J, Han L, Uy B. Behaviour of flush end plate joints to concrete-filled steel tubular columns[J]. Journal of Constructional Steel Research, 2009(65): 925-939.

[40] Wang J, Han L, Uy B. Hysteretic behaviour of flush end plate joints to concrete-filled steel tubular columns[J]. Journal of Constructional Steel Research, 2009(65): 1644-1663.

[41] Wang J, Spencer Jr B F. Experimental and analytical behavior of blind bolted moment connections[J]. Journal of Constructional Steel Research, 2013(82): 33-47.

[42] 李国强, 段炼, 陆烨, 等. H 型钢梁与矩形钢管柱端板单向螺栓连接节点初始转动刚度性能[J]. 同济大学学报(自然科学版), 2018, 46(5): 565-573.

[43] 李国强, 段炼, 陆烨, 等. H 型钢梁与矩形钢管柱平齐端板单向螺栓节点承载力性能[J]. 同济大学学报(自然科学版), 2018, 46(2): 162-169.

[44] Fan S, Xie S, Wang K, et al. Seismic behaviour of novel self-tightening one-side bolted joints of prefabricated steel structures[J]. Journal of Building Engineering, 2022(56): 104823.

[45] 索雅琪, 范圣刚, 刘飞, 等. 新型单面螺栓梁柱外伸端板连接节点受力性能试验研究[J]. 东南大学学报(自然科学版), 2020, 50(3): 417-424.

[46] 刘仲洋, 董新元, 陈伟, 等. T 形件单向螺栓连接方钢管柱-H 形钢梁抗弯节点性能研究[J]. 建筑钢结构进展, 2022, 24(1): 108-118.

[47] 刘仲洋, 董新元, 陈伟, 等. 方钢管柱-H 型钢梁 T 形件单向螺栓连接节点性能研究[J]. 建筑结构, 2022, 52(3): 116-123.

[48] 董新元, 刘仲洋, 毛会, 等. 方钢管柱-H 型钢梁顶底 T 型钢单向螺栓连接节点性能研究[J]. 河北建筑工程学院学报, 2020, 38(1): 48-54.

[49] 郑书朔, 王燕, 王修军, 等. 矩形钢管柱与 H 型钢梁单边螺栓连接节点的抗震性能与恢复力模型研究[J]. 建筑结构学报, 2020, 41(5): 168-179.

[50] 李国强, 张杰华, 蒋蕴涵, 等. 钢结构用国产自锁式 8.8 级单向螺栓承载性能[J]. 建筑科学与工程学报, 2018, 35(1): 9-16.

[51] 李国强, 张杰华, 陆烨, 等. 10.9 级国产自锁式单向螺栓承载性能研究[J]. 建筑钢结构进展, 2019, 21(4): 46-53+93.

[52] 蒋蕴涵, 李国强, 侯兆新, 等. 8.8 级国产单向螺栓连接轴向拉伸刚度试验研究[J]. 建筑钢结构进展, 2018, 20(5): 22-30.

[53] 蒋蕴涵, 李国强, 陈琛, 等. 自锁式单向螺栓在拉剪共同作用下的承载力研究[J]. 土木工程学报, 2022, 55(4): 23-32+41.

[54] 蒋蕴涵, 李国强, 陈琛, 等. 自锁式单向高强螺栓预拉力与扭矩关系的试验研究[J]. 建筑钢结构进展, 2022, 24(10): 36-43.

[55] Waqas R, Uy B, Thai H T. Experimental and numerical behaviour of blind bolted flush endplate composite connections[J]. Journal of Constructional Steel Research, 2019(153): 179-195.

[56] Hosseini S M, Mamun M S, Mirza O, et al. Behaviour of blind bolt shear connectors subjected to static and fatigue loading[J]. Engineering Structures, 2020(214): 110584.

[57] Hosseini S M, Mashiri F, Mirza O. Research and developments on strength and durability prediction of composite beams utilising bolted shear connectors(Review)[J]. Engineering Failure Analysis, 2020(117): 104790.

[58] Lee J, Goldsworthy H M, Gad E F. Blind bolted T-stub connections to unfilled hollow section columns in low rise structures[J]. Journal of Constructional Steel Research, 2010(66): 981-992.

[59] Lee J, Goldsworthy H M, Gad E F. Blind bolted moment connection to sides of hollow section columns[J]. Journal of Constructional Steel Research, 2011(67): 1900-1911.

[60] Lee J, Goldsworthy H M, Gad E F. Blind bolted moment connection to unfilled hollow section columns using extended T-stub with back face support[J]. Engineering Structures, 2011(33): 1710-1722.

[61] Wang W, Li L, Chen D. Progressive collapse behaviour of endplate connections to cold-formed tubular column with novel Slip-Critical Blind Bolts[J]. Thin-Walled Structures, 2018(131): 404-416.

[62] Gao X, Wang W, Teh L H, et al. A novel slip-critical blind bolt: Experimental studies on shear, tensile and combined tensile–shear resistances[J]. Thin-Walled Structures, 2022(170): 108630.

[63] Wang W, Li M, Chen Y, et al. Cyclic behavior of endplate connections to tubular columns with novel slip-critical blind bolts[J]. Engineering Structures, 2017(148): 949-962.

[64] Jiao W, Wang W, Chen Y, et al. Seismic performance of concrete-filled SHS column-to-beam connections with slip-critical blind bolts[J]. Journal of Constructional Steel Research, 2020(170): 106075.

[65] Blind Bolt Inc. Blind Bolt Fitting Instructions[Z].

[66] Tahir M M, Mohammadhosseini H, Ngian S P, et al. I-beam to square hollow column blind bolted moment connection: Experimental and numerical study[J]. Journal of Constructional Steel Research, 2018(148): 383-398.

[67] Advanced Bolting Solutions Ltd. Peg Anchor Molabolt[EB/OL]. (2022)[2022-07-11]. https://molabolt. co.uk/products/peg-anchor/index.php.

[68] Li Y, Zhao X. Experimental study on stainless steel blind bolted T-stub to square hollow section connections[J]. Thin-Walled Structures, 2021(167): 108259.

[69] Li Y, Zhao X. Study on stainless steel blind bolted T-stub to concrete-filled stainless steel tube connections[J]. Engineering Structures, 2022(257): 114107.

[70] Hoogenboom A J. Flow Drill for the Provision of Holes in Sheet Material[P]. USA: US4454741, 1984-06-19.

[71] Flowdrill Inc. Flowdrill brochure[Z].

[72] France J E, Davison J B, Kirby P A. Strength and rotational response of moment connections to tubular columns using flowdrill connectors[J]. Journal of Constructional Steel Research, 1999(50): 1-14.

[73] France J E, Davison J B, Kirby P A. Strength and rotational stiffness of simple connections to tubular columns using flowdrill connectors[J]. Journal of Constructional Steel Research, 1999(50): 15-34.

[74] France J E, Davison J B, Kirby P A. Moment-capacity and rotational stiffness of endplate connections to concrete-filled tubular columns with flowdrilled connectors[J]. Journal of Constructional Steel Research, 1999(50): 35-48.

[75] Travers Tool Co., Inc. Combination Drill & Tap[Z].

[76] 郭琨, 何明胜, 田振山. 新型全螺栓连接承载力的试验研究及性能分析[J]. 石河子大学学报(自然科学版), 2014, 32(4): 504-510.

[77] 李望芝, 何明胜, 贺泽锋, 等. 新型单边全螺栓连接螺栓抗拉承载力影响因素研究[J]. 建筑结构, 2017, 47(6): 29-34.

[78] 程佳佳, 何明胜, 刘礼, 等. 基于新型全螺栓连接方钢管尺寸对节点的抗震性能研究[J]. 工程抗震与加固改造, 2018, 40(5): 35-42.

[79] 刘礼, 何明胜. 端板厚度对新型全螺栓连接节点的抗震性能影响[J]. 钢结构, 2018, 33(5): 17-22+62.

[80] 何明胜, 刘礼, 王京, 等. 新型全螺栓连接钢框架抗震性能试验研究[J]. 建筑钢结构进展, 2020, 22(1): 19-25.

[81] 段留省, 周天华, 苏明周, 等. 高强钢板-螺栓连接副抗拉性能试验研究[J]. 西安建筑科技大学学报(自然科学版), 2019, 51(5): 704-709.

[82] 段留省, 夏瑞林, 周天华. 高强钢板组合螺栓抗拉性能有限元分析[J]. 哈尔滨工业大学学报, 2020, 52(10): 102-110.

[83] 段留省, 周天华, 苏明周. 高强钢芯筒-螺栓连接钢管柱节点静力性能试验[J]. 哈尔滨工业大学学报, 2019, 51(12): 172-179.

[84] 段留省, 周天华, 苏明周, 等. 高强钢芯筒-螺栓连接钢管柱框架节点抗震性能试验研究[J]. 建筑结构学报, 2021, 42(9): 44-51.

[85] 朱绪林. 常温及火灾下单边螺栓 T 型节点抗拉性能研究[D]. 济南: 山东大学, 2017.

[86] Zhu X, Wang P, Liu M, et al. Behaviors of one-side bolted T-stub through thread holes under tension strengthened with backing plate[J]. Journal of Constructional Steel Research, 2017(134): 53-65.

[87] Liu M, Zhu X, Wang P, et al. Tension strength and design method for thread-fixed one-side bolted T-stub[J]. Engineering Structures, 2017(150): 918-933.

[88] Wulan T, Wang P, Li Y, et al. Numerical investigation on strength and failure modes of thread-fixed one-side bolted T-stubs under tension[J]. Engineering Structures, 2018(169): 15-36.

[89] Zhang Y, Liu M, Ma Q, et al. Yield line patterns of T-stubs connected by thread-fixed one-side bolts under tension[J]. Journal of Constructional Steel Research, 2020(166): 105932.

[90] Wulan T, Ma Q, Liu Z, et al. Experimental study on T-stubs connected by thread-fixed one-side bolts under cyclic load[J]. Journal of Constructional Steel Research, 2020(169): 106050.

[91] Wang P, Wulan T, Liu M, et al. Shear behavior of lap connection using one-side bolts[J]. Engineering Structures, 2019(186): 64-85.

[92] 张越. 螺纹锚固单边螺栓连接 T 形件-钢管节点抗拉性能研究[D]. 济南: 山东大学, 2021.

[93] Zhang Y, Wang P, Liu M, et al. Numerical studies on yield line patterns of thread-fixed one-side bolted endplate connection to square hollow section column under tension[J]. Journal of Constructional Steel Research, 2020(173): 106262.

[94] Liu Y, Sun L, Zhang Y, et al. Proposed analytical models for bolted T-stubs to square hollow section column connection using Thread-fixed One-side Bolts under tension[J]. Journal of Building Engineering, 2022(52): 104398.

[95] 刘闯, 张越, 牛广慧, 等. T 形件-钢管螺纹锚固单边螺栓连接受拉性能试验研究[J]. 钢结构(中英文), 2022, 37(4): 14-24.

[96] 刘闯, 张越, 牛广慧, 等. 钢管壁哑铃形屈服线模式及承载力计算方法[J]. 建筑钢结构进展, 2022: 24(10): 44-51+67.

[97] 乌兰托亚. 螺纹锚固单边螺栓连接节点破坏机理和设计对策研究[D]. 济南: 山东大学, 2021.

[98] Wulan T, Wang P, Xia C, et al. Strength of connection fixed by TOBs considering out-of-plane tube wall deformation-Part 1: Tests and numerical studies[J]. Steel and Composite Structures, 2022, 42(1): 49-57.

[99] 张曼. 螺纹锚固单边螺栓端板连接节点弯剪作用性能研究[D]. 济南: 山东大学, 2021.

[100] 周生展, 武成凤, 孙强, 等. 钢管柱-钢梁螺纹锚固单边螺栓端板连接受力性能[J]. 建筑钢结构进展, 2021, 23(6): 22-29.

[101] Wang P, Sun L, Liu M, et al. Experimental studies on thread-fixed one-side bolted connection of beam to hollow square steel tube under static bending moment[J]. Engineering Structures, 2020(214): 110655.

[102] Zhang B, Yuan H, Xia C, et al. Seismic behavior of thread-fixed one-side bolted endplate connection of steel beam to hollow square column[J]. Journal of Building Engineering, 2021(43): 102557.

[103] Liu M, Zhang B, Liu Q, et al. Experimental studies on thread-fixed one-side bolted endplate connection with internal strengthening structure[J]. Engineering Structures, 2021(246): 112977.

[104] Liu Y, Zhang B, Liu X, et al. Seismic behavior investigation of TOB bolted endplate connection with novel internal strengthening structure[J]. Journal of Constructional Steel Research, 2022(190): 107141.

[105] Cai M, Liu X, Wang Q, et al. Seismic performance of thread-fixed one-side bolts bolted extended endplate connection to HSST column with internal strengthening components[J]. Journal of Building Engineering, 2022(45): 103615.

[106] 山东省住房和城乡建设厅. 钢结构螺纹锚固单边螺栓连接技术规程: DB37/T 5195—2021[S]. 北京: 中国建材工业出版社, 2021.

[107] Wan C, Bai Y, Ding C, et al. Mechanical performance of novel steel one-sided bolted joints in shear[J]. Journal of Constructional Steel Research, 2020(165): 105815.

[108] Ng W H, Kong S Y, Chua Y S, et al. Tensile behaviour of innovative one-sided bolts in concrete-filled steel tubular connections[J]. Journal of Constructional Steel Research, 2022(191): 107165.

[109] Sun L, Liu M, Liu Y, et al. Studies on T-shaped one-side bolted connection to hollow section column under bending[J]. Journal of Constructional Steel Research, 2020(175): 106359.

[110] Sun L, Liang Z, Cai M, et al. Experimental investigation on monotonic bending behaviour of TSOBs bolted beam to hollow square section column connection with inner stiffener[J]. Journal of Building Engineering, 2022(46): 103765.

[111] Sun L, Liang Z, Cai M, et al. Seismic behaviour of TSOBs bolted I-beam to hollow section square column connection with inner stiffener[J]. Journal of Building Engineering, 2022(51): 104260.

[112] Li W, Han L, Ren Q. Inclined concrete-filled SHS steel column to steel beam joints under monotonic and cyclic loading: Experiments[J]. Thin-Walled Structures, 2013(62): 118-130.

[113] Wang W, Fang C, Qin X, et al. Performance of practical beam-to-SHS column connections against progressive collapse[J]. Engineering Structures, 2016(106): 332-347.

[114] 陈辉. 内隔板方钢管混凝土—钢梁节点受力性能研究[D]. 合肥: 合肥工业大学, 2009.

[115] 郭征明. 内隔板式方钢管混凝土柱—钢梁节点抗弯承载力研究[D]. 上海: 上海交通大学, 2018.

[116] 史艳莉, 毛文婧, 黄秋秋, 等. 带内隔板的方钢管混凝土柱-翼缘削弱型钢梁节点抗震性能研究[J]. 工程抗震与加固改造, 2017, 39(2): 11-17.

[117] 王非, 杨晔, 杨卫忠. 钢管混凝土柱-H 型钢梁无隔板节点力学性能研究[J]. 工程抗震与加固改造, 2020, 42(5): 1-6+31.

[118] Hassan M K, Tao Z, Katwal U. Behaviour of through plate connections to concrete-filled stainless steel columns[J]. Journal of Constructional Steel Research, 2020(171): 106142.

[119] Jiang J, Chen S. Experimental and numerical study of double-through plate connections to CFST column[J]. Journal of Constructional Steel Research, 2019(153): 385-394.

[120] Ahmadi M M, Mirghaderi S R. Experimental studies on through-plate moment connection for beam to HSS/CFT column[J]. Journal of Constructional Steel Research, 2019(161): 154-170.

[121] Vulcu C, Stratan A, Ciutina A, et al. Beam-to-CFT High-Strength Joints with External Diaphragm. I: Design and Experimental Validation[J]. Journal of Structural Engineering, 2017, 143(5): 04017001.

[122] 李启明. 矩形钢管柱-H 型钢梁外加强环式节点有限元分析[D]. 青岛: 青岛理工大学, 2016.

[123] 石若利, 潘志成, 肖功杰, 等. 钢管混凝土梁柱加强环螺栓节点受力性能优化研究[J]. 振动工程学报, 2022, 35(1): 113-122.

[124] 王修军. 装配式梁柱外环板高强螺栓连接节点抗震性能研究[D]. 青岛: 青岛理工大学, 2020.

[125] 吴海亮, 李腾, 孙轶良, 等. 方钢管混凝土柱-H 型钢梁外环板节点抗剪性能研究[J]. 建筑结构, 2022, 52(6): 97-103.

[126] 董丽娟. 方钢管混凝土柱-H 型钢梁柱壁加强型节点的抗震性能研究[D]. 合肥: 合肥工业大学, 2019.

[127] 陈丽华, 陈坤, 夏登荣, 等. 节点域柱壁加强型方钢管柱-H 型钢梁节点抗震性能试验研究[J]. 建筑结构, 2021, 51(18): 9-16.

[128] Wang Z, Tao Z, Li D, et al. Cyclic behaviour of novel blind bolted joints with different stiffening elements[J]. Thin-Walled Structures, 2016(101): 157-168.

[129] 李德山. 钢管混凝土柱—钢梁单边螺栓连接节点力学性能研究[D]. 福州: 福州大学, 2016.

[130] 李德山, 陶忠, 王志滨. 钢管混凝土柱-钢梁单边螺栓连接节点静力性能试验研究[J]. 湖南大学学报(自然科学版), 2015, 42(3): 43-49.

[131] 李德山, 王志滨. 加强型单边螺栓连接节点静力性能有限元分析[J]. 华侨大学学报(自然科学版), 2016, 37(4): 427-430.

[132] Wang Y, Wang Z, Pan J, et al. Cyclic behavior of anchored blind-bolted extended end-plate joints to CFST columns[J]. Applied Sciences, 2020, 10(3): 904.

[133] Wang Y, Wang Z, Pan J, et al. Seismic behavior of a novel blind bolted flush end-plate connection to strengthened concrete-filled steel tube columns[J]. Applied Sciences, 2020, 10(7): 2517.

[134] 王静峰, 郭翔, 张娜, 等. 单边螺栓连接圆中空夹层钢管混凝土柱节点拟静力试验研究[J]. 合肥工业大学学报(自然科学版), 2019, 42(8): 1095-1101.

[135] 王静峰, 江姗, 郭磊, 等. 单边高强螺栓连接方套方中空夹层钢管混凝土柱组合节点抗震性能试验研究[J]. 建筑结构学报, 2021, 42(1): 93-102.

[136] Guo L, Wang J, Zhang M. Modelling and experiment of semi rigid joint between composite beam and square CFDST column[J]. Steel and Composite Structures, 2020, 34(6): 803-818.

[137] Zhang Y, Jia H, Cao S, et al. Seismic experiment on blind-bolted joint in concrete-filled double steel tubular structure[J]. Journal of Constructional Steel Research, 2020(174): 106304.

[138] 杨松森. 方钢管柱-H 型钢梁装配式外套筒连接节点抗震性能研究[D]. 青岛: 青岛理工大学, 2018.

[139] 冷乐. 新型方钢管柱-H 型钢梁拼接外套筒式节点抗震性能研究[D]. 徐州: 中国矿业大学, 2017.

[140] 马强强. 装配式梁柱内套筒组合螺栓连接节点力学性能研究[D]. 青岛: 青岛理工大学, 2016.

[141] 孙风彬. 新型方钢管柱 H 型钢梁内套筒装配连接节点力学性能分析[D]. 青岛: 青岛理工大学, 2019.

[142] 鲁秀秀. 装配式方钢管内套筒端板梁柱连接节点力学性能研究[D]. 青岛: 青岛理工大学, 2016.

[143] 王燕, 马强强, 杨怡亭, 等. 装配式钢结构 H 形钢梁-钢管柱连接节点的力学性能研究[J]. 建筑钢结构进展, 2019, 21(3): 13-22.

[144] Johansen K W. Yield line theory[M]. London: English translation published by cement and concrete association, 1962.

[145] European Committee for Standardization. Eurocode 3: Design of steel structures - Part 1-8: design of joints: BS EN 1993-1-8[S]. Brussels, 2004.

[146] 国家质量监督检验检疫总局. 钢结构用高强度大六角头螺栓: GB/T 1228—2006[S]. 北京: 中国建筑工业出版社, 2006.

[147] 住房和城乡建设部. 钢结构高强度螺栓连接技术规程: JGJ 82—2011[S]. 北京: 中国建筑工业出版社, 2011.

[148] 国家质量监督检验检疫总局. 合金结构钢: GB/T 3077—2015[S]. 北京: 中国建筑工业出版社, 2015.

[149] 国家质量监督检验检疫总局. 普通螺纹基本尺寸: GB/T 196—2003[S]. 北京: 中国建筑工业出版社, 2003.

[150] 中国机械工业联合会. 紧固件螺栓和螺钉通孔: GB/T 5277—1985[S]. 北京: 中国建筑工业出版社, 1985.

[151] 国家质量监督检验检疫总局. 金属材料拉伸试验 第 1 部分: 室温试验方法: GB/T 228.1—2021[S]. 北京: 中国建筑工业出版社, 2021.

[152] 住房和城乡建设部. 混凝土物理力学性能试验方法标准: GB/T 50081—2019[S]. 北京: 中国建筑工业出版社, 2019.

[153] 住房和城乡建设部. 钢结构设计标准: GB 50017—2017[S]. 北京: 中国建筑工业出版社, 2017.

[154] 住房和城乡建设部. 组合结构设计规范: JGJ 138—2016[S]. 北京: 中国建筑工业出版社, 2016.

[155] European Committee for Standardization. Eurocode 3: Design of steel structures - Part 1-5: Plated structural elements: BS EN 1993-1-5[S]. Brussels, 2004.

[156] Brown D G, Lles D C. Joints in steel construction: moment-resisting joints to Eurocode 3[M]. London: The Steel Construction Institute, The British Constructional Steelwork Association Ltd., 2013.

[157] American Institute of Steel Construction (AISC). Prequalified Connections for Special and Intermediate Steel Moment Frames for Seismic Applications: AISC 358-16[S]. Chicago, 2005.

[158] Applied Technology Council. Guidelines for cyclic seismic testing of components of steel structures: ATC-24[S]. Redwood City, 1992.

[159] 住房和城乡建设部. 建筑抗震试验规程: JGJ/T 101—2015[S]. 北京: 中国建筑工业出版社, 2015.

[160] Federal Emergency Management Agency. Recommended seismic design criteria for new steel moment-frame buildings: FEMA-350[S]. California, 2009.

[161] 尤洋. 螺纹锚固单边螺栓节点高温下及高温后受拉性能研究[D]. 济南: 山东大学, 2022.

[162] Zhang Y, Gao S, Guo L, et al. Ultimate tensile behavior of bolted T-stub connections with preload[J]. Journal of Building Engineering, 2022(47): 103833.

[163] Faralli A C, Latour M, Tan P J, et al. Experimental investigation and modelling of T-stubs undergoing large

displacements[J]. Journal of Constructional Steel Research, 2021, 180: 106580.

[164] Tartaglia R, D'Aniello M, Zimbru M. Experimental and numerical study on the T-Stub behaviour with preloaded bolts under large deformations[J]. Structures, 2020(27): 2137-2155.

[165] Abaqus-Inc. Abaqus/CAE User's Guide, Version 2016[EB/OL]. (2016)[2022-08-30]. http://130.149.89.49:2080/v2016/books/usi/default.htm.

[166] 王一焕. 锚固单向螺栓力学性能及其在抗弯框架中的应用研究[D]. 广州: 华南理工大学, 2020.

[167] European Committee for Standardization. Eurocode 3: Design of steel structures - Part 1-1: General rules and rules for buildings: BS EN 1993-1-1[S]. Brussels: 2004.

[168] 王宇亮, 崔洪军, 张玉敏, 等. 滑动长孔螺栓摩擦阻尼器力学性能试验研究[J]. 震灾防御技术, 2020, 15(1): 11-20.

[169] 韩建强, 张会峰, 乔杨. 滑动长孔高强螺栓摩擦阻尼器滞回性能试验研究[J]. 建筑结构学报, 2018, 39(S2): 315-320.

[170] 张艳霞, 赵文占, 陈媛媛, 等. 长孔螺栓摩擦阻尼器试验研究[J]. 工程抗震与加固改造, 2015, 37(4): 90-95+73.

[171] 袁峥嵘. 方钢管混凝土柱—钢梁 T 形件节点的性能研究[D]. 长沙: 湖南大学, 2013.

[172] Wang P, Sun L, Zhang B, et al. Experimental studies on T-stub to hollow section column connection bolted by T-head square-neck one-side bolts under tension[J]. Journal of Constructional Steel Research, 2021(178): 106493.

[173] 国家质量监督检验检疫总局. 1 型六角螺母: GB/T 6170—2015[S]. 北京: 中国建筑工业出版社, 2015.

[174] 国家质量监督检验检疫总局. 钢结构用高强度大六角螺母: GB/T 1229—2006[S]. 北京: 中国建筑工业出版社, 2006.

[175] 施刚. 钢框架半刚性端板连接的静力和抗震性能研究[D]. 北京: 清华大学, 2005.

[176] Park A Y, Wang Y. Development of component stiffness equations for bolted connections to RHS columns[J]. Journal of Constructional Steel Research, 2012(70): 137-152.

[177] D'Aniello M, Landolfo R, Piluso V, et al. Ultimate behavior of steel beams under non-uniform bending[J]. Journal of Constructional Steel Research, 2012(78): 144-158.

[178] BSI-BS 5950. Structural use of steelwork in building[S]. London: British Standard BS Part, 1994.

[179] American Institute of Steel Construction. Specifications for structural steel buildings: AISC 360-10[S]. Chicago, 2010.

[180] Quintas V. Two main methods for yield line analysis of slabs[J]. Journal of Engineering Mechanics, 2003, 129(2): 223-231.

[181] Gomes F C, Jaspart J P, Maquoi R. Moment capacity of beam-to-column minor axis joints[C]//Proceedings of IABSE International Colloquium on Semi-rigid Structural Connections. Istanbul, Turkey: IABSE, 1996: 319-326.

[182] Yeomans N. Rectangular hollow section column connections using the Lindapter Hollo Bolt[C]//Proceeding of 8th International Symposium on Tubular Structures. Singapore: National University of Singapore, 1998: 559-566.

[183] Yeomans N. I-beam to rectangular hollow section column T-connections[C]//Proceeding of 9th International Symposium on Tubular Structures. Düsseldorf, Germany: University of Karlsruhe, 2001: 119-126.

[184] Wang P, Sun L, Xia C, et al. Cyclic behavior of T-stub connection to hollow section steel column using TSOBs[J]. Journal of Constructional Steel Research, 2021, 185: 106874.

[185] 张伯勋. 螺纹锚固单边螺栓端板连接梁柱加强节点力学性能研究[D]. 济南: 山东大学, 2022.

[186] 国家质量监督检验检疫总局. 冷拔异形钢管: GB/T 3094—2012[S]. 北京: 中国建筑工业出版社, 2012.

[187] 李杰, 李国强. 地震工程学导论[M]. 北京: 地震出版社, 1992.